登峰造极之径系列

中文版

Photoshop CC2018
从入门到精通

第 4 版

李沛然 等编著

机械工业出版社
CHINA MACHINE PRESS

本书是帮助 Photoshop CC2018 初学者快速实现从入门到精通的经典自学教程，全书双栏排版、全彩印刷，以简洁的语言、精美的图示和范例，全面深入地讲解了 Photoshop CC2018 的各项功能，并使读者在不断实践中，从新手成长为 Photoshop 高手。

　　全书共分为 13 章，内容环环相扣、精彩纷呈，前 12 章从最基本的 Photoshop CC2018 软件界面介绍开始，逐步深入到选区、图层、通道、蒙版、动作等软件核心功能和应用方法。最后一章综合实例通过 32 个精美案例讲解如何使用 Photoshop CC2018 进行数码照片处理、创意照片设计、创意合成、海报设计、广告设计、文字特效设计、包装设计、淘宝装修以及 UI 设计，帮助读者将前面学到的专业知识应用到实际工作中去。

　　本书内容丰富、信息量大，语言通俗易懂，讲解深入、透彻，案例精彩、实战性强，读者不但可以系统、全面地学习 Photoshop 基本概念和基础操作，还可以通过大量精美范例，拓展设计思路，掌握 Photoshop 在照片处理、文字特效、平面广告、包装、电商、UI 设计等行业的应用方法和技巧，轻松完成各类商业设计的工作。

　　本书免费提供配套资源下载，除包含全书所有实例的高分辨率素材和源文件外，还赠送 230 多个实例、时长 1320 分钟的高清语音视频教学录像以及电子版滤镜应用教程，让您花一本书的钱，享受多本书的价值。

　　本书适合广大 Photoshop 初学者，以及有志于从事平面设计、插画设计、包装设计、网页制作、影视广告设计、电商设计、UI 设计等工作的人员使用，同时也适合高等院校相关专业的学生和各类培训班的学员参考阅读。

图书在版编目（CIP）数据

中文版 Photoshop CC2018 从入门到精通 / 李沛然等编著. —4 版. —北京：机械工业出版社，2019.4
（登峰造极之径系列）
ISBN 978-7-111-62167-6

Ⅰ.①中… Ⅱ.①李… Ⅲ.①图象处理软件－教材 Ⅳ.① TP391.413

中国版本图书馆 CIP 数据核字（2019）第 040394 号

机械工业出版社（北京市百万庄大街 22 号 邮政编码 100037）
策划编辑：孙　业　　责任编辑：孙　业
责任校对：张艳霞　　责任印制：张　博

北京新华印刷有限公司印刷

2019 年 4 月第 4 版·第 1 次印刷
184mm×260mm · 18 印张 · 708 千字
0001－3000 册
标准书号：ISBN 978-7-111-62167-6
定价：99.00 元

凡购本书，如有缺页、倒页、脱页，由本社发行部调换
电话服务　　　　　　　　　　　网络服务
服务咨询热线：（010）88361066　机 工 官 网：www.cmpbook.com
读者购书热线：（010）68326294　机 工 官 博：weibo.com/cmp1952
　　　　　　　　　　　　　　　　金 书 网：www.golden-book.com
封面无防伪标均为盗版　　　　教育服务网：www.cmpedu.com

前言
Preface

Photoshop CC2018是Adobe公司最新推出的图像编辑软件，是每一位从事平面设计、网页设计、UI设计、影像合成、多媒体制作、动画制作等专业人士必不可少的工具，它具有功能强大、设计人性化、插件丰富、兼容性好等特点。Photoshop CC2018精美的操作界面和革命性的新增功能将带给用户全新的创作体验，更加直观的动态工具提示和新增手把手教学的"学习"面板更是为不少Photoshop新手学习和应用软件提供了方便。

内容编排

本书共分为13章，从认识Photoshop的软件界面入手，由浅入深地讲解Photoshop的工具、命令、各项功能和操作技法，带领读者快速进入Photoshop CC2018的世界。

第1章介绍Photoshop CC2018的应用领域、工作界面、新增功能以及辅助工具等，使读者在深入学习Photoshop CC2018之前，对该软件有一个全面而系统的了解。

第2章讲解了图像的基本编辑方法，详细介绍了Photoshop CC2018的各项基本操作，如文件的新建、打开、保存、关闭，图像的变换与变形操作等。

第3章讲解选区的创建和编辑，结合实例介绍了选区的基本操作、基本选择工具、编辑选区和选区的应用等，如为作品添加水印、制作故障风格海报、为人物更换背景等。

第4章讲解图像的颜色和色调调整，主要介绍基本的色彩理论，并结合Photoshop的颜色模式、颜色调整命令，来介绍如何使用恰当的工具调出美丽和谐的色彩。

第5章讲解矢量工具与路径，详细地介绍了创建和编辑路径的工具和操作方法，以及路径在图像处理中的应用。

第6章介绍图像的绘制，讲解了Photoshop中绘图工具的使用方法和应用技巧。

第7章讲解图像的修复和修饰，介绍了各种修复工具和润饰工具的相关知识和使用方法，以及如何简单快速地修复有缺陷的数码照片和修饰图像中的颜色。

第8章讲解图层的操作，对图层的相关知识进行详细介绍，读者将学习如何创建图层、编辑图层和管理图层。

第9章介绍蒙版，详细介绍了不同类型的蒙版的原理，以及蒙版在实际工作中的应用方法。

第10章介绍通道，主要介绍了通道的原理、操作方法，以及基于通道混合的应用和计算命令。

第11章介绍文字的艺术，讲解了创建文字的工具以及一些相关的基础操作，让读者可以根据设计的需要，随心所欲地为作品添加各种艺术文字。

第12章讲解动作与任务自动化，介绍了如何创建、编辑和应用动作，以及如何使用各种动作自动化命令来提高工作效率。

第13章是综合实战，通过32个精美案例讲解如何使用Photoshop CC2018进行数码照片处理、图像合成、广告设计和UI设计等，帮助读者将前面学到的专业知识应用到实际工作中去。

附录包含Photoshop CC2018的快捷键索引、本书实战速查表和神奇的滤镜（电子版）。

本书特色

本书以通俗易懂的语言，结合精美的创意实例，全面、深入地讲解了Photoshop CC2018这一功能强大、应用广泛的图像处理软件。总地来说，本书有如下特点。

1. 知识全面 轻松自学

本书从最基础的认识Photoshop CC2018软件界面开始讲起，以循序渐进的方式详细解读选区、调色、路径、通道、蒙版、滤镜等最核心、最实用的功能。另外，作者还将平时工作中积累的各方面的实战技巧、设计经验毫无保留地分享给读者，帮助读者轻松应对复杂、变化的工作需求。

2. 全程图解 一看即会

全书使用全程图解和实例讲解的方式，以图为主、文字为辅。通过这些辅助插图，让知识更加易学易用。

3. 精美实例 激发灵感

为了激发读者的兴趣和引爆创意灵感，全书很多插图和示例构思巧妙，创意新颖。这些案例结合了当前流行的设计趋势，涵盖Photoshop应用的各个领域，例如广告创意、文字、纹理、影视后期、电商设计、平面印刷等。力求使读者在学习技术的同时也能够扩展设计视野与思维，并且巧学活用、学以致用，轻松完成各类平面设计工作。

4. 辅助专栏 充实内容

为了让读者轻松自学，更加深入地了解软件的功能性质，本书专门设计了"专家提示"、"技巧点拨"、"技术专题"和"疑难问答"专栏，包含大量的工具使用技巧和知识点详解等内容。

5. 视频讲解 提高效率

随着时代的发展，视频教程已经逐渐成为计算机软件图书不可或缺的一部分。本书读者可以下载随书附赠的学习资源包，观看教学视频，提高学习效率，具体下载方式见封底。

创作团队

本书由风尚设计组织编写，具体参与本书编写的有：李沛然、戴京京、黄思乐、李颖、曾雄、朱玉秀、向龙洲、江涛、杨敏、翟羽茜、姚义琴、甘蓉晖、赵鑫、李红艺、刘雅妮、李红术、李思蕾、林小群、陈云香、李红萍等。

由于作者水平有限，书中错误、疏漏之处在所难免。在感谢您选择本书的同时，也希望您能够把对本书的意见和建议告诉我们。

联系邮箱：lushanbook@gmail.com

风尚设计

≫2.1.6
边讲边练——置入嵌入智能对象

视频位置：视频\第02章\2.1.6.MP4

≫2.2.3
边讲边练——修改画布大小制作时尚明信片

视频位置：视频\第02章\2.2.3.MP4

≫2.6
实战演练——制作照片的晾晒效果

视频位置：视频\第02章\2.6.MP4

≫3.2.3
边讲边练——制作故障艺术风格海报

视频位置：视频\第03章\3.2.3.MP4

≫3.2.6
边讲边练——制作版权水印

视频位置：视频\第03章\3.2.6.MP4

≫3.2.10
边讲边练——制作卖萌小猫效果

视频位置：视频\第03章\3.2.10.MP4

≫3.4.2
边讲边练——云海独舞

视频位置：视频\第03章\3.4.2.MP4

≫3.7.2
边讲边练——多边形套索工具抠图

视频位置：视频\第03章\3.7.2.MP4

≫3.7.5
边讲边练——用"选择并遮住"命令抠图

视频位置：视频\第03章\3.7.5.MP4

≫3.8
实战演练—书中故事

视频位置：视频\第03章\3.8.MP4

≫4.1.6
边讲边练——制作双色调效果

视频位置：视频\第04章\4.1.6.MP4

≫4.1.10
边讲边练——Lab照片调色

视频位置：视频\第04章\4.1.10.MP4

≫4.2.22
边讲边练——调出黄昏情调

视频位置：视频\第04章\4.2.22.MP4

≫4.2.24
边讲边练——改变衣服颜色

视频位置：视频\第04章\4.2.24.MP4

≫4.3
实战演练——打造水边唯美少女

视频位置：视频\第04章\4.3.MP4

≫5.2.3

边讲边练——可爱的橘子笑脸

视频位置：视频\第05章\5.2.3.MP4

≫6.2.9

边讲边练——为糕点添加可爱表情

视频位置：视频\第06章\6.2.9.MP4

≫6.3.2

边讲边练——运用画笔工具为黑白照片上色

视频位置：视频\第06章\6.3.2.MP4

≫6.3.5

边讲边练——为物体添加夸张表情

视频位置：视频\第06章\6.3.5.MP4

≫6.3.8

边讲边练——制作爱心云朵

视频位置：视频\第06章\6.3.8.MP4

≫6.4.2

边讲边练——绘制彩虹

视频位置：视频\第06章\6.4.2.MP4

≫6.4.4

边讲边练——为卡通人物填色

视频位置：视频\第06章\6.4.4.MP4

≫6.5

实战演练——合成动感效果

视频位置：视频\第06章\6.5.MP4

≫7.1.2

边讲边练——去除人物身上的痣斑

视频位置：视频\第07章\7.1.2.MP4

≫7.1.5

边讲边练——去除黑眼圈

视频位置：视频\第07章\7.1.5.MP4

≫7.1.8

边讲边练——去除红眼

视频位置：视频\第07章\7.1.8.MP4

≫7.1.10

边学边练——去除照片上的日期

视频位置：视频\第07章\7.1.10.MP4

≫7.2.5

边讲边练——增白人物眼白

视频位置：视频\第07章\7.2.5.MP4

≫7.3.3

边讲边练——抠出动物毛发

视频位置：视频\第07章\7.3.3.MP4

≫8.8.2

边讲边练——运用调整图层调色

视频位置：视频\第08章\8.8.2.MP4

》》8.12.2

边讲边练——用中性色图层校正照片曝光

视频位置：视频\第08章\8.12.2.MP4

》》8.12.3

边讲边练——用中性色图层制作灯光效果

视频位置：视频\第08章\8.12.3.MP4

》》8.12.4

边讲边练——用中性色图层制作金属按钮

视频位置：视频\第08章\8.12.4.MP4

》》8.13

实战演练——打造玉石质感图标

视频位置：视频\第08章\8.13.MP4

》》9.1.2

边讲边练——为人物更换背景

视频位置：视频\第09章\9.1.2.MP4

》》9.2.2

边讲边练——合成海豚在天空遨游

视频位置：视频\第09章\9.2.2.MP4

》》9.3.2

边讲边练——制作宝宝相册

视频位置：视频\第09章\9.3.2.MP4

》》9.6

实战演练——奇幻空间

视频位置：视频\第09章\9.6.MP4

》》10.1.3

边讲边练——调出明亮色彩

视频位置：视频\第10章\10.1.3.MP4

》》10.2.4

边讲边练——调出照片暖蓝色调

视频位置：视频\第10章\10.2.4.MP4

》》10.2.7

边讲边练——通道美白

视频位置：视频\第10章\10.2.7.MP4

》》10.2.10

边讲边练——合并分离通道制作独特效果

视频位置：视频\第10章\10.2.10.MP4

》》10.3.2

边讲边练——烟花抠图

视频位置：视频\第10章\10.3.2.MP4

》》10.3.3

边讲边练——烟雾抠图

视频位置：视频\第10章\10.3.3.MP4

》》10.4.2

边讲边练——应用图像

视频位置：视频\第10章\10.4.2.MP4

》》10.4.4

边讲边练——通过计算调整照片颜色

视频位置：视频\第10章\10.4.4.MP4

》》11.2.3

边讲边练——创建点文字

视频位置：视频\第11章\11.2.3.MP4

》11.2.6
边讲边练——创建段落文字
视频位置：视频\第11章\11.2.6.MP4

》12.1.2
边讲边练——应用动作
视频位置：视频\第12章\12.1.2.MP4

》12.1.6
边讲边练——在动作中插入停止命令
视频位置：视频\第12章\12.1.6.MP4

》12.2.2
边讲边练——批量处理图像
视频位置：视频\第12章\12.2.2.MP4

》12.4.3
边讲边练——合成HDR图像
视频位置：视频\第12章\12.4.3.MP4

》12.4.2
边讲边练——多照片合成为全景图
视频位置：视频\第12章\12.4.2.MP4

》12.5
实战演练——利用动作处理数码照片
视频位置：视频\第12章\12.5.MP4

》13.1.1
去除眼袋
视频位置：视频\第13章\13.1.1.MP4

》13.1.2
打造时尚发色
视频位置：视频\第13章\13.1.2.MP4

》13.1.3
为人物添加唇彩
视频位置：视频\第13章\13.1.3.MP4

》13.1.4
打造苗条身材
视频位置：视频\第13章\13.1.4.MP4

》13.1.5
磨皮美白皮肤
视频位置：视频\第13章\13.1.5.MP4

》13.1.6
打造苗条身材
视频位置：视频\第13章\13.1.6.MP4

》13.1.7
换脸
视频位置：视频\第13章\13.1.7.MP4

》13.1.8
制作梦幻头像
视频位置：视频\第13章\13.1.8.MP4

》》13.1.9
制作涂鸦效果

视频位置：视频\第13章\13.1.9.MP4

》》13.1.10
制作浪漫雪景

视频位置：视频\第13章\13.1.10.MP4

》》13.2.1
制作撕裂照片效果

视频位置：视频\第13章\13.2.1.MP4

》》13.2.2
制作画册模板

视频位置：视频\第13章\13.2.2.MP4

》》13.3.1
制作撕裂照片效果

视频位置：视频\第13章\13.3.1.MP4

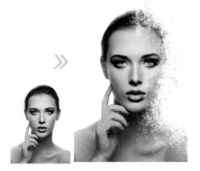

》》13.3.2
制作故障风格海报

视频位置：视频\第13章\13.3.2.MP4

》》13.3.3
制作二次曝光合成类海报

视频位置：视频\第13章\13.3.3.MP4

》》13.3.4
制作炫彩海报

视频位置：视频\第13章\13.3.4.MP4

》》13.4.1
垂钓者

视频位置：视频\第13章\13.4.1.MP4

》》13.4.3
拉小提琴的小女孩

视频位置：视频\第13章\13.4.3.MP4

》》13.4.2
合成电影特效人物

视频位置：视频\第13章\13.4.2.MP4

》》13.5.1
制作塑料包装

视频位置：视频\第13章\13.5.1.MP4

》》13.5.2
制作手提袋

视频位置：视频\第13章\13.5.2.MP4

》》13.6.1
制作塑料包装

视频位置：视频\第13章\13.6.1.MP4

》》13.6.2
运动品牌广告

视频位置：视频\第13章\13.6.2.MP4

≫13.7.1
立体剪纸文字
视频位置：视频\第13章\13.7.1.MP4

≫13.7.2
特效质感文字
视频位置：视频\第13章\13.7.2.MP4

≫13.8.1
店招设计
视频位置：视频\第13章\13.8.1.MP4

≫13.8.2
新品上市海报设计
视频位置：视频\第13章\13.8.2.MP4

≫13.8.3
店招设计
视频位置：视频\第13章\13.8.3.MP4

≫13.9.1
扁平化图标设计
视频位置：视频\第13章\13.9.1.MP4

≫13.9.2
立体图标设计
视频位置：视频\第13章\13.9.2.MP4

≫13.9.3
写实图标设计
视频位置：视频\第13章\13.9.3.MP4

≫附C.2.2
边讲边练——制作趣味图像
视频位置：视频\附C\附C.2.2.MP4

≫附C.2.4
边讲边练——制作盒子包装
视频位置：视频\附C\附C.2.4.MP4

≫附C.4.3
边讲边练——制作撕边效果
视频位置：视频\附C\附C.4.3.MP4

≫附C.8.3
边讲边练——制作马赛克效果
视频位置：视频\附C\附C.8.3.MP4

≫附C.11.2
边讲边练——打造下雪效果
视频位置：视频\附C\附C.11.2.MP4

≫附C.11.4
边讲边练——去除面部瑕疵
视频位置：视频\附C\附C.11.4.MP4

≫附C.12
实战演练——制作极地效果
视频位置：视频\附C\附C.12.MP4

目录 Contents

第11章 文字也俏皮
——文字的艺术

第12章 让Photoshop自己动手
——动作与任务自动化

第13章 自己动手,将想象变为实际
——综合练习

附录

第1章

揭开Photoshop的神秘面纱

——初识Photoshop CC2018

Photoshop 是Adobe公司推出的一款功能强大的图像处理软件，它广泛应用于平面设计、数码摄影后期处理和网页设计等方面。随着数码相机的普及，越来越多的人开始学习使用Photoshop来修饰和处理数码照片，或者通过合成照片、添加艺术文字等制作出精美的作品。

Photoshop CC2018是Adobe公司2017年推出的版本，本章通过介绍Photoshop的应用领域、新增功能、工作界面、工作区和视图等内容，使读者对它有一个整体的了解和认识，快速进入Photoshop CC2018的精彩世界。

1.1 Photoshop CC2018 的应用领域

Photoshop 的应用领域非常广泛，在平面设计、修复照片、网页设计和图像创意等各个领域都发挥着不可替代的作用。

1. 平面设计

平面设计是Photoshop应用最广泛的领域之一，如海报、杂志广告、报纸广告、包装等，都会运用Photoshop来对图像进行处理，如图1-1所示。

图1-1 平面设计

2. 数码照片处理

随着数码摄影技术的不断发展，Photoshop与数码摄影的联系更加紧密。Photoshop具有强大的图像修饰功能，可以快速修复照片的缺陷、翻新旧照片、合成图像、制作写真模板等，创建出艺术、个性的照片效果，如图1-2所示。

图1-2 数码照片处理

3. 界面设计

界面设计与制作也是主要使用Photoshop制作完成的，如按钮、游戏界面、软件界面、MP4、手机操作界面等，利用Photoshop都可以制作出各种真实的质感和特效，如图1-3所示。

图1-3 按钮、游戏界面设计

4. 网页设计

Photoshop是网页图像、网页界面制作必不可少的图像处理软件，网络的普及是促使更多人学习Photoshop的一个重要原因，使用它可处理、加工网页中的元素，如图1-4所示。

图1-4 网页设计

5. 绘制插画

Photoshop中包含大量的绘画与调色工具，为数码艺术爱好者和普通用户提供了无限广阔的绘画空间，可以使用Photoshop绘制风格多样的作品，如图1-5所示。

图1-5 插画设计

6. 图像创意

使用Photoshop可将原本毫无关系的对象有创意地组合在一起，使图像发生巨大的变化，体现特殊效果，给人以强烈的视觉冲击感，如图1-6所示。

图1-6 创意合成

7. 后期制作

Photoshop可以对效果图进行后期处理，如人物、车辆、树木等配景都可以在Photoshop中添加，使效果图更为真实和完整，如图1-7所示。

图1-7 后期处理

1.2 Photoshop CC2018 的新增功能

Photoshop CC2018 具备最先进的图像处理技术、全新的创意选项和极高的性能，可以有效增强用户的创造力，大幅提升用户的工作效率。

1. 新增"学习"面板提供教程

Photoshop CC2018新增"学习"面板，通过"窗口"菜单打开该面板，如图 1-8所示。用户可以学习摄影、修饰、合并图像、图形设计4个主题的教程，有文字提示，根据提示一步步完成操作，如图1-9所示。

图1-8 "学习"面板　　图1-9 操作步骤

2. 更为直观的工具提示

以往版本中，当用户把鼠标悬停在左侧工具栏的工具上时，只会显示该工具的名称，而在Photoshop CC2018中则会出现动态演示，可以更加直观地看懂工具的使用方法，如图 1-10所示。

图1-10 工具栏动态提示

3. 增强云获取的途径

在Photoshop CC2017中，已经可以在开始界面从"创意云"中获取同步的图片了，而Photoshop CC2018再次增加了LR的同步照片，如图 1-11所示。如果在用Photoshop打开LR中的图片后，一旦再次通过LR修改过图片，Photoshop中只需刷新即可实时显示修改后的效果。

图 1-11 打开LR图片

4. 共享文件

在早几个版本中，Photoshop已经支持通过软件把图片分享到Behance网站，Photoshop CC2018对此项功能做了更强大的优化。执行"文件"→"共享"命令，可打开"共享"面板，该面板中集合了很多社交App，而且可以继续从商店下载更多可用应用，操作简单方便易上手，如图 1-12所示。

图 1-12 "共享"面板

5. 新增弯度钢笔工具

使用弯度钢笔工具可以更加轻松方便地绘制平滑曲线和直线段，无须切换工具就能创建、切换、编辑、添加或删除平滑点或角点，如图1-13所示。

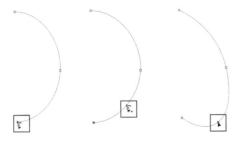

图 1-13 弯度钢笔工具

6. 更改路径颜色

新增的"路径选项"功能，可以更改路径的颜色和粗细，方便区分不同的路径，如图 1-14所示。

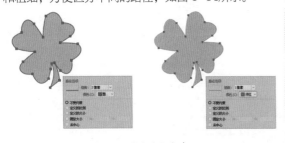

图 1-14 更改路径颜色

7. 更加系统的"画笔"面板

Photoshop CC2018更新的画笔管理模式，类似于计算机中文件夹的模式，可更直观地新建和删除画笔。通过拖放可以重新排序、创建文件夹和子文件夹、扩展笔触预览、切换新视图模式，以及保存包含

不透明度、流动、混合模式和颜色的画笔预设，如图1-15所示。

8. 更加智能的描边平滑功能

Photoshop CC2018可以对描边执行智能平滑。在使用画笔、铅笔、混合器画笔或橡皮擦时，工具选项栏中平滑的值为0~100，值为 0 等同于Photoshop 早期版本中的旧版平滑。应用的值越高，描边的智能平滑量就越大。

单击 ⚙ 图标，如图1-16所示，用户可以启用以下一种或多种模式。

- 拉绳模式：仅在绳线拉紧时绘画。在平滑半径之内移动光标不会留下任何标记。
- 描边补齐：暂停描边时，允许绘画继续使用用户的光标补齐描边。禁用此模式可在光标移动停止时马上停止绘画应用程序。
- 补齐描边末端：完成从上一一绘画位置到用户松开鼠标/触笔控件所在点的描边。
- 调整缩放：通过调整平滑，防止抖动描边。在放大文档时减小平滑；在缩小文档时增加平滑。

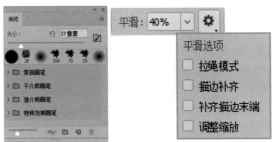

图1-15 "画笔"面板   图1-16 "平滑"选项

9. 全新的"绘画对称"功能

Photoshop CC2018引入了"绘画对称"功能，默认状态为关闭。要启用此功能，需要在"首选项"→"技术预览"中勾选"启用绘画对称"复选框。在使用画笔、铅笔或橡皮擦工具绘制对称图形时，单击选项栏中的蝴蝶 🦋 图标，可选择对称类型，如图 1-17所示，从而可以更加轻松地绘制人脸、汽车、动物等对称图案。

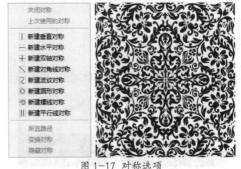

图 1-17 对称选项

10. 可变字体

Photoshop CC2018支持可变字体,这是一种新的OpenType字体格式,可支持直线宽度、宽度、倾斜、视觉大小等自定属性。此外,Photoshop CC2018自带几种可变字体,用户可在"属性"面板中通过滑块调整其直线宽度、宽度和倾斜,在调整这些滑块时,Photoshop会自动选择与当前设置最为接近的文字样式,如图1-18所示。

调整前的参数　　　　　　调整后的参数

PHOTOSHOP　　　**PHOTOSHOP**

调整前的文字效果　　　调整后的文字效果
图1-18 可变字体"属性"面板

11. 制作球面全景图

执行"3D"→"球面全景"→"导入全景图"命令,即可将普通的图像转变为全景图,可以360°旋转观察全景图,如图1-19所示。

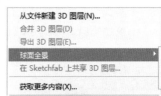

图1-19 球面全景

1.3 Photoshop CC2018 的工作界面

启动 Photoshop CC2018 后,系统会自动弹出一个如图1-20 所示的开始工作区,在该界面中可以打开或新建文档、显示预览近期作品、开始任务、查看最近使用的文件等。

图1-20 Photoshop CC2018开始工作界面

- 最近使用项:单击该选项,可以查看最近打开或创建的文件,双击即可在Photoshop中打开文件。
- CC文件/LR照片:单击这两个选项,可以从云端或是Lightroom中打开文件。
- 新建/打开:单击这两个按钮,可以新建文档以及打开文档。
- 搜索:单击该按钮,在弹出的文本框中输入需要搜索的关键字,即可搜索出与该关键字相关的信息。
- 登录:单击该按钮,会转到"登录"页面,输入Adobe ID即可登录该页面。

疑难问答　如何隐藏开始工作区?

如果不习惯使用Photoshop CC2018的开始工作区界面,可以选择"编辑"→"首选项"→"常规"命令,在弹出的对话框中取消"没有打开的文档时显示'开始'工作区"复选框,如图1-21所示。关闭Photoshop后再次启动,开始工作区界面即可隐藏。

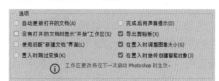

图1-21 隐藏开始工作界面

启动Photoshop CC2018，打开一个Photoshop文件，观察工作界面，Photoshop CC的工作界面简洁且实用，工作命令的选取、面板的访问、工作区的切换等都十分方便。不仅如此，工作界面的亮度还可以调整，以便凸显图像。诸多设计的改进，为客户提供了更加流畅的编辑体验。其界面主要由菜单栏、工具选项栏、标题栏、工具箱、文档窗口、状态栏和面板区组成，如图1-22所示。

图1-22 Photoshop CC2018工作界面

Photoshop CC2018工作界面各部分界面的作用如下。

- 菜单栏：其中共包含11个菜单命令，利用这些菜单命令可完成对图像的编辑、调整色彩和添加滤镜效果等操作。
- 工具选项栏：其中的选项是工具箱中各个工具的功能扩展，通过在选项栏中设置不同的选项，可以快速完成多样化的操作。
- 工具箱：其中包含多个工具，利用这些工具可以完成对图像的绘制、移动等操作。
- 文档窗口：显示和编辑当前打开的文档。
- 状态栏：可以查看当前文件的显示比例、文档大小、当前工具、测量比例等信息。
- 面板区：是Photoshop的特色界面之一，默认位于工作界面的右侧，其中的面板可以自由地拆分、组合和移动。通过面板，用户可以对Photoshop图像的图层、通道、路径、历史记录、动作等进行操作和控制。

1.3.1 了解菜单栏

菜单栏包含11个菜单，分门别类地放置了Photoshop的大部分操作命令，这些命令往往让初学者感到眼花缭乱，但实际上只要了解每一个菜单的特点，就能够掌握这些菜单命令。

例如，"文件"菜单中包含的是用于文件操作的相关命令，"新建""打开"等命令，都可以在其中找到并执行。

1.3.2 了解工具箱

工具箱是Photoshop处理图像的工具"集装箱"，包含各种图形图像编辑工具以及屏幕显示模式控制按钮等。随着Photoshop版本的不断升级，工具更加人性化，种类与数量也在不断增加，使用户的操作更加方便、快捷。

1. 查看工具

要使用某种工具，直接单击工具箱中该工具图标，将其激活即可。通过工具图标，用户可以快速识别工具种类。例如，画笔工具图标是画笔形状 ，橡皮擦工具是橡皮擦形状 。

2. 显示隐藏的工具

工具箱中的许多工具并没有直接显示出来，而是以成组的形式隐藏在右下角带小三角形的工具按钮中。按下此类按钮并停留片刻，即可显示该组所有工具，将光标移动到隐藏的工具上然后释放鼠标，即可选择该工具，如图1-23所示。此外，也可以使用快捷键来选择工具。按〈Shift+工具英文首字母〉快捷键，则可在一组隐藏的工具中循环选择各个工具，例如按〈Shift+W〉快捷键，可以在魔棒工具 和快速选择工具 之间切换。

图1-23 选择隐藏的工具

3. 移动工具箱

默认情况下，工具箱停放在窗口左侧。将光标放在工具箱顶部的 区域右侧，单击并拖动鼠标，可以将工具箱拖出，放置在窗口的任意位置。

4. 切换工具箱的显示状态

Photoshop工具箱有单列和双列两种显示模式，如图1-24所示。单击工具箱顶端的 按钮，可以在单列和双列两种显示模式之间切换。当使用单列显示模式时，可以有效节省屏幕空间，使图像的显示区域更大，以方便用户的操作。

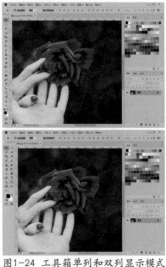

图1-24 工具箱单列和双列显示模式

1.3.3 了解工具选项栏

工具选项栏是用来设置工具的选项，选择不同的工具时，工具选项栏中的选项内容也会随之改变，如图1-25所示为选择魔棒工具 时选项栏显示的内容，如图1-26 所示为选择套索工具 时选项栏显示的内容。

图1-25 魔棒工具选项栏

图1-26 套索工具选项栏

执行"窗口"→"选项"命令，可以显示或隐藏工具选项栏。单击并拖动工具选项栏左侧的 ▦ 图标，可以移动它的位置，如图1-27所示。

图1-27 移动工具选项栏

专家提示 工具选项栏主要用来设置工具的参数选项，通过适当设置参数，可以有效增加工具在使用中的灵活性，提高工作效率。

1.3.4 了解面板

面板作为Photoshop必不可少的组成部分，增强了Photoshop的功能并使其操作更为灵活多样。大多数操作高手能够在很少使用菜单命令的情况下完成大量操作任务，就是因为频繁使用了面板的强大功能。

1. 打开面板

为了节省界面空间，Photoshop默认只显示图层、颜色等几个常用的面板。要打开其他的面板，可执行"窗口"菜单命令，在弹出的菜单中选择相应的面板选项。

2. 展开和折叠面板

在展开的面板右上角的三角按钮 ▸▸ 上单击，可以折叠面板。当面板处于折叠状态时，会显示为图标状态，如图1-28所示。

当面板处于折叠状态时，单击面板组中一个面板的缩览图标，可以展开该面板，如图1-29所示。展开面板后，再次单击缩览图标，可以将其设置为折叠状态。

3. 调整面板大小

将光标移动至面板底部或左右边缘处，当光标呈双

箭头形状时，单击并拖动鼠标，可以调整面板的大小。

图1-28 图标面板　　　图1-29 展开面板

4. 分离与合并面板

将光标移动至面板的名称上，单击并拖至窗口的空白处，可以将面板从面板组中分离出来，使之成为浮动面板，释放鼠标左键即可分离面板，如图1-30所示。

将光标移至面板的名称上，单击并将其拖至其他面板名称的位置，出现蓝色框时释放鼠标左键，即可将该面板放置在目标面板中，如图1-31所示。

图1-30 分离面板

图1-31 合并面板

5. 最小化与关闭面板

　　在面板上的灰色区域单击鼠标右键，弹出快捷菜单，如图1-32所示，选择"关闭"命令可以关闭面板；选择"折叠为图标"命令，可以将当前面板组最小化为图标；选择"自动折叠图标面板"命令，可以自动将展开的面板最小化。

专家
提示 ▶ 要关闭整个面板，直接单击面板标签右侧的
■ 按钮即可；要关闭整个组合的控制面板，单击面板右上方的 ■ 按钮即可。要重新打开关闭的面板，可单击"窗口"菜单，然后在菜单中单击需要打开的面板名称，如图1-33所示。

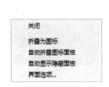

图1-32 快捷菜单　　　图1-33 "窗口"菜单

6. 打开面板菜单

　　单击面板右上角的 ■ 按钮，可以打开面板菜单。面板菜单中包含了当前面板的各种命令。例如，执行"导航器"面板菜单中的"面板选项"命令，可以打开"面板选项"对话框，如图1-34所示。

图1-34 打开面板菜单

1.3.5 了解状态栏

　　状态栏位于图像窗口的底部，它可以显示图像的视图比例、文档的大小、当前使用的工具等信息。单击状态栏中的 ▶ 按钮，可以打开如图1-35所示的菜单。

图1-35 状态栏菜单

状态栏快捷菜单中各选项含义如下：

- ▶ Adobe Drive：显示文档的Version Cue工作组状态。
- ▶ 文档大小：显示图像中数据量的信息。选择该选项后，状态栏中会出现两组数字，左边的数字表示拼合图层并存储文件后的大小，右边的数字表示没有拼合图层和通道的近似大小。
- ▶ 文档配置文件：显示图像所使用颜色模式的名称。
- ▶ 文档尺寸：显示图像的尺寸。
- ▶ 测量比例：测量图像的宽度与高度。
- ▶ 暂存盘大小：显示系统内存和Photoshop暂存盘的信息。选择该选项后，状态栏中会出现两组数字，左边的数字表示为当前正在处理的图像分配的内存量，右边的数字表示可以使用的全部内存容量。如果左边的数字大于右边的数字，Photoshop将启用暂存盘作为虚拟内存。
- ▶ 效率：显示执行操作实际花费时间的百分比。当效率为100%时，表示当前处理的图像在内存中生成，如果该值低于100%，则表示Photoshop正在使用暂存盘，操作速度也会变慢。
- ▶ 计时：显示完成上一次操作所用的时间。
- ▶ 当前工具：显示当前使用的工具名称。
- ▶ 32位曝光：文档显示HDR图像时，在计算器上查看32位/通道高动态范围（HDR）图像的选项。只有文档窗口显示HDR图像时，该选项才可以用。
- ▶ 存储进度：显示当前文件保存的完成程度信息。
- ▶ 智能对象：显示当前文档使用或丢失的智能对象。
- ▶ 图层计数：显示当前文档的图层个数。

专家
提示 ▶ 在状态栏上按住鼠标左键不释放，可以查看图像信息，如图1-36所示。

　　宽度：5472 像素（193.04 厘米）
　　高度：3648 像素（128.69 厘米）
　　通道：3(RGB 颜色，8bpc)
　　分辨率：72 像素/英寸

图1-36 查看图像信息

1.4 自定义工作区

在 Photoshop 的工作界面中，文档窗口、工具箱、菜单栏和面板的排列方式称为工作区。Photoshop 提供了适合不同任务的预设工作区，如 3D、绘画、摄影等，用户也可以创建适合自己操作习惯的工作区，以满足具体的操作需要。在"窗口"→"工作区"的子菜单中包含工作区的设置命令，如图 1-37 所示。

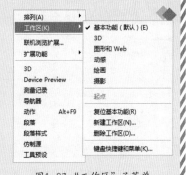

图1-37 "工作区"子菜单

1.4.1 边讲边练——创建自定义工作区

本案例介绍使用Photoshop创建自定义工作区。

文件路径：源文件\第1章\1.4.1

视频文件：视频\第1章\1.4.1.MP4

01≫ 打开一张素材图像，Photoshop面板如图1-38所示。

图1-38 打开素材

02≫ 在"窗口"菜单中关闭不需要的面板，只保留所需的面板，如图1-39所示。

图1-39 整理所需工具面板

03≫ 执行"窗口"→"工作区"→"新建工作区"命令，打开"新建工作区"对话框，输入工作区名称，并勾选"键盘快捷键""菜单"和"工具栏"复选框，单击"存储"按钮，如图1-40所示。

图1-40 新建工作区

04≫ 选择"窗口"→"工作区"中的下拉菜单，可以看到创建的工作区已经包含在菜单中，如图1-41所示，选择该选项即可切换为该工作区。

图1-41 切换工作区

专家提示 如果要删除自定义的工作区，可以选择菜单中的"删除工作区"命令。

1.4.2 边讲边练——自定义彩色菜单命令

本案例介绍使用Photoshop自定义彩色菜单命令。

文件路径：源文件\第1章\1.4.2

视频文件：视频\第1章\1.4.2.MP4

01≫ 选择"编辑"→"菜单"命令，打开"键盘快捷键和菜单"对话框，在打开的对话框中单击图层前面的▶按钮，选择"新建"命令，单击"无"，在其下拉菜单中选择紫色，如图1-42所示。

图1-42 定义菜单命令颜色

02≫ 单击"确认"按钮关闭对话框，打开"图层"下拉菜单，可以看到新建命令显示为紫色，如图1-43所示。

图1-43 完成定义

1.4.3 边讲边练——自定义工具快捷键

本案例介绍使用Photoshop自定义工具快捷键。

文件路径：源文件\第1章\1.4.3

视频文件：视频\第1章\1.4.3.MP4

01≫ 按〈Ctrl+Shift+Alt+K〉快捷键，或执行"编辑"→"键盘"命令，打开"键盘快捷键和菜单"对话框，在"快捷键用于"下拉列表中选择"工具"，如图1-44所示。

图1-44 打开"快捷键和菜单"对话框

02≫ 在"工作面板命令"列表中选择"单行选框工具"，将"单行选框"工具的快捷设置为"S"键，如图1-45所示。单击"确定"按钮，即可完成快捷键的设置。

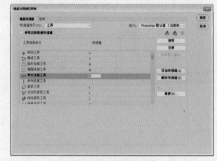

图1-45 设置快捷键

1.5 变化中的视图

在 Photoshop CC2018 中，系统提供了切换屏幕模式命令，以及旋转视图工具、缩放工具、抓手工具、"导航器"面板等，方便用户更好地观察和处理图像。

1.5.1 更改屏幕显示模式

屏幕显示模式控制工作界面组件的显示，Photoshop提供了标准屏幕模式、带有菜单栏的全屏模式和全屏模式共3种显示模式，可以通过工具箱底端的显示模式控制按钮 □，或执行"视图"→"屏幕模式"命令进行切换。

手把手 1-1 ▌ 更改屏幕显示模式
◎ 视频文件：视频\第1章\手把手1-1.MP4

01≫ 执行"文件"→"打开"命令，打开本书配套资源中"源文件\第1章\1.5\1.5.1屏幕显示.jpg"文件，执行"视图"→"屏幕模式"→"标准屏幕模式"命令，进入标准屏幕显示模式，如图1-46所示，该模式为默认显示模式，显示了菜单栏、标题栏、滚动条和其他屏幕元素。

图1-46 标准屏幕模式

02≫ 执行"视图"→"屏幕模式"→"带有菜单栏的全屏模式"命令，进入如图1-47所示的显示模式，此模式为无标题栏和滚动条的全屏窗口。

图1-47 带有菜单栏的全屏模式

03≫ 执行"视图"→"屏幕模式"→"全屏模式"命令，进入如图1-48所示的显示模式，此模式为只显示黑色背景，无标题栏、菜单栏和滚动条的全屏窗口。

图1-48 全屏模式

04≫ 按〈Shift+Tab〉快捷键，可以在全屏模式下重新显示工作面板，如图1-49所示。

图1-49 重新显示面板

> **专家提示** 连续按〈F〉键，可在3种屏幕模式之间切换。3种屏幕模式都显示有工具箱和面板。如果需要显示/隐藏面板，可按下〈Shift+Tab〉快捷键；按下〈Tab〉键可显示/隐藏除图像窗口之外的所有组件。

1.5.2 排列窗口

如果同时打开了多个图像文件，可以执行"窗口"→"排列"菜单中的命令，控制各个文档窗口的排列方式，如图1-50所示。

图1-50 "排列文件"菜单

"排列"菜单主要命令的含义如下。

▶ 全部垂直拼贴：所有图像窗口从左至右以列的方式依次进行显示，如图1-51所示。

图1-51 全部垂直拼贴显示

▶ 全部水平拼贴：所有图像窗口从上至下以行的方式依次进行显示，如图1-52所示。

图1-52 全部水平拼贴显示

▶ 平铺：使所有图形窗口以边靠边的方式铺满整个编辑区，如图1-53所示。

图1-53 平铺显示

▶ 在窗口中浮动：能够使当前编辑的图像窗口处于浮动状态，可使用拖动标题栏的方式移动窗口。

▶ 使所有内容在窗口中浮动：使所有图像窗口处于浮动状态，如图1-54所示。

▶ 将所有内容合并到选项卡中：如果想恢复为默认的视图状态，即全屏幕显示一个图像，其他图像最小化到选项卡中，可选择该命令。

▶ 匹配缩放：可匹配其他窗口的缩放比例，使之与当前窗口的缩放比例相同。例如，当前窗口的比例为12.5%，另外一个窗口的显示比例为35%。执行该命令后，另一个窗口的显示比例也将调整至12.5%。

▶ 匹配位置：可匹配其他窗口的图像，使之与当前窗口中的图像显示位置相同。

图1-54 层叠浮动显示

1.5.3 用旋转视图工具旋转视图

在进行绘画和修饰图像时，可以使用旋转视图工具 🖐 旋转视图，以便在任意角度无损地查看图像。

手把手 1-2 ┃ 用旋转视图工具旋转视图
🔘 视频文件：视频\第1章\手把手1-2.MP4

01▶ 执行"文件"→"打开"命令，打开本书配套资源中"源文件\第1章\1.5\1.5.3"中的文件，单击"打开"按钮，如图1-55所示。

02▶ 选择工具箱中的旋转视图工具 🖐 ，在图像上单击会出现一个罗盘，拖拽即可旋转视图，如图1-56所示。

图1-55 打开文件

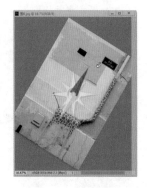

图1-56 旋转视图

专家提示 旋转画布功能需要计算机的显卡支持OpenGL加速，执行"编辑"→"首选项"→"性能"命令，在对话框中勾选"使用图形处理器"复选框。

专家提示 按〈Z〉键，可以快速选择缩放工具 。选择缩放工具后，在图像窗口中连续单击需要放大的区域，也可以放大图像。

1.5.4 用缩放工具调整窗口比例

放大或缩小画面的功能主要用于制作精细的图像。缩放工具可以自由地在操作中调节画面的显示部分。选择工具箱中的缩放工具 ，在画面中单击或拖动，即可缩放图像。选项栏会切换到缩放工具的选项栏，如图1-57所示。

图1-57 缩放工具的选项栏

缩放工具选项栏各选项含义如下。

▶ 调整窗口大小以满屏显示：选中该选项，在缩放图像时，图像窗口也会同时进行缩放，使图像在窗口中全屏显示。

▶ 缩放所有窗口：选中该选项，在单击某个图像窗口缩放图像时，当前Photoshop打开的所有图像将同步进行缩放。

▶ 细微缩放：选中该选项，以平滑方式放大或者缩小窗口。

▶ 实际像素：单击该按钮，当前图像将以100%的显示比例显示。

▶ 适合屏幕：单击该按钮，当前图像窗口和图像将以满屏方式显示，以方便查看图像的整体效果。

▶ 填充屏幕：单击该按钮，当前图像窗口和图像将填充整个屏幕。与适合屏幕不同的是，适合屏幕会在屏幕中以最大化的形式显示图像所有的部分，而填充屏幕会为达到布满屏幕的目的，不一定能显示出所有的图像。

手把手1-3 用缩放工具调整窗口比例
视频文件：视频\第1章\手把手1-3.MP4

01▶ 打开素材文件，选择缩放工具 ，移动光标至图像窗口，在需要放大的区域拖动光标，拉出矩形虚线框，如图1-58所示。

02▶ 松开鼠标后，虚线框内的图像区域即被放大至整个图像窗口，如图1-59所示。

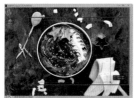

图1-58 框选放大区域　　图1-59 放大结果

1.5.5 用抓手工具移动画面

当图像尺寸过大或者由于放大窗口的显示比例过大而不能显示全部图像时，可以使用抓手工具 移动图像，查看图像的不同区域。选择抓手工具 ，选项栏切换为抓手工具的选项栏，如图1-60所示。在图像窗口拖动鼠标，即可移动画面，如图1-61所示。

图1-60 抓手工具的选项栏

图1-61 移动图像显示区域

专家提示 在使用其他Photoshop工具时，按住空格键即可快速切换至抓手工具 ，移动图像显示区域。

技术专题 **快速浏览图像**

▶ 〈Home〉：移动到画布的左上角。

▶ 〈End〉：移动到画布的右下角。

▶ 〈PageUp〉：将画布向上滚动一页。

▶ 〈PageDown〉：把画布向下滚动一页。

▶ 〈Ctrl+PageUp〉：把画布向左滚动一页。

1.5.6 使用导航器面板查看图像

导航器面板中包含图像的缩览图和窗口缩放工具，如图1-62所示。拖动相关的缩放按钮，或者移动代理预览区，即可调整图像的显示区域。

图1-62 导航器面板

代理预览区
缩小按钮
放大按钮
缩放文本框 45%
缩放滑块

在导航器面板中可进行如下操作。

- 通过按钮缩放图像：单击"放大"按钮 ，可以放大图像的显示比例；单击"缩小"按钮 ，可以缩小图像的显示比例。
- 通过滑块缩放图像：拖动缩放滑块可放大或缩小图像的显示比例。
- 通过数值缩放图像：缩放文本框中显示了图像的显示比例，在文本框中输入数值可以改变图像的显示比例，如图1-63所示。

图1-63 调整显示比例

- 移动画面：导航器面板中显示有一个红色矩形框，其中框线内的区域即代表当前图像窗口显示的图像区域，框线外的区域即为隐藏的图像区域。移动光标至红色框内拖动，光标显示为 形状，即可移动图像显示区域，如图1-64所示。

图1-64 移动显示区域

专家提示 移动光标至红色框线外，当光标显示为 形状时单击，即可显示以该点为中心的图像区域。

技巧点拨 执行导航器面板菜单中的"面板选项"命令，可在打开的对话框中修改代理预览区域矩形框的颜色。

1.5.7 其他缩放命令

Photoshop中包含以下调整图像视图比例的命令。

- 放大：执行"视图"→"放大"命令，或按〈Ctrl++〉快捷键，可以放大图像显示比例。
- 缩小：执行"视图"→"缩小"命令，或按〈Ctrl+-〉快捷键，可以缩小图像显示比例。
- 按屏幕大小缩放：执行"视图"→"按屏幕大小缩放"命令，或按〈Ctrl+0〉快捷键，可以自动调整图像的大小，使之能完整地显示在屏幕中。
- 实际像素：执行"视图"→"实际像素"命令，图像将以实际的像素，即100%的比例显示。
- 打印尺寸：执行"视图"→"打印尺寸"命令，图像将按实际的打印尺寸显示。

专家提示 在使用除"缩放""抓手"以外的其他工具时，先执行"首选项"→"工具"命令，在"选项"窗口勾选"用滚轮缩放"复选项，即可通过滚动鼠标中间的滚轮缩放窗口。

1.6 使用辅助工具

标尺、参考线、网格和注释工具都属于辅助工具，它们不能用来编辑图像，但却可以帮助用户更好地完成选择、定位和编辑图像的操作。

1.6.1 标尺

标尺在Photoshop中常用来确定图像或元素的位置，帮助用户更精确地编辑图像。

执行"视图"→"标尺"命令，或按〈Ctrl+R〉快捷键，标尺会出现在窗口顶部和左侧，如图1-65所示。如果要隐藏标尺，可执行"视图"→"标尺"命令，或按〈Ctrl+R〉快捷键。

图1-65 显示标尺

移动光标至标尺上方单击鼠标右键，从弹出的快捷菜单中选择所需的单位，可以自由地更改标尺的单位，如图1-66所示。

图1-66 更改单位

用户也可以更改标尺的原点位置。标尺分为水平标尺和垂直标尺两部分，系统默认图像左上角为标尺的原点（0，0）位置。移动光标至标尺左上角方格内，然后向画布方向拖动，释放鼠标的位置即为新的原点位置，如图1-67所示。

在显示标尺的图像窗口移动光标时，水平标尺和垂直标尺的上方就会出现一条虚线，表示当前光标所在的位置，在移动光标时，虚线也会随之移动，如图1-68所示。

在使用标尺查看图像时，若想得到更加精确的坐标数值，可以将画布缩放比例设置为100%，如图1-69所示。

图1-67 更改原点坐标

图1-68 显示虚线

专家提示 双击标尺交界处的左上角，可以将标尺原点重新设置于默认处。

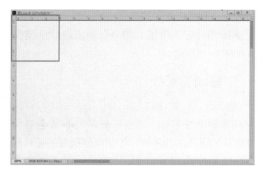

图1-69 精确坐标

1.6.2 参考线

参考线用于物体对齐和定位，建立参考线后可以任意调整其位置，因而使用起来很方便。在设计图书封面时，常常需要使用辅助线来定位书名和书脊的位置。

1. 使用参考线

手把手1-4 使用参考线

视频文件：视频\第1章\手把手1-4.MP4

01 按〈Ctrl+O〉快捷键，打开一个文件。

02 执行"视图"→"标尺"命令，或按〈Ctrl+R〉快捷键，在图像窗口中显示标尺。

03 移动光标至标尺上方，按下鼠标拖动至画布，即可建立一条参考线。在水平标尺上拖动得到水平参考线，在垂直标尺上拖动得到垂直参考线。在拖动的过程中，如果按〈Alt〉键，可使参考线在水平和垂直方向之间切换，如图1-70所示。

图1-70 建立参考线

专家提示 拖动参考线时，如果按住〈Shift〉键可将其对齐到标尺上的刻度。

2. 创建精确参考线

执行"视图"→"新建参考线"命令，弹出"新建参考线"对话框，在"取向"选项中选择"垂直"

单选按钮，在"位置"文本框中输入参考线的精确位置，单击"确定"按钮，即可在指定位置创建参考线，如图1-71所示。

3. 移动参考线

如果当前选择的是移动工具 ✛，则可以直接移动光标至参考线上方，当光标显示为 ✛ 或 ✚ 形状时拖动鼠标即可移动参考线；如果当前选择的是其他工具，则需先按下〈Ctrl〉键，再移动光标至参考线上方拖动。

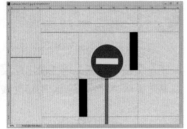

图1-71 创建精确参考线

4. 显示/隐藏参考线

选择"视图"→"显示"→"参考线"命令，或按〈Ctrl+;〉快捷键，可显示/隐藏参考线。

5. 使用智能参考线

智能参考线是一种智能化参考线，它仅在需要时出现。执行"视图"→"显示"→"智能参考线"命令，使用移动工具 ✛ 进行移动操作时，通过智能参考线可以对齐形状、切片和选区，如图1-72所示。

图1-72 移动对象时显示智能参考线

1.6.3 网格

网格对于对称布置对象非常重要。打开一个文件，执行"视图"→"显示"→"网格"命令，可显示网格，如图1-73所示。显示网格后，执行"视图"→"对齐"→"网格"命令，可启用对齐功能，此后在进行创建选区和移动图像等操作时，对象将会自动对齐到网格上。

图1-73 使用网格

1.6.4 显示或隐藏额外内容

在Photoshop中，额外内容指的是参考线、网格、目标路径、选区边缘、切片、图像映射、文本边界、文本基线、文本选区和注释，它们是不会被打印出来的，但却可以帮助用户更好地选择、定位或编辑图像。如果要显示额外内容，需要执行"视图"→"显示额外内容"命令，然后在"视图"→"显示"子菜单中选择需要显示的额外内容项目，如图1-74所示，显示的项目前面会出现打勾标记。再次选择这一命令则该项目被隐藏，打勾标记会消失。

图1-74 "视图"→"显示"子菜单

第2章

奇妙的Photoshop图像视界
——图像的基本编辑方法

使用Photoshop 可以对图像进行编辑，也可以创建新的图像。新建文件、打开文件以及保存文件等都是为了有效管理文件而必须掌握的基础内容，本章将介绍使用Photoshop CC2018进行图像处理所涉及的基本操作，为后面章节的深入学习打下坚实的基础。

2.1 文件的基本操作

新建文件、打开文件、保存文件以及关闭文件等操作主要是通过"文件"菜单的相关命令来执行。在 Photoshop 中可以使用多种方法新建、打开、保存与关闭图像文件，用户可以运用自己熟悉的方式来执行操作。

2.1.1 新建文件

执行"文件"→"新建"命令，弹出"新建文档"对话框，如图2-1所示。在该对话框中可以根据需要设置文件的名称、尺寸、分辨率、颜色模式和背景内容等选项，单击"确定"按钮，即可新建一个空白文件。

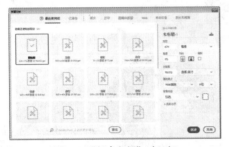

图2-1 "新建文档"对话框

- ▶ 文档名称：在文本框可输入所需要的文档名称，默认名称为"未标题-1"。创建文件后，在图像窗口的标题栏中会显示文件名。保存文件时，文件名会自动显示在存储文件的对话框内。
- ▶ 预设/大小：提供了各种常用文档的预设选项，如照片、Web、A3、A4D打印纸、胶片和视频等。
- ▶ 宽度/高度：可设置文档的宽度和高度。在右侧的选项中可以选择一种单位，包括"像素""英寸""厘米""毫米""点""派卡"和"列"。
- ▶ 分辨率：可设置文档的分辨率，在右侧的选项可以选择分辨率的单位，包括"像素/英寸"和"像素/厘米"。
- ▶ 颜色模式：可以选择文件的颜色模式，包括位图、灰度、RGB颜色、CMYK颜色和Lab颜色。
- ▶ 背景内容：可以选择文件背景的内容，包括"白色""黑色""背景色""透明"和"自定义"选项。
- ▶ 高级：单击"高级"的 ∨ 下拉按钮，"新建"对话框底部会显示"颜色配置文件"和"像素长宽比"两个选项。计算机显示器上的图像是由方形像素组成的，除非使用用于视频的图像，否则都应选择"方形像素"。选择其他选项可使用非方形像素。
- ▶ "颜色配置文件"：在"颜色配置文件"下拉列表中可以为文件选择一个颜色配置文件。
- ▶ "像素长宽比"：在"像素长宽比"下拉列表中可以选择像素的长宽比。

- ▶ 存储预设：单击该按钮，打开"新建文档预设"对话框，输入预设的名称并选择相应的选项，可以将当前设置的文件大小、分辨率、颜色模式等创建为一个预设。以后需要创建同样的文件时，只需在"新建"对话框的"预设"下拉列表中选择该预设即可，这样就省去了重复设置选项的麻烦。
- ▶ 删除预设：选择自定义的预设文件后，单击该按钮可将其删除。但系统提供的预设不能删除。
- ▶ 图像大小：显示了以当前设置的尺寸和分辨率新建文件时，文件的实际大小。

2.1.2 新建画板

执行"文件"→"新建"命令，弹出"新建文档"对话框，在该对话框中勾选"画板"复选框，即可新建画板，如图2-2所示。

图2-2 "新建文档"对话框

手把手 2-1 创建画板

▶ 视频文件：视频\第2章\手把手2-1.MP4

01▷ 执行"文件"→"新建"命令，弹出"新建文档"对话框，勾选"画板"复选框，单击"创建"按钮，新建画板，如图2-3所示。

图2-3 新建画板

02≫ 此时文档为画板，使用"画板"工具 ，在画板文档的其他地方拖拽可以新建画板，创建多画板，如图2-4所示。

图2-4 创建多画板

03≫ 当文档为普通文档时，如图2-5所示，使用"画板"工具 ，在文档中拖拽鼠标，文档会以拖拽的位置为基准新建画板，如图2-6所示。

图2-5 普通文档

图2-6 新建画板

04≫ 在"图层"面板中选择"画板1"，单击鼠标右键，在快捷菜单中选择"复制画板"命令，如图2-7所示，弹出"复制画板"对话框，如图2-8所示。

图2-7 "复制画板"命令　　　图2-8 "复制画板"对话框

05≫ 在"复制画板"对话框中可对复制画板命名，在"为"文本框中输入名称即可，如图2-9所示。可选择复制的"目标"文档，其中包括当前打开的所有文档，也可以新建文档，如图2-10所示。

 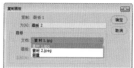

图2-9 输入复制画板名称　　　图2-10 "目标"文档选项

06≫ 选择一个打开的文档即可将画板复制至该文档中，如选择当前文档，效果如图2-11所示。

图2-11 复制至当前文档

07≫ 若选择目标文档为"新建"，"画板"文本框将隐藏，显示"名称"文本框，可输入新建文档名称。单击"确定"按钮，将画板复制至新建文档中，如图2-12所示。

图2-12 复制至新建文档

2.1.3　打开文件

在编辑图像文件之前，文件必须处于打开状态。文件的打开方法有很多种，下面介绍几种常用的打开文件的方法。

1. 用"打开"命令打开文件

执行"文件"→"打开"命令，弹出"打开"对话框，选择一个文件（如果需要选择多个文件，可在按住〈Ctrl〉键的同时单击它们），如图2-13所示，单击"打开"按钮，或双击文件，即可打开选择的文件。

2. 用"打开为"命令打开文件

执行"文件"→"打开为"命令，或按〈Alt+Shift+Ctrl+O〉快捷键，弹出"打开为"对话框。该对话框和"打开"对话框相似，不同之处在于它不显示Photoshop不支持的文件格式，如图2-14所示。

"打开"对话框中各选项含义如下。

- ▶ 查找范围：在该选项的下拉列表中可以选择图像文件所在的文件夹。
- ▶ 文件名：显示了当前选择文件的文件名称。
- ▶ 文件类型：在该选项下拉列表中可以选择文件的类型，默认为"所有格式"。选择某一文件类型后，对话框中只显示该类型的文件。

图2-13 "打开"对话框　　　图2-14 "打开为"对话框

专家提示 按〈Ctrl+O〉快捷键，或者在Photoshop灰色的程序窗口中双击鼠标，都可以弹出"打开"对话框。

3. 作为智能对象打开

执行"文件"→"打开为智能对象"命令，弹出"打开为智能对象"对话框，选择一个文件，单击"打开"按钮，即可将文件作为智能对象打开。

专家提示 智能对象是一个嵌入到当前文件中的对象，它可以保留文件的原始数据。

4. 打开最近打开的文件

执行"文件"→"最近打开文件"命令，在弹出的下拉菜单中显示了最近在Photoshop中打开过的文件名，选择即可快速打开这些文件。执行"清除最近"命令，即可清除菜单中的文件列表。

5. Bridge浏览打开

执行"文件"→"在Bridge中浏览"命令，弹出Bridge窗口，在Bridge中选择一个文件，双击即可在Photoshop中打开。

2.1.4　保存文件

在图像处理过程中应及时保存文件，养成随时保存的好习惯，以免因突然断电或死机而使文件丢失，后悔莫及。Photoshop提供了几个用于保存文件的命令，用户可根据具体的需要选择适合的方式进行保存。

1. 存储

当需要保存当前操作的文件时，执行"文件"→"存储"命令，或按〈Ctrl+S〉快捷键，保存所做的修改，图像会保存为原有格式。如果是一个新建的文件，则会弹出"存储为"对话框，在该对话框中设置保存位置、文件名、文件保存类型，完成后单击"保存"按钮。

专家提示 按〈Ctrl+S〉快捷键，可快速执行"存储"命令。

2. 存储为

如果要将文件保存为另外的名称和其他格式，或者存储在其他位置，可执行"文件"→"存储为"命令，在打开的"存储为"对话框中将文件另存，如图2-15所示。

图2-15 "存储为"对话框

2.1.5　关闭文件

对图像的编辑操作完成后，可采用以下方法关闭文件。

- ▶ 关闭文件：执行"文件"→"关闭"命令可以关闭当前的图像文件。如果对图像进行了修改，会弹出提示对话框，如图2-16所示。如果当前图像是一个新建的文件，单击"是"按钮，可以在打开的"存储为"对话框中将文件保存；单击"否"按钮，可关闭文件，但不保存对文件做出的修改；单击"取消"按钮，则关闭对话框，并取消关闭操作。

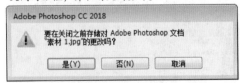

图2-16 提示对话框

- ▶ 关闭全部文件：执行"文件"→"关闭全部"命令，可以关闭当前打开的所有文件。
- ▶ 关闭文件并转到Bridge：执行"文件"→"关闭并转到Bridge"命令，可以关闭当前文件后打开Bridge。
- ▶ 退出程序：执行"文件"→"退出"命令，可关闭Photoshop。如果修改的文件没有保存，将弹出提示对话框，询问用户是否保存文件。

2.1.6 边讲边练——置入嵌入智能对象

本案例通过选择"置入嵌入智能对象"命令，在文档中置入PSD格式文件，对置入的文件进行缩放、旋转等操作，完成圣诞海报的制作。

文件路径：源文件\第2章\2.1.6

视频文件：视频\第2章\2.1.6.MP4

01▷▷ 启动Photoshop CC2018，按〈Ctrl+O〉快捷键，打开背景素材文件，如图2-17所示。

图2-17 打开素材文件

02▷▷ 执行"文件"→"置入嵌入智能对象"命令，在打开的对话框中选择要置入的EPS格式文件，将其置入，如图2-18所示。调整大小和位置，按〈Enter〉键确定置入，如图2-19所示。按〈ESC〉键则取消置入。

图2-18 置入EPS文件　　　图2-19 确认置入

03▷▷ 单击工具箱中的"魔棒工具" 按钮，在白色背景上单击鼠标左键，将背景选中，如图2-20所示。

04▷▷ 按住〈Alt〉键单击面板上的"添加图层蒙版"按钮 ，如图2-21所示，创建蒙版将白色背景区域遮住，图像效果如图2-22所示。

05▷▷ 再次执行"文件"→"置入嵌入智能对象"命令，在打开的对话框中选择要置入的PSD格式文件，将其置入，如图2-23所示。

图2-20 选中背景　　　图2-21 添加蒙版

图2-22 图像效果　　　图2-23 置入PSD文件

06▷▷ 运用相同的方式添加图层蒙板，最终效果如图2-24所示。

图2-24 最终效果

技术看板　无损缩放

置入矢量文件的过程中（即按下〈Enter〉键确认以前），对其进行缩放、定位、斜切或旋转操作时，不会降低图像品质。关于缩放和旋转等变形操作的方法，请参阅"2.5图像的变换与变形操作"。

2.2 修改像素尺寸和画布大小

在 Photoshop 中，无论调整的是图像大小还是画布尺寸，都与像素密不可分。使用"图像大小"命令可以调整图像的像素大小、打印尺寸和分辨率，更改图像的像素大小不仅会影响图像在屏幕上的大小，还会影响图像的质量及其打印特性，同时也决定了其占用的存储空间。

2.2.1 调整图像大小和分辨率

使用"图像大小"对话框可以设置图像的打印尺寸和分辨率。选择"图像"→"图像大小"命令，即可打开如图2-25所示的"图像大小"对话框。

"图像大小"对话框中各选项含义如下。

▸ 图像大小/尺寸：显示了图像的大小和像素尺寸。单击"尺寸"选项右侧的▾按钮，可以打开如图 2-26 所示的下拉菜单，在菜单中可以选择以其他度量单位显示最终输出的尺寸。

▸ 调整为：单击▾按钮打开下拉菜单，菜单中包含了各种预设的图像尺寸。此外，选择"自动分辨率"命令，则可以打开"自动分辨率"对话框，输入挂网的线数，Photoshop会根据输出设备的网频来建议使用的图像分辨率。

图2-25 "图像大小"对话框   图 2-26 "选择单位"菜单

▸ 缩放样式：单击对话框右上角的▣按钮，可以打开一个菜单，菜单中包含"缩放样式"命令，并处于勾选状态。它表示如果文档中的图层添加了图层样式，则调整图像的大小时会自动缩放样式。如果要禁用缩放功能，可以取消该命令的勾选。

▸ 宽度/高度：可以输入图像的宽度和高度值。如果要修改"宽度"和"高度"的度量单位，可单击右侧的▾按钮，在打开的下拉列表中进行选择。"宽度"和"高度"选项中间有一个▣按钮，当它处于按下状态时，表示保持宽度和高度的比例不变。如果要分别缩放宽度和高度，可勾选"重新采样"复选框，再单击该按钮。

▸ 分辨率：可以输入图像的分辨率。

▸ 重新采样：如果要修改图像大小或分辨率以及按比例调整像素总数，可勾选该选项，并在菜单中选取插值方法，来确定添加或删除像素的方式。如果要修改图像大小或分辨率而不改变图像中的像素总数，则取消选择该选项。

2.2.2 调整画布大小

画布指的是绘制和编辑图像的工作区域。如果希望在不改变图像大小的情况下，调整画布的尺寸，可以执行"图像"→"画布大小"命令，在打开的"画布大小"对话框中进行设置，如图2-27所示。

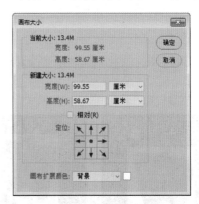

图2-27 "画布大小"对话框

"画布大小"对话框中各选项含义如下。

▸ 当前大小：显示的是当前画布的大小。

▸ 新建大小：用于设置新画布的大小。

▸ 定位：用于确定画布大小更改后，原图像在新画布中的位置。在"定位"栏中按下相应的方形按钮，可以定位图像在新画布中的位置。

▸ 画布扩展颜色：可在"画布扩展颜色"列表框中选择新画布区域的颜色，可使用前景色、白色、黑色或灰色，也可以单击右侧的色块，在打开的"拾色器"对话框中选择其他颜色。

▸ 相对：选中"相对"复选框，在"宽度"和"高度"框中输入的数值为新画布增加或减少的尺寸。若输入的数值为正数，Photoshop就在原图像的基础上增加画布区域；若该数值为负数，会裁剪掉部分图像，如图2-28所示。

原图像 增加画布区域 减少画布区域

图2-28 调整画布大小

图像大小与画布大小有什么区别?

画布大小指的是工作区域的大小,它包含图像和空白区域;图像大小指的是图像的像素大小。

2.2.3 边讲边练——修改画布大小制作时尚明信片

画布是指整个文档的工作区域,本小节通过一个小实例,介绍使用"画布大小"命令制作时尚明信片的方法。

📀 文件路径:源文件\第02章\2.2.3

📹 视频文件:视频\第02章\2.2.3.MP4

01» 启动Photoshop CC2018,按〈Ctrl+O〉快捷键打开素材文件,如图2-29所示。

02» 执行"图像"→"画布大小"命令,弹出"画布大小"对话框,修改画布尺寸、设置定位方向并选择填充新画布的颜色,如图2-30所示。

图2-29 打开素材文件 图2-30 "画布大小"对话框

03» 单击"确定"按钮,增加画布大小,效果如图2-31所示。

04» 再次执行"图像"→"画布大小"命令,弹出"画布大小"对话框,设置参数如图2-32所示。

05» 单击"确定"按钮,添加文字、边框进行装饰,如图2-33所示,时尚明信片制作完成。

图2-31 增加画布区域 图2-32 设置参数

图2-33 最终效果

**专家
提示** 在绘制矩形边框的过程中,按〈Ctrl+T〉快捷键可显示定界框,按住〈Shift〉键拖动控制点即可调整矩形大小。

2.3 裁剪图像

在对数码照片进行处理时,经常需要裁剪图像,以便删除多余的部分。裁剪工具 □.可以对图像进行裁剪,重新定义画布大小。用户可以自由地控制裁剪的位置和大小,同时还可以对图像进行旋转或变形。

2.3.1 裁剪工具

选择裁剪工具 口 后，工具选项栏显示如图2-34所示。在选项栏中通过输入相应的数值，可以准确控制裁剪范围的大小，以及裁剪之后图像的分辨率，这些操作都需要在设置裁剪范围之前进行。

图2-34 裁剪工具选项栏

1. 使用裁剪工具裁剪图像

移动光标到裁剪范围控制点，当光标显示为双箭头（↔、↕或↘）形状时拖动鼠标，可调整裁剪范围大小；移动光标至范围框内，当光标显示为黑色箭头 ▶ 形状时拖动鼠标，可以移动图像，调整裁剪区域。

手把手 2-2 ▌ 使用裁剪工具裁剪图像
💿 视频文件：视频\第2章\手把手2-2.MP4

01》 执行"文件"→"打开"命令，弹出"打开"对话框，选择本书配套资源中"源文件\第2章\2.3\2.3.1-1.jpg文件"，单击"打开"按钮，如图2-35所示。

图2-35 打开素材

02》 选择裁剪工具 口，画面中出现裁剪框，移动光标至图像窗口，按住鼠标左键拖动，释放鼠标后，得到一个带有8个控制点的矩形裁剪范围控制框，如图2-36所示。

03》 此时按〈Enter〉键，或在范围框内双击即可完成裁剪操作，裁剪范围框外的图像被去除，如图2-37所示。按〈Esc〉键可以取消裁剪。

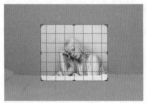
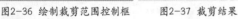

图2-36 绘制裁剪范围控制框　　图2-37 裁剪结果

> **专家提示** 在拖动鼠标的过程中，按〈Shift〉键可得到正方形的裁剪范围框；按〈Alt〉键可得到以鼠标单击位置为中心的裁剪范围框；按〈Shift+Alt〉快捷键，则可得到以单击位置为中心点的正方形裁剪范围框。

2. 旋转裁剪图像

移动光标至范围框外，当光标显示为↻形状时拖动，可旋转范围框，使用该功能可以调整倾斜的图像。

手把手 2-3 ▌ 旋转裁剪图像
💿 视频文件：视频\第2章\手把手2-3.MP4

01》 执行"文件"→"打开"命令，弹出"打开"对话框，选择本书配套资源中"源文件\第2章\2.3\2.3.1-2.jpg文件"，单击"打开"按钮，如图2-38所示。

02》 选择裁剪工具 口，在画布中拖出裁剪框，将光标定位在控制框右上角，当出现旋转箭头↻时，旋转控制框，如图2-39所示。

图2-38 打开素材　　　　图2-39 旋转裁剪范围框

03》 按〈Enter〉键确定裁剪，裁剪结果如图2-40所示。

图2-40 裁剪结果

3. 运用裁剪工具增加画布区域

裁剪工具不仅可以裁剪图像，也可用于增加画布区域。

手把手 2-4 ▌ 运用裁剪工具增加画布区域
💿 视频文件：视频\第2章\手把手2-4.MP4

01》 执行"文件"→"打开"命令，弹出"打开"对话框，选择本书配套资源中"源文件\第2章\2.3\2.3.1-3.jpg文件"，单击"打开"按钮，如图2-41所示。

02》 选择裁剪工具 口，建立矩形裁剪范围控制框，然后拖动放大裁剪范围框，使其超出当前画布区域，如图2-42所示。

03》 按〈Enter〉键确认裁剪，即可增加画布区域，增加的画布为透明或白色区域，使用油漆桶工具 🪣 填充新增画布区域，结果如图2-43所示。

图2-41 打开素材　　图2-42 调整裁剪　　图2-43 增加画布
　　　　　　　　　　　　　框大小　　　　　　区域

> **专家提示** 在调整裁剪框大小和位置时，如果裁剪框比较接近图像边界，裁剪框会自动贴到图像边缘，而无法精确裁减图像。这时只要按〈Ctrl〉键，裁剪框便可自由调整了。

4. 运用裁剪工具拉直图像

使用裁剪工具 🪚 的拉直功能，可以轻松纠正倾斜的图像。

手把手 2-5 ┃ 运用裁剪工具拉直图像
⊗ 视频文件：视频\第2章\手把手2-5.MP4

01》 执行"文件"→"打开"命令，弹出"打开"对话框，选择本书配套资源中"源文件\第2章\2.3\2.3.1-4.jpg文件"，单击"打开"按钮，如图2-44所示。

02》 选择裁剪工具 🪚，单击裁剪工具选项栏中的"拉直"按钮 🔲，从画布左上角往右下角方向拖出一条斜线，斜线与倾斜的手臂平行，如图2-45所示。

图2-44 打开照片　　　　　图2-45 创建拉直线

03》 按〈Enter〉键确定裁剪，倾斜的图像即得到纠正，如图2-46所示。

图2-46 拉直结果

手把手 2-6 ┃ 内容感知裁剪
⊗ 视频文件：视频\第2章\手把手2-6.MP4

04》 执行"文件"→"打开"命令，弹出"打开"对话框，选择本书配套资源中"源文件\第2章\2.3\2.3.1-5.jpg文件"，单击"打开"按钮，如图2-47所示。

05》 选择裁剪工具 🪚，单击裁剪工具选项栏中的"拉直"按钮 🔲，按住鼠标在画布上拖出一条斜线，斜线与人物平行，如图2-48所示。

图2-47 打开图像　　　　图2-48 绘制"拉直"直线

06》 释放鼠标左键，画面如图2-49所示。

07》 按〈Enter〉键或者单击工具选项栏 ✔ 按钮应用裁剪，效果如图2-50所示。

图2-49 不勾选"内容识别"　　图2-50 裁剪效果

08》 按〈Ctrl+Alt+Z〉快捷键撤销裁剪，重复操作步骤2，释放鼠标并勾选工具选项栏中的"内容识别"复选框，画面如图2-51所示。

09》 按〈Enter〉键或者单击工具选项栏 ✔ 按钮应用裁剪，效果如图2-52所示。

图2-51 勾选"内容识别"　　图2-52 裁剪效果

> **专家提示** 如图2-50所示为没有勾选"内容识别"选项的裁剪结果，人物的手被裁剪掉；如图2-52所示为勾选"内容识别"选项的裁剪结果，人物图像保留完整。

2.3.2 透视裁剪工具

在拍摄高大的建筑时，由于视角较低，竖直的线条会向消失点集中，产生透视畸变。Photoshop 的透视裁剪工具 🪚 能够很好地解决这个问题。

手把手 2-7 ┃ 透视裁剪工具

视频文件：视频\第2章\手把手2-7.MP4

01≫ 执行"文件"→"打开"命令，弹出"打开"对话框，选择本书配套资源中"源文件\第2章\2.3\2.3.2.jpg文件"，单击"打开"按钮，如图2-53所示。

02≫ 单击工具箱中的透视裁剪工具，建立矩形裁剪范围控制框，将光标放置在裁剪框左上角的控制点上，按住〈Shift〉键（以锁定水平方向）向右侧拖动，使用同样的方法，将右上角控制点向左侧拖动，使网格线与建筑平行，如图2-54所示。

03≫ 按〈Enter〉键或者单击工具选项栏✓按钮应用裁剪，即可校正透视畸变，如图2-55所示。

图2-53 打开照片　　图2-54 创建透视裁　　图2-55 透视裁
　　　　　　　　　　　　剪框　　　　　　　剪效果

2.3.3　"裁剪"命令

"裁剪"命令同裁剪工具的作用类似，用于裁剪图像，重新定义画布大小。

手把手 2-8 ┃ "裁剪"命令

视频文件：视频\第2章\手把手2-8.MP4

01≫ 打开本书配套资源中"源文件\第2章\2.3\2.3.3.jpg文件"，单击"打开"按钮，在图像中建立选区，如图2-56所示。

02≫ 按〈Shift+F6〉快捷键，弹出"羽化"对话框，设置羽化半径为20像素，单击"确定"按钮，效果如图2-57所示。

03≫ 执行"图像"→"裁剪"命令，系统根据选区上、下、左、右的外侧界限来裁剪图像，裁剪后的图像为矩形。因为当前选区进行了羽化，系统将根据羽化的数值大小进行裁剪，如图2-58所示。

图2-56 打开素材　　图2-57 羽化选区　　图2-58 裁剪羽化
　　　　　　　　　　　　　　　　　　　　　　　选区结果

专家提示 　如果在图像上创建的是非矩形的选区，如圆形或心形选区，如图2-59所示，裁剪后的图像仍然为矩形，如图2-60所示。

图2-59 建立不　　　　图2-60 裁剪不规则选区图像
规则选区

2.3.4　"裁切"命令

"裁切"命令用于去除图像四周的空白区域，如图2-61所示。

原图像　　　　　　　　裁切结果

图2-61 裁切图像

打开需要修剪空白区域的图像文件，选择"图像"→"裁切"命令，打开如图2-62所示的"裁切"对话框，然后设置相应的裁切参数，单击"确定"按钮，即可完成裁切。

图2-62 "裁切"对话框

"裁切"对话框各选项含义如下。

▷ "透明像素"单选按钮：选中该选项，图像周围透明像素区域将被裁切。

▷ "左上角像素颜色"单选按钮：选中该选项，图像周围与左上角像素颜色相同的图像区域将被看作是空白区域而被裁切。

▷ "右下角像素颜色"单选按钮：选中该选项，图像周围与右下角像素颜色相同的图像区域将被看作空白区域而被裁切。

▷ "裁切"选项区：用于选择裁切区域，被选中方向的空白区域将被裁切。

2.4 恢复与还原

在编辑图像的过程中，如果操作出现了失误，可以撤销操作或还原至某一步状态。在Photoshop中，提供了多种用于恢复和还原的功能，以方便用户操作。

2.4.1 使用命令和快捷键还原

使用命令和快捷键可以快速恢复和还原图像。

1. 恢复一个操作

执行"编辑"→"还原"命令（〈Ctrl+Z〉快捷键），可以还原上一次对图像所做的操作。还原之后，可以选择"编辑"→"重做"命令，重做已还原的操作，或按〈Ctrl+Z〉快捷键。"还原"和"重做"命令只能还原和重做最近的一次操作，因此如果连续按〈Ctrl+Z〉快捷键，只会在两种状态之间循环切换。

2. 恢复多个操作

使用"前进一步"和"后退一步"命令可以还原和重做多步操作。在实际工作时，常直接按〈Ctrl+Shift+Z〉（前进一步）和〈Ctrl+Alt+Z〉（后退一步）快捷键进行操作。

2.4.2 恢复图像至打开状态

执行"文件"→"恢复"命令，可以恢复图像至打开时的状态，相当于重新打开该图像文件，该命令快捷键为〈F12〉。

答疑解惑 复位对话框中的参数图

使用"图像"→"调整"菜单中的命令，以及"滤镜"菜单中的滤镜时，都会打开相应的对话框。当用户修改参数以后，如果想要恢复为默认值，可以按住〈Alt〉键，对话框中的"取消"按钮就会变为"复位"按钮，单击它即可。

使用该命令有一个前提，即在图像的编辑过程中，没有执行过"保存"等存盘操作，否则该命令会显示为灰色，表示不可用。

2.4.3 使用历史记录面板还原

历史记录面板是可以记录最近20步的操作步骤。使用历史记录面板，不仅能够清楚地了解图像的编辑步骤，还可以有选择地恢复图像至某一历史状态。

选择"窗口"→"历史记录"命令，在Photoshop界面中显示"历史记录"面板，如图2-63所示。

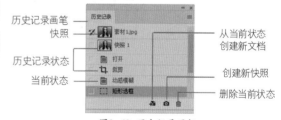

图2-63 历史记录面板

▷ 设置历史记录画笔的源：表示其后部的状态或快照将会成为历史记录工具或命令的源。

▷ 快照：显示快照效果的缩览图，单击可以还原到该快照。

▷ 历史记录状态：保留的操作记录状态。

▷ 当前状态：当前选定的图像编辑状态。

▷ "从当前状态创建新文档"按钮：将当前操作的图像文件复制为一个新文档，新建文档的名称以当前步骤名称来命名。

▷ "创建新快照"按钮：单击此按钮，为当前步骤建立一个新快照。

▷ "删除当前状态"按钮：单击此按钮，将当前所选中操作及其后续步骤删除。

2.4.4 边讲边练——还原图像

下面通过一个小实例介绍使用"历史记录"面板还原图像的方法。

文件路径：源文件\第02章\2.4.4

视频文件：视频\第02章\2.4.4.MP4

01>> 按〈Ctrl+O〉快捷键打开素材文件，如图2-64所示，当前"历史记录"面板如图2-65所示。

图2-64 打开素材文件　　图2-65 "历史记录"面板

02>> 执行"图像"→"调整"→"色相/饱和度"命令，弹出"色相/饱和度"对话框，设置参数如图2-66所示，单击"确定"按钮，效果如图2-67所示。

图2-66 "色相/饱和度"对话框　　图2-67 色相/饱和度调整效果

03>> 执行"图像"→"调整"→"照片滤镜"命令，弹出"照片滤镜"对话框，在"滤镜"下拉列表中选择"冷却滤镜（82）"，如图2-68所示，单击"确定"按钮，图像效果如图2-69所示。

图2-68 "照片滤镜"对话框　　图2-69 添加照片滤镜效果

04>> 下面通过"历史记录"面板进行还原操作。当前"历史记录"面板如图2-70所示，面板记录了所有的操作步骤。单击"色相/饱和度"，如图2-71所示，即可将图像恢复到色相/饱和度的编辑状态，如图2-72所示。

05>> 若要恢复至最初的打开状态，单击"打开"按钮即可，效果如图2-73所示。

图2-70 "历史记录"面板　　图2-71 选择"色相/饱和度"

图2-72 调整色相/饱和度的状态　　图2-73 恢复至最初打开状态

> **专家提示** 按〈Ctrl+Z〉快捷键，可以还原上一次对图像所做的操作。使用〈Ctrl+Shift+Z〉（前进一步）和〈Ctrl+Alt+Z〉（后退一步）快捷键可以还原和重做多步操作。

> **专家提示** 关闭图像后，所有历史记录和快照都将从面板中清除。

2.4.5 创建快照

"历史记录"面板保存的操作步骤默认为20步，超过限定数量的操作无法返回，通过创建快照即可还原。

如图2-74所示，由于相同操作的步骤过多，无法分辨哪一步是自己需要的状态。单击"历史记录"面板中的"创建新的快照"按钮 ，即可将画面的当前状态保存为一个快照，如图2-75所示。

图2-74 "历史记录"面板

图2-75 创建快照

快照虽然可以建立多个，并且一直保留在整个编辑过程中，但一旦关闭图像，快照也会像历史记录一样全部被清除，不能随图像一起保存。如果要修改快照的名称，可双击名称，在文本框中输入新名称。

创建快照后继续操作，无论操作了多少个步骤，即使面板中的新步骤已经将其覆盖了，用户都

可以通过单击快照将图像恢复为快照所记录的效果，如图2-76所示。

图2-76 使用快照还原

执行面板快捷菜单中的"新建快照"命令，或按住〈Alt〉键的同时单击"创建新的快照"按钮，在弹出的"新建快照"对话框中可设置快照名称或选择快照的内容。

2.5 图像的变换与变形操作

在"编辑"→"变换"子菜单中包含对图像进行变换的多种命令，如图 2-77 所示。执行这些命令可以对图像进行变换操作，如缩放、旋转、斜切和透视等。执行这些命令时，当前对象周围会显示出定界框，如图 2-78 所示。拖动定界框中的控制点便可以进行变换操作。

若是执行"编辑"→"自由变换"命令，或按〈Ctrl+T〉快捷键，也会显示定界框，此时在定界框内单击右键，在弹出的快捷菜单中可以选择不同的选项，如图2-79所示，可以对图像进行任意的变换。

图2-77 "变换"子菜单　　图2-78 显示定界框　　图2-79 快捷菜单

怎样对图像进行小幅度的移动？

使用移动工具时，每按下键盘中的〈→〉〈←〉〈↑〉〈↓〉键，便可以将对象移动一个像素的距离；如果按住〈Shift〉键，再按方向键，则图像每次可以移动10个像素的距离。

2.5.1 缩放

执行"编辑"→"自由变换"命令，或执行"编辑"→"变换"→"缩放"命令，移动光标至定界框

上，当光标显示为双箭头形状 时，拖动即可对图像进行缩放变换，如图2-80所示。若在按住〈Shift〉键的同时拖动，则可以等比例缩放图像，缩放完成后，按〈Enter〉键即可应用变换。

图2-80 缩放变换

若要在操作过程中取消变换操作，可按〈Esc〉键退出变换。

2.5.2 旋转

旋转命令，用于对图像进行旋转变换操作。

手把手 2-9 旋转

视频文件：视频\第2章\手把手2-9.MP4

01▷ 执行"文件"→"打开"命令，弹出"打开"对话框，选择本书配套资源中"源文件\第2章\2.5\2.5.2\苹果.psd文件"，如图2-81所示。

02>> 选中苹果层，执行"编辑"→"变换"→"旋转"命令，移动鼠标至定界框外，当光标显示为↻形状后，拖动鼠标即可旋转图像，如图2-82所示。

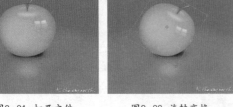

图2-83 旋转变换

图2-81 打开文件　　图2-82 旋转变换

03>> 若按住〈Shift〉键的同时拖动，则每次可旋转15°，如图2-83所示。

专家提示　旋转中心为图像旋转的固定点，若要改变旋转中心，可在旋转前将中心点✛拖移到新位置。按住〈Alt〉键拖动可以快速移动旋转中心。

2.5.3 边讲边练——魔法天书

本练习制作合成一个魔法天书的效果，其中文字的飞舞效果是画面的主体，也是本实例最为关键的内容，主要使用了Photoshop的"旋转"和"缩放"变换命令。

📀 文件路径：源文件\第02章\2.5.3

🎬 视频文件：视频\第02章\2.5.3.MP4

01>> 执行"文件"→"打开"命令，弹出"打开"对话框，选择本书配套资源中"源文件\第2章\2.5\2.5.3\书.jpg文件"，如图2-84所示。

02>> 打开"光芒.psd"文件，拖入背景画面中，调好位置，如图2-85所示。

图2-86 输入文字　图2-87 旋转　图2-88 复制
　　　　　　　　　　变换　　　　并旋转

06>> 参照上述操作，继续复制更多文字，并相应调整大小、旋转度和不透明度，如图2-89所示。

07>> 选中所有文字图形，按〈Ctrl+G〉快捷键，编组图层，按〈Ctrl+J〉快捷键复制两个，按〈Ctrl+T〉快捷键调整好大小，得到最终效果如图2-90所示。

图2-84 打开文件　　图2-85 添加光芒素材

03>> 选择工具箱中的横排文字工具 **T.**，在画面中单击，输入文字，设置文字颜色为白色，如图2-86所示。

04>> 按〈Ctrl+Enter〉快捷键结束文字编辑，执行"编辑"→"变换"→"旋转"命令，移动鼠标至定界框外，当光标显示为↻形状后，拖动鼠标旋转文字，如图2-87所示。

05>> 按住〈Alt〉键，拖动文字，复制一层，按〈Ctrl+T〉快捷键，再次旋转变换文字，如图2-88所示。

图2-89 制作其他飞舞文字　　图2-90 最终效果

2.5.4 斜切

执行"编辑"→"自由变换"命令，或按〈Ctrl+T〉快捷键，显示定界框，在定界框内右击，在弹出的快捷菜单中选择"斜切"选项，然后在定界框的顶点上拖动鼠标即可对图像进行斜切变换，如图2-91所示。

图2-91 斜切变换示例

疑难问答 如何变换背景图层？

背景图层不能直接执行"自由变换"或者"变换"命令，若想变换背景图层，需要先将其转换为普通图层，双击背景图层或单击其后面的 🔒 按钮即可将背景图层转换为普通图层。

2.5.5 扭曲

执行"编辑"→"自由变换"→"扭曲"命令，然后拖动定界框的4个角点即可对图像进行斜切变换，但定界框四边形任一角的内角角度不得大于180°。

手把手 2-10 扭曲

视频文件：视频\第2章\手把手2-10.MP4

01》执行"文件"→"打开"命令，弹出"打开"对话框，选择本书配套资源中"源文件\第2章\2.5\2.5.5.psd文件"，如图2-92所示。
02》执行"编辑"→"自由变换"→"扭曲"命令，移动鼠标至定界框的控制点上拖动，可以任意扭曲变形图像，效果如图2-93所示。
03》按住〈Shift〉键可以将控制点锁定在控制线方向，如图2-94所示。

图2-92 打开文件　图2-93 任意扭曲　图2-94 限制扭曲

专家提示 文字图层在扭曲变换之前，需要选择"图层"→"栅格化"→"文字"命令，将文字图层转换为普通图层。

2.5.6 透视

透视命令，用于对图像进行透视操作，从而使图形产生透视效果。

手把手 2-11 透视

视频文件：视频\第2章\手把手2-11.MP4

01》执行"文件"→"打开"命令，弹出"打开"对话框，选择本书配套资源中"源文件\第2章\2.5\2.5.6\道路.psd文件"，如图2-95所示。
02》执行"编辑"→"变换"→"透视"命令，水平拖动变换框控制点，得到上下方向透视变形效果，如图2-96所示。

图2-95 打开素材　　图2-96 水平透视变换

03》往垂直方向拖动控制点，得到左右透视变形的效果，如图2-97所示。

图2-97 垂直透视变换

专家提示 若要相对于定界框的中心点扭曲，可按住〈Alt〉键并拖移定界框角点。若要围绕中心点缩放或斜切，可在拖动时按住〈Alt〉键。若要相对于选区中心点以外的其他点扭曲，则在扭曲前将中心点拖移到选区中的新位置。

2.5.7 边讲边练——框中接球

下面使用"透视"变换命令，制作一个生动、有趣的框中接球图像合成，读者可加深对Photoshop变换功能的认识。

💿 文件路径：源文件\第02章\2.5.7

📷 视频文件：视频\第02章\2.5.7.MP4

01≫ 执行"文件"→"打开"命令，弹出"打开"对话框，选择本书配套资源中"源文件\第2章\2.5\2.5.7"文件夹"人物"和"相框"两个素材，如图2-98所示。

02≫ 单击选中"相框"图像窗口为当前窗口，选择工具箱魔棒工具 🖌️，取消工具选项栏"连续"复选框勾选，在白色背景处单击，按〈Ctrl+Shift+I〉快捷键，反选图像，按住〈Ctrl〉键拖动相框至"人物"文件中，如图2-99所示。

图2-98 打开素材

03≫ 执行"编辑"→"变换"→"透视"命令，拖动定界框下边控制点，如图2-100所示。

04≫ 单击右键，在弹出的快捷菜单中选择"自由变换"选项，旋转-5°，按〈Enter〉键应用变换，如图2-101所示。

图2-99 添加相框　　　图2-100 透视变换

05≫ 选择橡皮擦工具 ✑，擦去遮挡手部的相框，得到手从相框伸出的效果，如图2-102所示。

图2-101 旋转相框　　　图2-102 最终效果

2.5.8 水平和垂直翻转

按〈Ctrl+T〉快捷键，然后在定界框内单击鼠标右键，在弹出的快捷菜单中可以选择"水平翻转"或"垂直翻转"选项，分别以垂直线或水平线为镜像轴对图像进行镜像，如图2-103所示。

原图　　　水平翻转　　　垂直翻转

图2-103 水平翻转或垂直翻转

2.5.9 内容识别比例缩放

内容识别功能在缩放图像时能自动重排图像，在图像调整为新的尺寸时智能地保留重要区域。例如，当用户缩放图像时，图像中的人物、建筑、动物等都不会变形。

手把手 2-12 内容识别比例缩放

📷 视频文件：视频\第2章\手把手2-12.MP4

01≫ 按〈Ctrl+O〉快捷键，打开素材，如图2-104所示。

02≫ 由于内容识别缩放不能处理"背景"图层，所以按〈Alt〉键双击"背景"图层，将其转换为普通图层，如图2-105所示。

03≫ 执行"编辑"→"内容识别"命令，此时工具选项栏显示如图2-106所示。

图2-104 打开素材文件

图2-105 转换为普通图层

图2-106 内容识别比例工具选项栏

04≫ 单击"保护肤色"按钮，以便系统自动对人物肤色部分进行保护。在选项栏中输入缩放值，或者拖动定变换框上的控制点进行手动缩放，如图2-107所示，照片在水平方向被压缩，而人物比例和结构并没有明显的变化。

05≫ 调整完成后按〈Enter〉键确认。

图2-107 内容识别比例缩放效果

专家提示 如果需要进行等比例缩放，可在按住〈Shift〉键的同时拖动控制点。

如图2-108所示为原图像，如图2-109所示为普通变换缩放效果，如图2-110所示为内容识别比例缩放效果，通过对比可以看出，内容识别比例功能可以智能地保存重要区域，保证重要内容不因缩放而比例失调。

图2-108 原图像

图2-109 变换缩放效果

图2-110 内容识别比例缩放效果

手把手2-13 用 Alpha 通道保护图像内容
视频文件：视频\第2章\手把手2-13.MP4

06≫ 打开本书配套资源中的素材，如图2-111所示。单击背景图层后面的锁图标，将其转换为普通图层，如图2-112所示。

图2-111 打开图像

图2-112 转换为普通图层

07≫ 使用快速选择工具，在画面中单击并拖动鼠标选中人物，如图2-113所示。切换到通道面板，单击"将选区储存为通道"按钮，生成"Alpha 1"，如图2-114所示。

图2-113 创建人物选区

图2-114 将选区载入通道

08≫ 按〈Ctrl+D〉快捷键取消选区。执行"编辑"→"内容识别"命令，显示定界框，在工具选项栏中单击"保护肤色"按钮，单击"保护"下拉框，在下拉面板中选择"Alpha 1"，如图2-115所示。

09≫ 向左拖动右边的控制点，缩放图像，"Alpha 1"中的图像将不会受到影响，如图2-116所示。

图2-115 "内容识别"定界框及设置

图2-116 缩放图像

2.5.10 精确变换图像

设置工具选项栏中的数值可以精确地变换图像。执行"编辑"→"自由变换"命令，工具选项栏显示如图2-117所示，设置相应的数值，然后按〈Enter〉键或单击选项栏右侧的✓按钮，即可应用变换。

- X坐标轴文本框：设置变换中心点横坐标。
- Y坐标轴文本框：设置变换中心点纵坐标。
- 宽度文本框：设置变换图像的水平缩放比例。
- 高度文本框：设置变换图像的垂直缩放比例。
- 旋转角度文本框：设置旋转角度。
- 水平斜切角度文本框：设置水平斜切角度。
- 垂直斜切角度文本框：设置垂直斜切角度。

图2-117 选区变换选项栏

2.5.11 重复上次变换

按〈Ctrl+Alt+T〉键，可以在复制对象的同时，进入自由变换模式。

手把手 2-14 重复上次变换

视频文件：视频\第2章\手把手2-14.MP4

01≫ 打开本书配套资源中"源文件\第2章\2.5\2.5.11\水果.psd文件"，如图2-118所示。

02≫ 选中草莓，按〈Ctrl+J〉快捷键，复制一层，按〈Ctrl+T〉快捷键，进入自由变换状态，将旋转中心点拖至白色瓷盘中心处，旋转图形，如图2-119所示。

03≫ 按〈Enter〉键应用旋转变换，执行"编辑"→"变换"→"再次"命令，或按〈Ctrl+Shift+T〉快捷键，再次对当前图层图像以同样的参数进行变换，变换操作的效果完全相同，如图2-120所示。

图2-118 原图　图2-119 旋转草莓　图2-120 重复上次旋转

2.5.12 变形

选择"编辑"→"变换"→"变形"命令，即可进入变形模式，此时工具选项栏显示如图2-121所示。在工具选项栏"变形"下拉列表框中可以选择适当的形状选项，或直接在图像内部、节点或控制手柄上拖动，也可以将图像变形为所需的效果。

图2-121 变形工具选项栏

- 变形：在"变形"下拉列表中包含了15种预设的变形选项，若选择"自定"选项则可以手动进行变形操作。
- 更改变形方向按钮：单击该按钮可以在不同的角度改变图像变形的方向。
- 弯曲：在文本框中输入正或负数值可以调整图像的扭曲程度。
- H文本框：在文本框中输入数值可以控制图像扭曲时在水平方向上的比例。
- V文本框：在文本框中输入数值可以控制图像扭曲时在垂直方向上的比例。

2.5.13 边讲边练——思绪

本节通过一个小实例介绍"变形"命令、"透视"命令和"自由变换"命令的使用方法。

文件路径：源文件\第02章\2.5.13

视频文件：视频\第02章\2.5.13.MP4

01≫ 按〈Ctrl+O〉快捷键，弹出"打开"对话框，选择背景图片和"手1.jpg"素材文件，单击"打开"按钮，如图2-122、图2-123所示。

02≫ 按〈Ctrl+Alt+C〉快捷键，弹出"画布大小"对话框，设置参数如图2-124所示，单击"确定"按钮，得到白色边框效果。将"手1"图像拖入背景画面中，并调整好大小、位置和旋转度，如图2-125所示。

图2-122 打开背景素材　　图2-123 打开手素材

图2-124 画面大小参数

图2-125 复制手素材

图2-128 变换其他图形

图2-129 加入手2素材

03》 执行"编辑"→"变换"→"变形"命令，调整控制点，制作出照片飘动卷曲的效果，如图2-126所示。按〈Enter〉键应用变形，效果如图2-127所示。

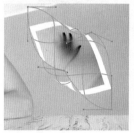

图2-126 调整变形

图2-127 变形效果

图2-130 最终效果

04》 参照上述变形操作，打开"奔马"图形，制作飘动卷曲变形，效果如图2-128所示。

05》 打开"手2"素材，拖入画面中，调整好大小、位置和旋转度，单击图层面板中的"添加图层样式"按钮，添加相应的投影效果，如图2-129所示。

06》 打开"人物"素材，参照"手1"制作方法，添加白色边框，拖入画面中，并进行透视变形，得到最终效果如图2-130所示。

疑难问答 **"自由变换"命令与"变换"命令的区别**

"自由变换"命令与"变换"命令非常相似，但是"自由变换"命令可以在一个连续的操作中应用旋转、缩放、斜切、扭曲、透视和变形（如果是变换路径，"自由变换"命令将自动切换成"自由变换路径"命令；如果是变换路径上的锚点，"自由变换"命令将自动切换成"自由变换点"命令），并且可以不必选择其他变换命令。

在自由变换状态下，〈Ctrl〉键可以使变换变得更加自由；〈Shift〉键主要用来控制方向、旋转角度和等比例缩放；〈Alt〉键主要用来控制中心对称。

2.5.14 边讲边练——重复变换

"重复变换"命令可以以相同的参数对图像进行变换，如果能够灵活运用，在提高操作效率的同时，也可以制作出一些特殊的效果。

📀 文件路径：源文件\第02章\2.5.14

📹 视频文件：视频\第02章\2.5.14.MP4

01》 按〈Ctrl+N〉快捷键，弹出"新建"对话框，设置"高度"为2000像素，"宽度"为2000像素，分辨率为72像素/英寸，单击"确定"按钮。设置前景色为白色，背景色为灰色，选择渐变工具 ，在工具选项栏中按下"径向"按钮，在画布中拖动填充渐

变，如图2-131所示。

02》 按〈Ctrl+O〉快捷键，弹出"打开"对话框，选择人物图片，单击"打开"按钮打开，如图2-132所示。

图2-131 新建文档

图2-132 打开人物素材

图2-133 添加人物

图2-134 移动中心点

03≫ 选择磁性套索工具 ，选出人物，并拖入新建文件内，调整好大小和位置，如图2-133所示。

04≫ 按〈Ctrl+Alt+T〉快捷键进入自由变换状态，将中心点移动到脚底处，如图2-134所示。将图像旋转至适当角度并适当缩小，按〈Enter〉键确认变换，效果如图2-135所示。

05≫ 按〈Ctrl+Shift+Alt+T〉快捷键多次，对图像进行重复变换，得到最终效果如图2-136所示。

图2-135 旋转复制人物

图2-136 重复变换

2.6 实战演练——制作照片的晾晒效果

本实例综合演练本章所学的打开、存储和变换等命令，通过对照片进行移动和变换，制作出有趣的照片晾晒效果。

文件路径：源文件\第02章\2.6

视频文件：视频\第02章\2.6.MP4

01≫ 执行"文件"→"打开"命令，在弹出的"打开"对话框中选择背景图片，如图2-137所示。单击"打开"按钮，打开背景素材文件，如图2-138所示。

图2-139 打开照片素材

图2-140 添加照片至文件中

图2-137 "打开"对话框

图2-138 打开背景

图2-141 缩放图像

02≫ 按〈Ctrl+O〉快捷键，打开一张照片素材，如图2-139所示。选择移动工具 ，单击并拖动鼠标，将照片添加至文件中，如图2-140所示。

03≫ 执行"编辑"→"自由变换" 命令，将光标放置在定界框四周的控制点上，当鼠标指针变为 时，单击并拖动鼠标可以缩放图像，如图2-141所示。

04≫ 将光标放置在定界框外靠近中间位置的控制点上，当鼠标变为 时，单击并拖动鼠标可以旋转图像，如图2-142所示。调整完成后按〈Enter〉键确认，再将其放置在适当位置，效果如图2-143所示。

图2-142 旋转图像　　　图2-143 变换后效果

05≫ 按〈Ctrl+O〉快捷键打开另一张照片素材，如图2-144所示。

专家提示 在变换过程中，若对变换结果不够满意，可按〈Esc〉键取消操作。

06≫ 选择移动工具 ✛，将其添加至文件中，如图2-145所示。

图2-144 打开另一张照片　　　图2-145 添加素材照片

07≫ 运用同样的操作方法进行缩放，如图2-146所示。

08≫ 将光标放置在定界框上，单击鼠标右键，在弹出的快捷菜单中选择"斜切"命令，然后将光标放置在定界框四周的控制点上，单击并拖动鼠标可以对其进行斜切变形，调整完成后按〈Enter〉键确认，效果如图2-147所示。

图2-146 缩放图像　　　图2-147 斜切变换

09≫ 运用同样的操作方法添加另一张照片素材至文件中，并对其进行自由变换，完成后效果如图2-148所示。

图2-148 最终效果

10≫ 制作完成后，执行"文件"→"存储为"命令，在弹出的"存储为"对话框中指定一个文件存储路径，然后在"文件名"文本框中对文件进行重命名，如图2-149所示。

图2-149 "存储为"对话框

11≫ 完成后单击"保存"按钮，在弹出的"Photoshop格式选项"对话框中单击"确定"按钮，存储图像文件，如图2-150所示。

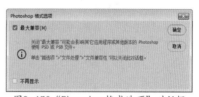

图2-150 "Photoshop格式选项"对话框

2.7 习题——制作时尚元素

本实例制作一幅充满时尚元素的插画，练习图层蒙版、图层属性和移动工具的操作。

 文件路径：源文件\第02章\2.7

视频文件：视频\第02章\2.7.MP4

操作提示：

01≫ 新建一个空白文件。

02≫ 打开背景素材，并添加至文件中。

03≫ 添加人物照片素材，擦除多余背景。

04≫ 依次添加树藤、铅笔、汽车、蝴蝶等素材。

05≫ 添加文字。

第3章

选区来帮忙
——选区的创建和编辑

选区是Photoshop中不可缺少的功能。绘制一个选区后，选区外的区域将受到保护，不受其他操作的影响，也可以对选区内的图像进行移动、变换等操作。

本章将介绍创建选区的常用工具，以及创建选区、编辑选区的方法。

3.1 选区的基本操作

在制作图像的过程中，首先接触的就是选区。选区建立之后，在选区的边界就会出现不断交替闪烁的虚线，以表示选区的范围。

如图3-1所示，围绕红心建立选区后，使用调整命令对其进行调色，结果只有选区内的图像发生变化，如图3-2所示。如图3-3所示为在没有建立选区的情况下的调色效果，图像的所有区域发生变化。

图3-1 建立选区　　图3-2 调整选区　　图3-3 调整整体

3.1.1 全选与反选

使用"全选"命令，可以选择画布范围内的所有图像。使用"反选"命令可以取消当前选择的区域，选择未选取的区域。

手把手 3-1 全选与反选
📹 视频文件：视频\第3章\手把手3-1.MP4

01》打开本书配套资源中"源文件\第3章\3.1\苹果.jpg"文件，执行"选择"→"全选"命令，或按〈Ctrl+A〉快捷键，可以选择画布范围内的所有图像，如图3-4所示。

02》选择魔棒工具 🪄，在白色背景处单击创建选区，如图3-5所示，选择图像白色背景区域。

03》执行"选择"→"反向"命令，或按〈Ctrl+Shift+I〉快捷键反选选区，苹果图像即被选中，如图3-6所示。

图3-4 全选图像　　图3-5 创建选区　　图3-6 反选选区

3.1.2 取消与重新选择

执行"选择"→"取消选择"命令，或按〈Ctrl+D〉快捷键，可取消所有已经创建的选区。

如果当前选择的是选择工具（如选框工具、套索工具），移动光标至选区内单击鼠标，也可以取消当前选择。

Photoshop会自动保存前一次的选择范围。在取消选区后，执行"选择"→"重新选择"命令或按〈Ctrl+Shift+D〉快捷键，便可调出前一次的选区。

3.1.3 移动选区

在绘制椭圆和矩形选区时，按下空格键拖动鼠标，即可快速移动选区。

创建选区后，在工具箱中选择选框工具、套索工具或魔棒工具，移动光标至选择区域内，待光标显示为 ▶ 形状时拖动，即可移动选择区域。在拖动过程中光标会显示为 ▶ 形状，如图3-7所示。

若要轻微移动选区，或要求准确地移动选区时，可以使用键盘上的〈←〉〈→〉〈↑〉〈↓〉4个光标移动键来移动选区。按〈Shift+光标移动键〉，可以一次移动10个像素的位置。

图3-7 移动选区

3.1.4 选区的运算

在图像的编辑过程中，有时需要同时选择多块不相邻的区域，或者增加、减少当前选区的面积。选择一个选择工具，在选项栏上可以看到如图3-8所示的选项按钮，使用这些选项按钮，可以通过运算生成用户需要的选区。

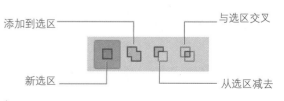

添加到选区　　　　　　　　　　与选区交叉

新选区　　　　　　　　　　　从选区减去

图3-8 4种选区编辑方式选项按钮

- 新选区 ▣：按下该按钮后，可以在图像上创建一个新选区。如果图像上已经包含了选区，则每新建一个选区，都会替换原有选区。
- 添加到选区 ▣：单击该按钮或按住〈Shift〉键，此时的光标下方会显示"+"标记，拖动鼠标绘制即可添加到选区。
- 从选区减去 ▣：对于多余的选取区域，同样可以将其减去。单击该按钮或按住〈Alt〉键，此时光标下方会显示"−"标记，然后使用矩形选框工具绘制需要减去的区域即可。
- 与选区交叉 ▣：单击该按钮或按〈Alt+Shift〉快捷键，此时光标下方会显示出"×"标记，新绘制的选取范围与原选区重叠的部分（即相交的区域）将被保留，产生一个新的选区，而不相交的选取范围将被删除。

手把手 3-2 | 选区的运算

▣ 视频文件：视频\第3章\手把手3-2.MP4

01▷ 打开本书配套资源中"源文件\第3章\3.1\3.1.4.jpg"文件，选择矩形选框工具 ▣，在画布中拉出一个矩形选区，如图3-9所示。

02▷ 按下工具选项栏"新选区"按钮 ▣，在其他位置拉出一个选区，如图3-10所示。

03▷ 原选区即被替换，结果如图3-11所示。

图3-9 原选区　　图3-10 新建选区　　图3-11 替换原选区

04▷ 按下选项栏中的"添加到选区"按钮 ▣，在画布中拉出一个选区，两个选区即合并为一个新选区，如图3-12所示。

图3-12 添加到选区

05▷ 按下选项栏中的"从选区减去"按钮 ▣，在画布中拉出一个圆形选区，结果如图3-13所示。

图3-13 从选区减去

06▷ 按下选项栏中的"与选区交叉"按钮 ▣，在画布中拉出一个圆形选区，结果如图3-14所示。

图3-14 交叉选区

3.2 基本选择工具

3.2.1 选择工具

Photoshop提供了大量的选择工具和选择命令，它们都有各自的特点，适合选择不同类型的对象。选框工具、套索工具、魔棒工具和快速选择工具都是较为常用的创建选区的工具，如图3-15所示。

图3-15 基本选择工具

3.2.2 矩形选框工具

矩形选框工具 ▣ 是最常用的选框工具，用于创建矩形和正方形选区。如图3-16所示为矩形选框工具选项栏。

图3-16 矩形选框工具选项栏

矩形选框工具选项栏中各选项的含义如下。

- 羽化：可以设置选区的羽化值，该值越高，羽化的范围越大。
- 样式：可以设置选区的创建方法。选择"正常"时，可以通过拖动鼠标创建需要的选区，选区的大小和形状不受限制；选择"固定比例"后，可在该选项右侧的"宽度"和"高度"数值栏中输入数值，创建固定比例的选区。
- "宽度"和"高度"互换 ⇄：单击该按钮，可以切换"宽度"和"高度"数值栏中的数值。
- 调整边缘：单击该按钮，可以打开"调整边缘"对话框，在对话框中可以对选区进行平滑、羽化处理。

选择矩形选框工具 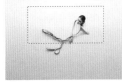，在图层中单击并拖动鼠标，创建矩形选区，如图3-17所示。按住〈Shift〉键的同时拖动鼠标，即可创建正方形选区，如图3-18所示。按住〈Alt+Shift〉键拖动，创建以起点为中心的正方形选区。

择"命令，或按〈Ctrl+D〉快捷键，或使用选框工具在图像窗口单击即可。

技巧点拨 当设置的"羽化"数值过大，以至于任何数值都不大于50%选择时，Photoshop会提出警告，提醒用户羽化后的选区将不可见（选区仍然存在），如图3-19所示。

图3-17 创建矩形选区

图3-18 创建正方形选区

当需要取消选择时，执行"选择"→"取消选

图3-19 警告对话框

3.2.3 边讲边练——制作故障艺术风格海报

本实例主要使用矩形选框工具、填充命令和变换工具，制作出色彩绚丽的故障艺术风格效果。

📁 文件路径：源文件\第03章\3.2.3

🎬 视频文件：视频\第03章\3.2.3.MP4

01》按〈Ctrl+O〉快捷键，打开一张背景素材，如图3-20所示。

02》新建"图层1"图层，选择矩形选框工具 ，在图像中单击并拖动鼠标，创建矩形选区。选择"编辑"→"填充"命令，在选区内填充红色（R172、G22、B22），设置"混合模式"为"叠加"，单击"确定"按钮，效果如图3-21所示。

图3-20 打开背景素材

图3-21 创建选区并填色

03》按〈Ctrl+D〉快捷键，取消选区。按〈Ctrl+J〉快捷键复制该图层，再按〈Ctrl+T〉快捷键进行变换，显示定界框，拖动控制点，调整形状如图3-22所示。按〈Shift〉键确定变换。

04》运用相同的方式绘制矩形选区，填充颜色（R240、G115、B109），设置"混合模式"为"滤色"，如图3-23所示。

图3-22 变换矩形

图3-23 创建选区并填色

05》使用矩形选框工具  绘制多个矩形，并分别填充黑色或白色，设置"混合模式"为"叠加"，如图3-24所示。

06》再次使用矩形选框工具  绘制矩形，填充为白色，"混合模式"为"正常"，如图3-26所示。

图3-24 创建更多选区并填色

图3-25 绘制矩形选框

07》选择"选择"→"修改"→"收缩"命令，在弹出的"收缩"对话框中设置"收缩量"为2像素，如图3-26所示。

08》按〈Delete〉键删除收缩后的选区，再按〈Ctrl+D〉快捷键取消选区，绘制矩形框，如图3-27所示。

图3-26 收缩矩形选框

图3-27 绘制矩形框

09》选择横排文字工具 T ，添加文字装饰，效果

如图3-28所示，文字参数如图3-29所示。

10≫ 按住〈Shift〉键选择所有图层，再按〈Ctrl+E〉快捷键合并图层。选择"滤镜"→"杂色"→"添加杂色"命令，在"添加杂色"对话框中设置参数如图3-30所示，单击"确定"按钮，最终效果如图 3-31所示。

图3-30 添加杂色　　图3-31 故障风格效果

图3-28 添加人物素材　　图3-29 文字参数

3.2.4　椭圆选框工具

　　选择椭圆选框工具 ，在画面中单击并拖动鼠标可以建立一个椭圆选区，如图3-32所示。若在工具选项栏中按下"从选区减去"按钮 ，在正圆选区内拖动鼠标建立一个选区，则将创建得到圆环选区，如图3-33所示。

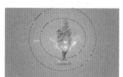

图3-32 建立椭圆选区　　图3-33 建立圆环选区

3.2.5　单行和单列选框工具

　　单行选框工具和单列选框工具只能创建高度为1像素的行或宽度为1像素的列选区，常用来制作网格。如图3-34所示为创建的单行选区，如图3-35所示为创建的单列选区。

图3-34 创建单行选区　　图3-35 创建单列选区

3.2.6　边讲边练——制作版权水印

　　本实例主要介绍如何使用单列选框工具绘制并排线条，制作版权水印效果。

文件路径：源文件\第03章\3.2.6

视频文件：视频\第03章\3.2.6.MP4

01≫ 执行"文件"→"打开"命令，在"打开"对话框中选择本章背景素材，单击"打开"按钮，如图3-36所示。

02≫ 执行"视图"→"显示"→"网格"命令，打开网格视图，如图3-37所示。

图3-36 打开素材　　　图3-37 打开网格视图

03≫ 选择单列选框工具 ，在工具选项栏中按下"添加到选区"按钮 ，在网格线上连续单击鼠标，创建多个单列选区，放开鼠标前拖动可以移动选区位置，如图3-38所示。

04≫ 单击图层面板底部的"新建图层"按钮，在"背景"图层上方新建一个图层。按〈Alt+Delete〉快捷键，在选区内填充白色，按〈Ctrl+D〉快捷键，取消选区，如图3-39所示。

图3-38 创建多个单行选区　　　图3-39 填充选区

> **专家提示** 单行 和单列 选框工具用于创建一个像素高度或宽度的选区，在选区内填充颜色可以得到水平或垂直直线。

05≫ 执行"视图"→"显示"→"网格"命令，关闭网格视图，如图3-40所示。按〈Ctrl+T〉快捷键显示定界框，旋转线条45°，如图3-41所示。

06≫ 拖动定界框上的控制点，拉伸线条，调整位置，按〈Enter〉键确认变换，如图3-42所示。

07≫ 选择横排文字工具 ，输入文字，填充白色，

3.2.7 套索工具

套索工具 可以创建不规则形状的选区范围。在工具箱选择该工具后，按住鼠标左键不放，在图像中单击并拖动鼠标左键，绘制选区，释放鼠标即可创建出需要的选区，如图3-46所示。

图3-46 使用套索工具建立选区

再运用相同的方式，旋转并调整位置，如图3-43所示。

图3-40 关闭网格视图　　　图3-41 旋转线条

图3-42 变换效果　　　图3-43 添加文字

08≫ 选择橡皮擦工具 ，在"图层1"线条图层上擦除与文字重叠的线条部分，如图3-44所示。

09≫ 按住〈Shift〉键，选择线条和文字图层，在图层面板调整图层"不透明度"为50%，得到最终效果，如图3-45所示。

图3-44 擦除重叠区域　　　图3-45 最终效果

> **专家提示** 使用矩形选框工具和椭圆选框工具在图像中按住鼠标左键进行拖动，即可创建选区；单行和单列选框工具只需在图像中单击即可创建选区。

> **专家提示** 若在鼠标拖动的过程中，终点尚未与起点重合就松开鼠标，则系统会自动封闭不完整的选取区域；在未松开鼠标之前，按〈Esc〉键可取消刚才的选定。

3.2.8 多边形套索工具

多边形套索工具 可以创建边界为直线的多边形选区。选择该工具后，在对象的各个转折点上单击鼠标，可创建直线的选区边界。

选择多边形套索工具 后，移动光标至选区的

起点上单击，然后沿着对象的轮廓在各个转折点上单击，当回到起始点时，光标右下角会出现一个圆圈 ☙，单击鼠标即可封闭选区，如图3-47所示。如果在绘制过程中双击，则会在双击点与起点之间连接一条直线来封闭选区。

示，其中可设置羽化、宽度和频率等参数。

图3-48 磁性套索工具选项栏

⊙ 羽化：可以设置选区的羽化值，该值越高，羽化的范围越大。

⊙ 宽度：可以设置磁性套索工具在选取时光标两侧的检测宽度，取值范围为0~256像素，数值越小，所检测的范围就越小，选取也就越精确，但同时鼠标也更难控制，很容易移出图像边缘。

⊙ 对比度：用于控制磁性套索工具在选取时的敏感度，范围为1%~100%，数值越大，磁性套索工具对颜色反差的敏感程度越低。

⊙ 频率：用于设置自动插入的节点数，取值范围为0~100，值越大，生成的节点数也就越多。

图3-47 使用多边形套索工具建立选区

在选取过程中，按〈Delete〉键可删除最近选取的一条线段，若连续按下〈Delete〉键多次，则可以不断地删除线段，直至删除所有选取的线段，与按〈Esc〉键效果相同；若在选取的同时按〈Shift〉键，则可按水平、垂直或45°方向进行选取。

如果选取图像的边缘非常清晰，可以使用更大的"宽度"参数和更高的"对比度"；若是在边缘较柔和的图像上，可以使用较小的"宽度"参数和较低的"对比度"，以更精确地跟踪边框。

3.2.9 磁性套索工具

磁性套索工具 ☙ 可以通过鼠标的单击和移动来指定选取的方向。磁性套索工具选项栏如图3-48所

> **专家提示** 在使用套索工具或多边形工具时，按〈Alt〉键可以在这两个工具之间切换。

3.2.10 边讲边练——制作卖萌小猫效果

Before   After

本实例使用磁性套索工具抠出眼镜，并将其添加至小猫图像中，以制作出戴眼镜的卖萌可爱小猫效果。

📀 文件路径：源文件\第03章\3.2.10

🎬 视频文件：视频\第03章\3.2.10.MP4

01≫ 启动Photoshop，执行"文件"→"打开"命令，在"打开"对话框中选择猫和人物素材，单击"打开"按钮，如图3-49和图3-50所示。

选区。

03≫ 单击工具选项栏中的"从选区中减去"按钮 🔲，沿着眼镜内框移动鼠标，减去对镜片的选择，如图3-52所示。

图3-49 素材照片   图3-50 人物素材

图3-51 建立选区   图3-52 减去选区

02≫ 选择工具箱中的磁性套索工具 ☙，移动光标至眼镜边缘，单击以确定起点，然后沿着眼镜边缘移动鼠标（非拖动），建立如图3-51所示的

> **专家提示** 磁性套索工具存在一定的缺点，它只适用于颜色反差强烈的图像中，当图像的颜色反差不大或者色调杂乱时，不能创建出理想的选区。

04≫ 选择移动工具，将选区图像拖至小猫素材图像中，按〈Ctrl+T〉快捷键开启自由变换，适当调整位置、大小和角度，效果如图3-53所示。

05≫ 选择套索工具，套出左边眼镜架，按〈Ctrl+J〉键，复制一层，拖至右边，按〈Ctrl+T〉键进入自由变换状态，单击右键，在弹出的快捷菜单中选择"水平翻转"选项，单击图层面板中的"添加图层蒙版"按钮，选中蒙版缩览图，选择画笔工具，设置前景色为黑色，在画面中涂抹，使图形融合自然，修补眼镜右边缺损部分，

得到最终效果如图3-54所示。

图3-53 添加眼镜　　　　图3-54 完成效果

3.3 魔棒工具

　　魔棒工具 ✐ 是根据图像的饱和度、色度或亮度等信息来选择对象，通过调整容差值来控制选区的精确度，适合于快速选择颜色变化不大且色调接近的区域。

　　如图3-55所示为魔棒工具的工具选项栏。

图3-55 魔棒工具选项栏

魔棒工具选项栏中各选项含义如下。

- 取样大小：对取样点范围大小进行设定。
- 容差：在此文本框中可输入0~255的数值来确定选取的颜色范围。该值越小，选取的颜色范围与鼠标单击位置的颜色就越相近，选取的范围也就越小；该值越大，选取的范围就越广，如图3-56所示。

容差=10　　　容差=32　　　容差=70
图3-56 不同容差值选择效果

- 消除锯齿：选中该选项可消除选区的锯齿边缘。
- 连续：选中该选项，在选取时仅选择位置邻近且颜色相近的区域。否则，会选择整幅图像中与选中区域颜色相近的区域选择，如图3-57所示。
- 对所有图层取样：选中该选项，将在所有可见图层中应用颜色选择。否则，该选项只对当前图层有效。

选中"连续"选项　　　未选中"连续"选项
图3-57 "连续"选项对选择的影响

专家提示　若选中"连续"选项，可以按住〈Shift〉键单击选择不连续的多个颜色相近区域。

手把手3-3 ┃ 魔棒工具抠图

▣ 视频文件：视频\第3章\手把手3-3.MP4

01≫ 打开本书配套资源中"源文件\第3章\3.3\3.3.1.jpg"文件，如图3-58所示。

02≫ 选择魔棒工具 ✐，在工作选项栏中设置"容差"为20，在画面背景处按住〈Shift〉键连续单击，选中背景图像，如图3-59所示。

图3-58 打开图像　　　　图3-59 新建选区

03≫ 执行"选择"→"反选"命令，反选选区，选中人物，如图3-60所示。

04≫ 执行"图像"→"调整"→"去色"命令，将选区转换为灰度图像，如图3-61所示。

图3-60 反选选区　　　　图3-61 灰度图像

05≫ 按〈Ctrl+C〉快捷键复制选区，按〈Ctrl+O〉快捷键打开"封面"素材，如图3-62所示。

06≫ 按〈Ctrl+V〉快捷键粘贴选区至"封面"文件中，调整大小和位置，如图3-63所示。

图3-62 打开"封面"素材

图3-63 粘贴选区

07≫ 在图层面板中调整图层顺序，最终效果如图3-64所示。

图3-64 最终效果

 专家提示 使用魔棒工具 时，按住〈Shift〉键单击可添加选区；按住〈Alt〉键单击可在当前选区中减去选区；按住〈Shift+Alt〉键单击可得到与当前选区相交的选区。

3.4 快速选择工具

3.4.1 快速选择工具原理

快速选择工具 结合了魔棒工具和画笔工具的特点，利用可调整的圆形画笔笔尖快速绘制选区，在移动鼠标的过程中，它能够快速选择多个颜色相似的区域，适用于颜色反差较大的图像。

如图3-65所示为快速选择工具的工具选项栏。

快速选择工具默认选择光标周围与光标范围内的颜色类似且连续的图像区域，因此光标的大小决定着选取的范围。

图3-65 快速选择工具选项栏

3.4.2 边讲边练——云海独舞

Before

After

本练习介绍如何使用快速选择工具 抠出人物图像，并更换背景的操作方法，制作出云海独舞的合成效果。

📀 文件路径：源文件\第03章\3.4.2

🎬 视频文件：视频\第03章\3.4.2.MP4

01≫ 启动Photoshop，执行"文件"→"打开"命令，在"打开"对话框中选择素材图像，单击"打开"按钮，如图3-66所示。

图3-66 素材图像

专家提示 按下〈Ctrl++〉键，可放大图像显示比例。按下〈[〉或〈]〉键可缩放光标的大小。

02≫ 选择快速选择工具 ，在工具选项栏中适当调整笔尖大小，在人物上单击鼠标，与光标范围内颜色相似的图像即被选中。如果图像中有些背景也被选中，如图3-67所示，按住〈Alt〉键，此时光标由 ⊕ 形状变为 ⊖ 形状，表示当前处于减去选择模式，在多选的图像区域上拖动鼠标，即可将该图像区域从选区中减去，如图3-68所示。

创建一个选区后，按住〈Shift〉键可以添加到选区；按住〈Alt〉键可以从选区减去；按住〈Shift+Alt〉快捷键可以与选区交叉。

图3-67 建立选区　　图3-68 减去多余的选区

03》 选择移动工具 ，将人物拖移至背景图像中，按〈Ctrl+T〉快捷键对其进行自由变换，调整好大小和位置，按〈Enter〉键确认，完成效果如图3-69所示。

图3-69 完成效果

3.5 色彩范围命令

3.5.1 "色彩范围"对话框

"色彩范围"命令可根据图像的颜色范围创建选区，与魔棒工具有着很大的相似之处，但该命令提供了更多的控制选项，使用方法也更为灵活，选择更为精确。执行"选择"→"色彩范围"命令，可以打开"色彩范围"对话框，如图3-71所示。

图3-70 "色彩范围"对话框

"色彩范围"对话框中各选项含义如下。

▷ 选择：用来设置选区的创建依据。选择"取样颜色"时，使用对话框中的吸管工具拾取的颜色为样本创建选区。

▷ 检测人脸：此选项，只有在"选择"下拉列表中选中"肤色"选项才能被激活使用，选择此项，可以自动检测与肤色相近的脸部肤色。

▷ 颜色容差：用来控制颜色的范围，该值越高，包含的颜色范围越广。

▷ 选择范围/图像：若选中"选择范围"单选按钮，在预览区的图像中，白色代表了被选择的部分，黑色代表未被选择的区域，灰色则代表了被部分选择的区域（带有羽化效果）；若选中"图像"，则预览区内会显示彩色图像。

▷ 载入：单击"载入"按钮，可以载入存储的选区预设文件。

▷ 存储：单击"存储"按钮，可以将当前设置状态保存为选区预设。

▷ 反相：选中该选项，可以反转选区。

3.5.2 边讲边练—制作鱼跃水鞋合成效果

Before　　　　After

使用"色彩范围"命令可以对需要选择的对象进行选取，并且一边预览选择区域一边进行动态调整。

⊙ 文件路径：源文件\第03章\3.5.2

⊗ 视频文件：视频\第03章\3.5.2.MP4

01▷ 启动Photoshop，执行"文件"→"打开"命令，在"打开"对话框中选择素材图像，单击"打开"按钮，如图3-71和图3-72所示。

02▷ 执行"选择"→"色彩范围"命令，弹出"色彩范围"对话框，按下对话框右侧的吸管按钮 🖉，移动光标至图像窗口中金鱼上方单击鼠标。当需要增加选取区域或其他颜色时，按下带有"+"号的吸管 🖉，然后在图像窗口或预览框中单击以添加选取范围；若要减少选取范围，可按下带有"－"号的吸管 🖉，在图像窗口或预览框中单击以减少选取范围，参数设置如图3-73所示。

图3-71 金鱼　图3-72 鞋子素材　图3-73 "色彩范围"对话框
　素材

03▷ 设置完成后单击"确定"按钮，建立金鱼图像选区，保留选区，按〈Ctrl+J〉快捷键，复制一层，此时发现鱼中间部分未复制完全，如图3-74所示。

04▷ 运用多边形套索工具 🖉，在背景图层上套选出中间部分，如图3-75所示。

05▷ 按〈Ctrl+J〉快捷键复制一层，与原来选取的金鱼图层合并，此时金鱼图像被完全选取，如图3-76所示。

图3-74 金鱼选取　图3-75 建立多边　图3-76 合并图层
　效果　　　　形选区

06▷ 运用套索工具 🖉，套出需要的金鱼，选择移动工具 ✛，将金鱼拖至背景素材图像中，适当调整位置和大小，如图3-77所示。

07▷ 参照上述操作，抠出水珠，并拖入鞋子画面中，运用橡皮擦工具将多余的水珠擦去，最终效果如图3-78所示。

图3-77 移动复制　　　图3-78 完成效果

技巧点拨 再次执行"色彩范围"时，对话框中将自动保留上一次执行该命令的各项参数，按住〈Alt〉键，"取消"按钮将变为"复位"按钮，单击该按钮可将所有参数复位到初始状态。

技巧点拨 在"色彩范围"对话框中，"颜色容差"的参数越小，所选择的范围越小，在执行命令时，可根据预览效果进行调整，以达到最佳效果。

疑难问答　色彩范围命令有什么特点？
　"色彩范围"命令、魔棒和快速选择工具的相同之处是，都基于色调差异创建选区，而"色彩范围"命令可以创建带有羽化的选区，也就是说，选出的图像会呈现透明效果，魔棒和快速选择工具则不能。

3.6 编辑选区

在Photoshop中，选区与图像一样，也可以进行移动、旋转、翻转和缩放等操作，以调整选区的位置和形状，最终得到所需的区域。

3.6.1 创建边界选区

"边界"命令可以基于创建的选区来创建双重选区。创建选区之后，执行"选择"→"修改"→"边界"命令，弹出"边界选区"对话框，设置"宽度"值可将选区的边界向内部或外部扩展，"宽度"值越大，则创建的边界越宽，如图3-79所示。

"边界选区"对话框

宽度=5像素

宽度=20像素

图3-79 边界选区

3.6.2 扩大选取和选取相似

创建选区之后，使用"扩大选取"和"选取相似"都可以扩展选区。

使用"扩大选取"命令可以将原选区扩大，所扩大的范围是与原选区相邻且颜色相近的区域，扩大的范围由魔棒工具选项栏中的"容差"值决定，"容差"值越高，选区的扩展范围越广。

使用"选取相似"命令可以将整个图像，包括与原选区没有相邻的像素全部选取。

手把手 3-4 扩大选取和选取相似
视频文件：视频\第3章\手把手3-4.MP4

01≫ 执行"文件"→"打开"命令，弹出"打开"对话框，选择本书配套资源中"源文件\第3章\3.6\3.6.2.jpg"文件，单击"打开"按钮，如图3-80所示。

02≫ 选择魔棒工具 ✎，在红色处单击建立选区，如图3-81所示。

图3-80 打开素材

图3-81 建立选区

03≫ 执行"选择"→"扩大选取"命令，将与原选区相邻且颜色相近的区域添加到选区，如图3-82所示。

04≫ 单击右键，在弹出的快捷菜单中选择"选取相似"命令，图像中所有颜色相近的区域全部选中，如图3-83所示。

图3-82 扩大选取

图3-83 选取相似区域

3.6.3 平滑选区

"平滑"命令可以针对粗糙的不规则选区进行

平滑处理，使选区边缘变得连续和平滑。其中"平滑选区"对话框中的"取样半径"用于控制选区的平滑度。参数值越大，选区越平滑。

手把手 3-5 平滑选区
视频文件：视频\第3章\手把手3-5.MP4

01≫ 执行"文件"→"打开"命令，弹出"打开"对话框，选择本书配套资源中"源文件\第3章\3.6\3.6.3.jpg"，单击"打开"按钮，选择魔棒工具 ✎，在白色背景处单击建立选区，设置前景色为绿色，按〈Alt+Delete〉快捷键，填充绿色，如图3-84所示。

02≫ 执行"选择"→"修改"→"平滑"命令，设置参数，单击"确定"按钮填充绿色，如图3-85所示。

图3-84 建立选区

图3-85 平滑选区

3.6.4 扩展选区

"扩展"命令用于在保持选区原有形状的基础上向外扩大选区范围。执行"选择"→"修改"→"扩展"命令，弹出"扩展选区"对话框，其中"扩展量"参数值越大，选区向外扩展的范围就越大。

手把手 3-6 扩展选区
视频文件：视频\第3章\手把手3-6.MP4

01≫ 执行"文件"→"打开"命令，弹出"打开"对话框，选择本书配套资源中"源文件\第3章\3.6\3.6.4.jpg"文件，单击"打开"按钮。选择魔棒工具 ✎，在黄色背景处单击建立选区，按〈Shift+Ctrl+I〉快捷键反选人物，如图3-86所示。

02≫ 执行"选择"→"修改"→"扩展"命令，打开"扩展选区"对话框，设置扩展量为30，单击"确定"按钮关闭对话框，扩展选区结果如图3-87所示。

图3-86 建立选区

图3-87 扩展选区

3.6.5 羽化选区

"羽化"命令用于对选区进行羽化，常用来制作晕边艺术效果。羽化命令可对选区边缘进行柔化处理，产生朦胧感。

手把手 3-7 ▌ 羽化选区
📹 视频文件：视频\第3章\手把手 3-7.MP4

01▷ 执行"文件"→"打开"命令，弹出"打开"对话框，选择本书配套资源中"源文件\第3章\3.6\3.6.5.jpg"文件，单击"打开"按钮，运用椭圆选框工具，建立椭圆选区，如图3-88所示。

02▷ 执行"选择"→"修改"→"羽化"命令，设置羽化半径为50，单击"确定"按钮，按〈Shift+Ctrl+I〉快捷键，反选选区，填充黑色，效果如图3-89所示。

图3-88 建立选区　　　　图3-89 羽化效果

> **专家提示** 在创建选区后设置"羽化半径"比创建选区前设置选区的羽化值更适应实际的操作，因为这样既能根据图像的需要设置合适的羽化值，又可连续执行多次羽化。

3.6.6 收缩选区

"收缩"命令是与扩展选区相反的操作，用于缩小当前选区范围。执行"选择"→"修改"→"收缩"命令，打开"收缩选区"对话框，"收缩量"用来设置选区的收缩范围，参数值越大，选区向内收缩的范围就越大。

手把手 3-8 ▌ 收缩选区
📹 视频文件：视频\第3章\手把手 3-8.MP4

01▷ 执行"文件"→"打开"命令，弹出"打开"对话框，选择本书配套资源中"源文件\第3章\3.6\3.6.6.jpg"，单击"打开"按钮，运用魔棒工具，在白色背景色处单击，按〈Shift+Ctrl+I〉快捷键，反选选区，如图3-90所示。

02▷ 执行"选择"→"修改"→"收缩"命令，设置收缩量为20，单击"确定"按钮，效果如图3-91所示。

图3-90 建立选区　　　　图3-91 收缩选区

3.6.7 变换选区

创建选区之后，执行"选择"→"变换选区"命令，选区的四周将出现由8个控制点组成的变换编辑框，移动光标至变换框内，光标变成 ▶ 形状，此时拖动鼠标即可移动选区；移动光标至变换框外侧，当光标显示为 ↕、↔ 或 ↗ 形状时拖动鼠标可水平方向或垂直方向缩放选区；移动光标至变换框四角，当光标显示为 ↻ 形状时拖动鼠标可旋转选区。

手把手 3-9 ▌ 变换选区
📹 视频文件：视频\第3章\手把手 3-9.MP4

01▷ 执行"文件"→"打开"命令，弹出"打开"对话框，选择本书配套资源中"源文件\第3章\3.6\3.6.7.jpg"文件，单击"打开"按钮打开素材。选择矩形选框工具 ⬚，建立选区，如图3-92所示。

02▷ 执行"选择"→"变换选区"命令，旋转并调整选框大小，如图3-93所示。

03▷ 按〈Enter〉键，应用选区变换，执行"图像"→"裁剪"命令，效果如图3-94所示。

图3-92 建立选区　　图3-93 旋转选区　图3-94 裁剪选区

04▷ 在变换编辑框内单击鼠标右键，弹出的快捷菜单中还包括了"斜切""扭曲""透视""旋转180度""水平翻转"等变换命令。

> **专家提示** 变换选区时对选区内的图像没有任何影响，如果使用"编辑"菜单中的"变换"命令进行变换，选区及选中的图像将会同时产生变换，初学者应注意区分。

3.6.8 存储选区

创建选区之后，为了防止操作失误而造成的选区丢失，或者想要重复使用，可将选区长久保存。执行"选择"→"存储选区"命令，或单击"通道"面板中的 ▣ 按钮，可将选区保存在Alpha通道中，如图3-95所示。

"存储选区"对话框中各项参数含义如下。

- ▶ 文档：可以设定保存选区的文档，在"文档"下拉列表中可选择当前文档、新建文档或当前打开的与当前文档的尺寸大小相同的其他图像。
- ▶ 通道：可以选择保存选区的目标通道，Photoshop默认新建一个Alpha通道保存选区，也可以从下拉列表中选择其他现有的通道。
- ▶ 名称：可以设置新建的Alpha通道的名称。
- ▶ 操作：可以设定保存的选区与原通道中选区的运算操作，其他3种运算操作只有在通道列表框中选择了已经保存的Alpha通道时才有效。

建立选区　　　　"存储选区"对话框　　　　通道面板

图3-95 存储选区

> **专家提示**　将文件保存为PSD、PSB、PDF、TIFF格式，可存储多个选区。

3.6.9 载入选区

存储选区之后，可执行"选择"→"载入选区"命令，将选区载入到图像中。执行该命令时可打开"载入选区"对话框，设置好相关的载入参数，如图3-96所示，单击"确定"按钮完成选区载入。

图3-96 载入选区

> **技巧点拨**　按住〈Ctrl〉键单击通道面板Alpha通道，可以快速载入通道保存的选区。

3.7 选择并遮住

使用"魔棒工具" 🪄 、"快速选择工具" 🖌 或"色彩范围"命令等工具创建选区时，在工具选项栏中单击"选择并遮住"按钮 选择并遮住... ，即可切换至"选择并遮住"编辑界面，如图 3-97 所示。

在"选择并遮住"工作面板的"属性"对话框中，"选择并遮住"选项组可以对选区进行平滑、羽化、扩展等处理。

3.7.1 选择视图模式

在创建选区后，执行"选择"→"选择并遮住"命令，或单击工具选项栏中的"选择并遮住"按钮 选择并遮住... ，即可切换到"选择并遮住"编辑界面，在"属性"对话框中单击"视图"选项后面的三角形按钮 ▾ ，在打开的下拉列表中选择一种视图模式，如图3-98所示。

- ▶ 洋葱皮：以被选区透明蒙版的方式查看，如图3-97所示。

图3-97 "选择并遮住"编辑界面　　图3-98 选择视图模式

- ▶ 闪烁虚线：可以查看带有标准选区边界的选区。在羽化边缘选区上，边界将会围绕被选中50%以上的像素，如图3-99所示。
- ▶ 叠加：将选区作为快速蒙版查看，按住〈Alt〉键单击可以编辑快速蒙版设置，如图3-100所示。
- ▶ 黑底：在黑色背景上查看该选区，如图3-101所示。
- ▶ 白底：在白色背景上查看该选区，如图3-102所示。

图3-99 闪烁虚线

图3-100 叠加

图3-101 黑底

图3-102 白底

▷ 黑白：将选区作为蒙版查看，如图3-103所示。

▷ 图层：查看被选区蒙版的图层，如图3-104所示。

图3-103 黑白

图3-104 图层

专家提示 按〈F〉键可以循环切换视图，按〈X〉键可暂时停用所有视图。

3.7.2 边讲边练——多边形套索工具抠图

本实例主要使用多边形套索工具、选择并遮住命令和渐变工具，制作出色彩绚丽的城市剪影效果。

💿 文件路径：源文件\第3章\3.7.2

📀 视频文件：视频\第3章\3.7.2.MP4

01▷ 按〈Ctrl+O〉快捷键打开一张建筑素材，如图3-105所示。

02▷ 使用多边形套索工具 ，在图像中连续单击、拖动鼠标，创建多边形建筑选区，如图3-106所示。

图3-105 打开素材图片

图3-106 创建多边形选区

03▷ 执行"选择"→"选择并遮住"命令，或单击工具选项栏中的"选择并遮住"按钮

选择并遮住 ... ，切换到"选择并遮住"编辑界面，如图3-107所示。

图3-107 "选择并遮住"编辑界面

04▷ 在"属性"对话框中单击"视图"选项后面的三角形按钮 ，在打开的下拉列表中选择视图模式为"黑白"，如图3-108所示。

图3-108 "黑白"视图

05▷ 在画面中向上滚动鼠标滑轮，将视图放大，单击工具栏中的多边形套索工具 按钮，再单击工具选项栏中的"从选区中减去"按钮 ，在视图白色区域过度密集处绘制选区，白色区域变为黑色，被移除选区，如图3-109所示。

图3-109 减去选区

06 》单击"属性"面板中的"确定"按钮，切换至基本功能编辑界面，如图3-110所示，上一步中编辑的选取已被减去。

07 》按〈Ctrl+C〉快捷键复制选区，按〈Ctrl+N〉快捷键新建剪贴板，"新建"对话框参数如图3-111所示。

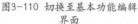

图3-110 切换至基本功能编辑 界面

图3-111 新建 文件

08 》按〈Enter〉键新建文件，按〈Ctrl+V〉快捷键粘贴选区至新文件中，如图3-112所示，生成"图层 1"。

09 》按住〈Ctrl〉键单击"图层 1"图层缩览图，创建选区，单击图层面板底部的"创建新图层"按钮，新建图层"图层 2"，选择渐变工具，在工具箱中选择渐变样式，在选区内填充渐变，如图3-113所示。

图3-112 复制选区至新建文件中

图3-113 填充渐变效果

10 》添加文字，并使用相同的方式填充渐变，完成制作，如图3-114所示。

图3-114 最终效果

3.7.3 调整选区边缘

在"选择并遮住"选项组中可以对选区进行平滑、羽化、扩展等处理。

在创建选区后，执行"选择"→"选择并遮住"命令，切换至"选择并遮住"编辑界面，单击"全局调整"前面的三角形按钮，打开"全局调整"选项组，如图3-115所示。

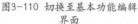

图3-115 "全局调整"选项组

- ▸ 平滑：可以减少选区中的不规则区域，创建更加平滑的选区轮廓，平滑锯齿状边缘。对于矩形选区，则可使其边角变得圆滑，如图3-116、图3-117所示（黑底视图）。
- ▸ 羽化：柔化选区边缘，让选区的边缘呈现模糊效果，

如图3-118、图3-119所示。羽化的参数范围为0~250像素。

图3-116 原选区　　　图3-117 平滑为100的选区

图3-118 原选区　　　图3-119 羽化为50像素的 选区

- ▸ 对比度：可以锐化选区边缘并去除模糊的部分，对于添加了羽化效果的选区，增加对比度即可减少或消除

羽化，如图3-120、图3-121所示。

图3-120 原选区（羽化为 50像素） 图3-121 对比度为50%

- 移动边缘：负值为收缩选区边缘，正值为扩展选区边缘，如图3-122、图3-123所示，原选区如图3-116所示。

图3-122 移动边缘为负数 图3-123 移动边缘为正数

3.7.4 指定输出方式

"属性"面板中的"输出设置"选项组用于消除选区边缘的杂色并设定选区的输出方式，如图3-124所示。

- 净化颜色：勾选该选项后，拖动"数量"滑块可移去图像的彩色边，"数量"值越高，清除范围越广。
- 输出到：在该选项的下拉列表中可以选择选区的输出方式，如图3-125所示。选择各个选项的输出结果如图3-126～图3-131所示。

图3-124 "输出设置" 图3-125 选择输出方式

图3-126 选区

图3-127 图层蒙版

图3-128 新建图层

图3-129 新建带有图层蒙版的图层

图3-130 新建文档

图3-131 新建带有图层蒙版的文档

3.7.5 边讲边练——用"选择并遮住"命令抠图

在"属性"对话框中包含细化工具即"边缘检测"选项。本实例通过使用"细化工具"快速从图像中抠出毛发类的对象。

文件路径：源文件\第3章\3.7.5

视频文件：视频\第3章\3.7.5.MP4

01>> 按〈Ctrl+O〉快捷键，打开"狗"素材，如图3-132所示。

02>> 使用快速选择工具 ，在"狗"对象上单击并沿着轮廓拖动鼠标，创建选区如图3-133所示。

图3-132 打开"狗"素材　　图3-133 创建选区

03>> 执行"选择"→"选择并遮住"命令，或单击工具选项栏中的"选择并遮住"按钮 选择并遮住 ，切换到"选择并遮住"编辑界面，如图3-134所示。

图3-134 "选择并遮住"编辑界面

04>> 单击"属性"对话框上"视图"选项后面的三角形按钮 ，在打开的下拉列表中选择"黑白"视图，如图3-135所示。

05>> 更改视图模式，选区的图像内容变成白色，选区外的内容变成黑色，如图3-136所示。

图3-135 更　　　图3-136 "黑白视图"
换视图模式

06>> 单击"边缘检测"下面的"智能半径"复选框，并拖动"半径"滑块，调整"半径"参数，如图3-137所示，使选区内的毛发更加清晰，如图3-138所示。

图3-137 "边缘　　　图3-138 调整结果
检测"

07>> 单击"输出设置"下面的"净化颜色"复选框，并在"输出到"选项的下拉列表中选择"新建图层"选项，如图3-139所示。单击"确定"按钮，切换至基本功能编辑界面，如图3-140所示。

图3-139 "输出　　　图3-140 输出结果
设置"

08>> 执行"文件"→"打开"命令，打开"海报"素材文件，如图3-141所示。

09>> 使用选择工具 ，将抠出的"狗"对象拖拽至"海报"文档中，调整对象大小和位置，如图3-142所示。

图3-141 打开"海
报"素材　　图3-142 拖入"狗"素材

10▷ 单击图层面板底部的"添加新的填充或调整图层"按钮 ●,添加"色相/饱和度"调整图层,在"属性"面板中选择"红色",调整其饱和度,如图3-143所示。

11▷ 单击面板底部的"剪切到图层"按钮 ,将调整效果应用于"狗"图层,完成海报制作,最终效果如图3-144所示。

图3-143 "色相/饱和
度"参数　　图3-144 最终效果

3.8 实战演练——书中故事

本实例综合练习了本章所学的多种选择工具和方法,以制作一幅趣味图像合成效果。同时还使用了图层蒙版、魔棒、画笔等功能和工具。

📀 文件路径:源文件\第3章\3.8

🎬 视频文件:视频\第3章\3.8.MP4

01▷ 执行"文件"→"新建"命令,弹出"新建"对话框,设置参数如图3-145所示,单击"确定"按钮。

图3-145 新建文档

02▷ 打开本书配套资源"第3章\3.8\人物.jpg"文件,选择移动工具 ,将其拖至新建图像,如图3-146所示。

03▷ 打开3个"云"素材,拖入当前编辑文件中,调整好大小和位置,新建一个图层,设置前景色为淡蓝色(R204,G229,B227),选择画笔工具 ,在选项栏中设置不透明度为30%,在书侧面涂抹,如图3-147所示。

图3-146 打开人物素材　　图3-147 添加云朵及画笔涂抹

04▷ 打开"水滴"素材,运用魔棒工具去除白底,按〈Shift+Ctrl+U〉快捷键进行去色处理,放置到书侧面,设置图层混合模式为"滤色",不透明度为60%,按

〈Ctrl+T〉键进入自由变换状态，单击右键，选择"变形"选项，变化图形；单击工具箱中的模糊工具，对图形进行模糊处理；再拖入"海洋"素材，并添加图层蒙版，在图层面板中设置"填充"为37%，运用画笔工具隐去不要的部分，效果如图3-148所示。

图3-148 添加流水及海洋素材

05≫ 打开两个章鱼须图片，选择工具箱中的快速选择工具 ，在章鱼须上单击选择上部，如图3-149和图3-150所示。

图3-149 建立选区　　　图3-150 建立选区

06≫ 拖动选择的章鱼须图像至画面中，并调整好位置和大小。选择快速选择工具 ，选取部分图形，执行"编辑"→"操控变形"命令，变化图形形状，制作出章鱼从书中跃出的效果，如图3-151所示。

07≫ 单击"创建新的填充或调整图层"按钮 ，选择"色彩平衡"选项，设置相关参数后，按〈Ctrl+Alt+G〉快捷键建立剪切蒙版，对触须进行调色，如图3-152所示。

图3-151 组合图形　　　图3-152 色彩平衡参数及效果

08≫ 创建"色相饱和度"调整层，设置相关参数，建立剪切蒙版，再创建"亮度/对比度"调整层，设置亮度为-19，对比度为39，并建立剪切蒙版，如图3-153所示。

09≫ 复制触须图层，命名为"黏液"，放置到最顶层，执行"滤镜"→"艺术效果"→"塑料包装"命令，设置参数如图3-154所示。

图3-153 色相/饱和度参数及效果

10≫ 单击"确定"按钮，按〈Ctrl+Alt+2〉快捷键，载入高光选区，按〈Shift+Ctrl+I〉快捷键进行反选，按〈Shift+F6〉快捷键，设置羽化值为2像素，按〈Delete〉键，删除不要的部分，按〈Ctrl+D〉快捷键，取消选区，再进行2像素的高斯模糊，给触须添加黏液效果，如图3-155所示。

图3-154 塑料包装参数　　　图3-155 制作粘液高光效果

11≫ 新建一个名为"黑色渐变"的图层，单击渐变工具 ，在选项栏中设置颜色为从黑色到透明的渐变，在图像上拖动创建一条黑色渐变，效果如图3-156所示。

12≫ 新建一个名为"云层颜色"的图层，选择画笔工具，设置画笔大小1200像素，不透明度为50%，设置不同的前景色进行涂抹，设置图层混合模式为"强光"，效果如图3-157所示。

图3-156 渐变填充效果　　　图3-157 画笔涂抹

13≫ 新建图层，命名为"星空"，放置到最顶层，选择矩形选框工具绘制矩形选框，并填充黑色，执行"滤镜"→"杂色"→"添加杂色"命令，设置数量为40，按〈Ctrl+L〉快捷键，弹出"色阶"对话框，设置参数如图3-158所示。

14≫ 按〈Ctrl+J〉快捷键，复制一层，添加图层蒙版，按住〈Ctrl〉键，单击星空图层，载入选区，回到"星空副本"蒙版层，执行"滤镜"→"渲染"→"分层云彩"命令，设置图层混合模式为"叠加"，如图3-159所示。

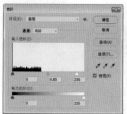

图3-158 色阶参数　　　图3-159 复制图层

15≫ 选中星空和星空副本图层，按〈Ctrl+G〉快捷键，编组图层，命名为"星空制作"，将图层组的混合模式改为"滤色"，并添加图层蒙版，设置前景色为黑色，选择画笔工具，将盖在人物身上的星星擦除，效果如图3-160所示。

图3-160 编组及画笔涂抹

16≫ 添加"鱼钩"素材，运用魔棒工具在背景白色处单击，按〈Ctrl+Shift+I〉快捷键，反选选区，如图3-161所示。

17≫ 使用移动工具拖动复制钩图像，放置到合适位置，设置不透明度为48%，按住〈Ctrl+J〉快捷键，复制一个，放置到右边，使用画笔工具绘制两条细线，如图3-162所示。

图3-161 选出鱼钩　　　图3-162 拖入画面

18≫ 打开帆船素材，如图3-163所示。

图3-163 帆船素材

19≫ 执行"选择"→"色彩范围"命令，弹出"色彩范围"对话框，运用吸管在白色背景处单击，并设置容差为30，如图3-164所示。

20≫ 单击"确定"按钮，选择工具箱中的矩形选

框工具 ，在工具选项中单击中"与选区相交"按钮 ，框选出左边的帆船，按住〈Ctrl〉键拖入画面中，调整好位置和大小，如图3-165所示。

图3-164 色彩范围参数

图3-165 组合图形

21≫ 为帆船添加图层蒙版，设置前景色为黑色，运用画笔工具涂抹帆船底部，渐隐帆船，如图3-166所示。

22≫ 参照上述操作，添加其他船只、气球和飞机，丰富画面，如图3-167所示。

图3-166 添加图层蒙版

图3-167 添加船只、气球和飞机素材

23≫ 打开水母素材，运用磁性套索工具 ，套出水母大体轮廓，运用移动工具拖入画面中，如图3-168所示。

24≫ 在图层面板中设置"混合模式"为"滤色"。

按〈Ctrl+J〉快捷键复制一层，设置"混合模式"为"柔光"，设置不透明度为75%，如图3-169所示。

材，拖入画面中，设置"混合模式"为"滤色"，得到的最终效果如图3-170所示。

图3-168 添加水母素材　　图3-169 更改图层属性

图3-170 最终效果

25≫　复制水母，调整好位置和大小，打开月亮素

3.9 习题——音乐与自然

本实例主要使用移动工具和磁性套索工具等多种工具，制作一幅音乐与自然的公益海报。

文件路径：源文件\第03章\3.9

视频文件：视频\第03章\3.9.MP4

操作提示：

01≫　新建一个空白文件。

02≫　打开背景素材。

03≫　复制图层、执行去色命令、更改混合模式。

04≫　运用磁性套索工具建立选区，抠出动物。

05≫　添加其他素材。

第4章

我的色彩地带
——图像的颜色和色调调整

在Photoshop中提供了大量的色彩和色调调整工具，对用户处理图像和数码照片非常有帮助。例如，使用"曲线""色阶"等命令可以轻松调整图像的色相、饱和度、对比度和亮度，修正色偏、曝光不足或过度等缺陷，让我们得到完美的数码照片。

本章主要介绍基本的色彩理论，并结合Photoshop的颜色模式、颜色调整命令，来介绍如何使用恰当的工具调出美丽和谐的色彩。

4.1 图像的颜色模式

颜色模式是用来提供将颜色翻译成数字数据的一种方法，使颜色能在多种媒体中得到一致的描述。Photoshop 支持的颜色模式主要包括 CMYK、RGB、灰度、双色调、Lab、多通道和索引颜色模式，较常用的是 CMYK、RGB、Lab 颜色模式等，不同的颜色模式有其不同的作用和优势。

颜色模式不仅影响可显示颜色的数量，还影响图像的通道数和图像的文件大小。下面将对图像的颜色模式进行详细介绍。

4.1.1 查看图像的颜色模式

查看图像的颜色模式，了解图像的属性，可以方便用户对图像进行各种操作。执行"图像"→"模式"命令，在打开的子菜单中已勾选的选项，即为当前图像的颜色模式，如图4-1所示。另外，在图像的标题栏中可直接查看图像的颜色模式，如图4-2所示。

图4-1 颜色模式　　图4-2 图像的标题栏

4.1.2 位图模式

位图模式又叫像素图，使用两种颜色值（黑色或白色）来表示图像的色彩，适合制作艺术样式或用于创作单色图像。彩色图像转换为该模式后，色相与饱和度信息将会删除，只保留亮度信息，因此仅适用于一些黑白对比强烈的黑白图像。

在Photoshop中，可以将图像从原来的模式转换为另一种模式。执行"图像"→"模式"命令，然后从子菜单中选择要转换的模式即可。例如，要将图像转换为位图模式，首先将图像转换为灰度模式，再转换为位图模式。

首先执行"图像"→"模式"→"灰度"命令，弹出"信息"对话框，如图4-3所示。单击"扔掉"按钮，将RGB模式转换为灰度模式。

再执行"图像"→"模式"→"位图"命令，会弹出"位图"对话框，如图4-4所示，在该对话框中可设置分辨率的输出像素和使用方法。

图4-3 "信息"对话框　　图4-4 "位图"对话框

知识链接 将彩色图像转换为位图模式时，首先要将其转换为灰度模式，删除像素中的色相和饱和度信息，而只保留亮度值。由于位图模式图像的编辑选项很少，通常先在灰度模式下编辑图像，然后再将其转换为位图模式。

4.1.3 灰度模式

灰度模式的图像由256级的灰度组成，不包含颜色。彩色图像转换为该模式后，Photoshop将删除原图像中所有颜色信息，而留下像素的亮度信息。

灰度模式图像的每一个像素能够用0～255的亮度值来表现，因而其色调表现力较强，0代表黑色，255代表白色，其他值代表了黑、白中间过渡的灰色。在8位图像中，最多有256级灰度，在16和32位图像中，图像中的级数比8位图像要大得多。图4-5为将RGB模式图像转换为灰度模式图像的效果。

图4-5 RGB模式转换为灰度模式

4.1.4 索引模式

索引模式是最多可使用256种颜色的8位图像文件。当转换为索引颜色时，Photoshop将构建一个颜色查找表（CLUT），以存放图像中的颜色。如果原图像中的某种颜色没有出现在该表中，则程序会选取最接近的一种，或使用仿色以现有颜色来模拟该颜色，如图4-6所示。

图4-6 索引颜色模式图像及其颜色表

知识链接 在索引颜色模式下只能进行有限的图像编辑。若要进一步编辑，需临时转换为RGB模式。

4.1.5 双色调模式

在Photoshop中可以分别创建单色调、双色调、三色调和四色调图像。其中双色调是用两种油墨打印的灰度图像。在这些图像中，使用彩色油墨来重现色彩灰色，而不是重现不同的颜色。彩色图像转换为双色调模式时，必须首先转换为灰度模式。

4.1.6 边讲边练——制作双色调效果

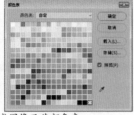

Before　　　　　　　After

本实例主要介绍如何通过在"双色调选项"对话框中控制"油墨1"和"油墨2"来制作图像的双色调效果。

📀 文件路径：源文件\第04章\4.1.6

🎬 视频文件：视频\第04章\4.1.6.MP4

01▷ 按〈Ctrl+O〉快捷键，打开一张照片素材，如图4-7所示。

02▷ 执行"图像"→"模式"→"灰度"命令，弹出"信息"对话框，如图4-8所示。单击"扔掉"按钮，将RGB模式转换为灰度模式，如图4-9所示。

03▷ 执行"图像"→"模式"→"双色调"命令，弹出"双色调选项"对话框，在"类型"下拉列表中选择"双色调"，激活"油墨1"和"油墨2"，如图4-10所示。

图4-7 打开照片素材　　图4-8 "信息"对话框

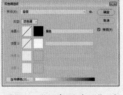

图4-9 转换为灰度模式　图4-10 "双色调选项"对话框

04▷ 单击"油墨1"色块，弹出"选择油墨颜色"对话框，单击"颜色库"按钮，弹出"颜色库"对话框，然后在"色库"中选择一种色系，拖动面板中的颜色条至橙色区域，选择"PANTONE

714 C"，如图4-11所示。完成后单击"确定"按钮，回到"双色调选项"对话框。

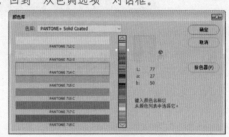

图4-11 选择颜色

知识链接 在"颜色库"对话框中，可以直接输入数值来设置颜色，如输入710，颜色将自动转换为PANTONE 710 C。如果输入不连续，则"颜色库"对话框将开始新的设置。

05▷ 单击"油墨1"的曲线缩览图，在弹出的"双色调曲线"对话框中单击并拖动曲线，右方的数值随之发生变化，如图4-12所示，适当调整后单击"确定"按钮，回到"双色调选项"对话框。

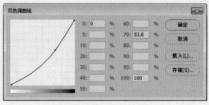

图4-12 调整"曲线"

06≫ 运用同样的操作方法设置"油墨2"参数，如图4-13所示，完成后单击"确定"按钮，效果如图4-14所示。

图4-13 设置"油墨2"参数　　图4-14 完成效果

4.1.7 RGB 模式

RGB色彩模式是工业界的一种颜色标准，是通过对红（R）、绿（G）、蓝（B）3个颜色通道的变化以及它们相互之间的叠加得到各式各样的颜色，RGB即是代表红、绿、蓝3个通道的颜色，在这3种颜色的重叠处产生青色、洋红、黄色和白色，如图4-15所示。

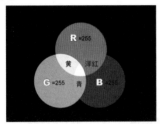

图4-15 RGB彩色模式示意图

在RGB模式下，每种RGB成分都可使用从0（黑色）到255（白色）的值。例如，亮红色使用R值255、G值0和B值0。当所有3种成分值相等时，产生灰色阴影。当所有成分的值均为255时，结果是纯白色；当该值为0时，结果是纯黑色。

4.1.8 CMYK 模式

CMYK也称为印刷色彩模式，是一种依靠反光呈现的色彩模式。CMYK颜色模式中，C代表了青色（Cyan）、M代表了洋红色（Magenta）、Y代表了黄色（Yellow）、K代表了黑色（black）。CMYK模式为每个像素的每种印刷油墨指定一个百分比值。为最亮（高光）颜色指定的印刷油墨颜色百分比较低，而为较暗（阴影）颜色指定的百分比较高。

知识链接 CMYK模式用于印刷色打印的图像，将常用的RGB图像转换为CMYK模式即可产生分色。通常情况下，先在RGB模式下编辑，然后再转换为CMYK模式，如图4-16所示。

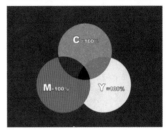

图4-16 CMYK模式示意图

4.1.9 Lab 模式

Lab色彩模型是由明度（L）和有关色彩的a、b 3个要素组成。L表示明度（Luminosity），相当于亮度，范围为0～100；a表示从红色至绿色的范围；b表示从黄色至蓝色的范围，两者范围都是−120～+120。如果只需要改变图像的亮度而不影响其他颜色值，可以将图像转换为Lab颜色模式，然后在L通道中进行操作。通过观察"通道"面板中的Lab通道，可直观地查看Lab颜色模式的特点，如图4-17所示。

图4-17 LAB模式

4.1.10 边讲边练——Lab 照片调色

Before　　　　　　After

本实例介绍通过在Lab颜色模式下调整图像色调，调出照片的蓝色调。

文件路径：源文件\第04章\4.1.10

视频文件：视频\第04章\4.1.10.MP4

01▶▶ 执行"文件"→"打开"命令，在"打开"对话框中选择素材照片，单击"打开"按钮，如图4-18所示。

图4-18 打开素材照片

02▶▶ 按〈Ctrl+J〉快捷键，复制一层，执行"图像"→"模式"→"Lab模式"，弹出警示对话框，单击"确定"按钮，将图像转换为Lab模式。进入通道面板，选择"a"通道，如图4-19所示。

03▶▶ 按〈Ctrl+A〉快捷键选择画布，按〈Ctrl+C〉快捷键复制选区图像，选择"b"通道，按〈Ctrl+V〉快捷键粘贴，将a通道图像复制到b通道中，选择"Lab"通道，回到"图层"面板，按〈Ctrl+D〉快捷键取消选择，图像效果如图4-20所示。

图4-19 通道面板 　　图4-20 复制通道效果

04▶▶ 执行"图像"→"模式"→"RGB模式"命令，在"图层"面板中单击"创建新的填充和调整图层"按钮，选择"可选颜色"选项，在属性面板中设置参数，如图4-21所示。效果如图4-22所示。

图4-21 可选　　　　图4-22 可选颜色效果
　颜色参数

05▶▶ 创建"色相/饱和度"调整图层，参数设置如图4-23所示。

06▶▶ 此时发现图像的饱和度明显降低，如图4-24所示。

07▶▶ 创建"曲线"调整图层，参数设置如图4-25所示（其中第一个节点值为0和47），效果如图4-26所示。

图4-23 色相/　　　图4-24 色相/饱和度效果
　饱和度参数

图4-25 曲线　　　图4-26 曲线调整效果
　参数

08▶▶ 按〈Shift+Ctrl+Alt+E〉快捷键，盖印图层，设置图层混合模式为"柔光"，不透明度为40%，效果如图4-27所示。

图4-27 更改图层属性

09▶▶ 创建"可选颜色"调整图层，参数设置如图4-28所示。将不透明度设为36%，效果如图4-29所示。

图4-28 可选颜　　　图4-29 可选颜色调整效果
　色参数

10▶▶ 创建"自然饱和度"调整图层，参数设置如图4-30所示，调整效果如图4-31所示。

图4-30 自然饱和度　　图4-31 自然饱和度调整效果
　参数

11≫ 按〈Shift+Ctrl+Alt+E〉快捷键，盖印图层，执行"滤镜"→"锐化"→"USM锐化"命令，设置"数量"为15，"半径"为1像素，单击"确定"按钮，得到最终效果如图4-32所示。

知识链接 Lab模式在照片调色中有着非常特别的优势，通过处理明度通道，可以在不影响色相饱和度的情况下轻松修改图像的明暗信息；通过处理a和b通道，也可以在不影响色调的情况下修改颜色。

图4-32 锐化图像

4.2 百变的图像色彩

在 Photoshop 中经常需要为图像调整颜色，在"图像"→"调整"下拉菜单中，包含了"亮度/对比度""色阶""曲线"等众多命令，不同的命令有各自独特的选项和操作特点，都是针对图像的色阶和色调进行调整。

4.2.1 亮度/对比度命令

使用"亮度/对比度"命令可以快速增强或减弱图像的亮度和对比度。

执行"图像"→"调整"→"亮度/对比度"命令，可打开"亮度/对比度"对话框，如图4-33所示，向左拖动滑块可降低亮度和对比度，向右拖动滑块则可增加亮度和对比度。

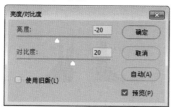

图4-33 "亮度/对比度"对话框

"亮度/对比度"对话框各选项含义如下。

▷ 亮度：拖动滑块或在文本框中输入数字（范围为-100～100），以调整图像的明暗。当数值为正时，将增加图像的亮度，当数值为负时，将降低图像的亮度。

▷ 对比度：用于调整图像的对比度，当数值为正数时，将增加图像的对比度，当数值为负数时，将降低图像的对比度。

▷ 使用旧版：新版对亮度/对比度的调整算法进行了改进，在调整亮度和对比度的同时，能保留更多的高光和细节。若需要使用旧版本的算法，则可以勾选"使用旧版"复选框。

下面通过实例讲解"亮度/对比度"命令的用法。

手把手 4-1 | 亮度/对比度命令
视频文件：视频\第4章\手把手4-1.MP4

01≫ 打开本书配套资源中"源文件\第4章\4.2\4.2.1.jpg"，如图4-34所示。
02≫ 执行"图像"→"调整"→"亮度/对比度"命令，在对话框设置相关参数，如图4-35所示。
03≫ 单击"确定"按钮，调整结果如图4-36所示，图像亮度和对比度得到大大加强。
04≫ 如果勾选"使用旧版"复制框，得到的效果如图4-37所示，在调整的同时，图像丢失了大量的细节。

图4-34 原图

图4-35 "亮度/对比度"参数

图4-36 新算法调整效果

图4-37 旧算法调整效果

4.2.2 色阶命令

使用"色阶"命令可以调整图像的阴影、中间调和高光的强度级别，从而校正图像的色调范围和色彩平衡。执行"图像"→"调整"→"色阶"命令，或按〈Ctrl+L〉快捷键，可以打开"色阶"对话框，如图4-38所示。在该对话框中，用户可利用滑块或直接输入数值的方式来调整输入及输出色阶。

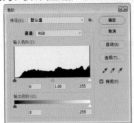

图4-38 "色阶"对话框

"色阶"命令常用于修正曝光不足或过度的图像，也可以调节图像的对比度。

通过直方图显示图像的色阶信息，并且通过拖动黑、灰、白滑块或输入参数值来调整图像的暗调、中间调和亮调。

手把手 4-2 色阶命令

视频文件：视频\第4章\手把手4-2.MP4

01>> 打开本书配套资源中"源文件\第4章\4.2\4.2.2.jpg"文件，如图4-39所示。

图4-39 打开素材

02>> 执行"图像"→"调整"→"色阶"命令，打开"色阶"对话框，将暗调滑块向右移动，参数设置

如图4-40所示。单击"确定"按钮关闭对话框，调整效果如图4-41所示。

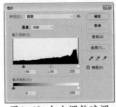

图4-40 向右调整暗调　　　图4-41 调整色阶

03>> 将中间调滑块往右移，如图4-42所示。
04>> 将高调滑块向左移，如图4-43所示。

图4-42 调整中间调

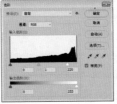

图4-43 调整亮调

疑难问答　如何观察色阶的像素分布图？

通常情况下，若色阶的像素集中在右边，则说明该图像的亮部所占区域较多；若色阶的像素集中在左边，则说明该图像的暗部所占的区域较多，如图4-44所示。

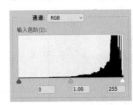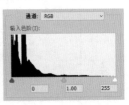

色阶的像素集中分布在右方　色阶的像素集中分布在左方
图4-44 色阶的像素集中分布

4.2.3 边讲边练—调出照片靓丽色彩

Before　　　　　After

下面运用色阶为照片调色，调出灰暗照片的靓丽色彩。

💿 文件路径：源文件\第04章\4.2.3

🎬 视频文件：视频\第04章\4.2.3.MP4

01>> 执行"文件"→"打开"命令,在"打开"对话框中选择素材照片,单击"打开"按钮,如图4-45所示。

02>> 单击"创建新的填充或调整图层"按钮,在弹出的快捷菜单中选择"色阶","图层"面板生成"色阶1"调整图层,如图4-46所示。

图4-45 素材照片　　　图4-46 图层面板

03>> 在调整面板中设置"RGB"通道参数,如图4-47所示。

04>> 通道下拉列表中选择"红"通道,设置参数如图4-48所示;选择"绿"通道,设置参数如图4-49所示;选择"蓝"通道,设置参数如图4-50所示。

05>> 完成后图像效果如图4-51所示。

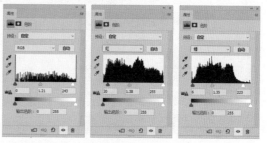

图4-47 "RGB"　　图4-48 "红"通　　图4-49 "绿"通
通道参数　　　　道参数　　　　道参数

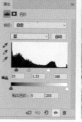

图4-50 "蓝"通　　　　图4-51 最终效果
道参数

4.2.4 曲线命令

"曲线"是Photoshop中最强大的调整工具之一,曲线上可以添加14个控制点,通过调整曲线的形状,可以对色调进行非常精确的调整。

手把手4-3 曲线命令

01>> 本书配套资源中"源文件\第4章\4.2\4.2.4.jpg"。执行"图像"→"调整"→"曲线"命令,或者按〈Ctrl+M〉快捷键,打开"曲线"对话框,设置参数如图4-52所示,整体调亮图像。

02>> 选择"红"通道,设置参数如图4-53所示,调暗红色。

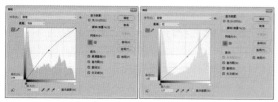

图4-52 调整RGB通道　　图4-53 调整"红"通道

03>> 选择"绿"通道,设置参数如图4-54所示,调亮绿色。选择"蓝"通道,设置参数如图4-55所示,调亮蓝色。

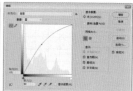

图4-54 调整"绿"通道　　图4-55 调整"蓝"通道

04>> 单击"确定"按钮,照片的偏色得到纠正,效果如图4-56所示。

原图　　　　　　　"曲线"调整效果
图4-56 "曲线"调整前后对比效果

4.2.5 边讲边练——调出照片明亮色彩

本实例介绍结合使用"色阶"和"曲线"命令，将照片的色调调亮，得到色彩鲜艳、明亮的效果。

文件路径：源文件\第04章\4.2.5

视频文件：视频\第04章\4.2.5.MP4

01» 启动Photoshop，按〈Ctrl+O〉快捷键打开素材照片，如图4-57所示。

02» 执行"图像"→"调整"→"曲线"命令，或者按快捷键〈Ctrl+M〉，弹出"曲线"对话框，在曲线上单击增加锚点，拖动锚点调整曲线，如图4-58所示。

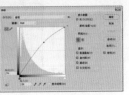

图4-57 素材照片　　图4-58 调整RGB通道

03» 在"通道"下拉列表中，选择"红"通道，调整曲线如图4-59所示，此时图像效果如图4-60所示。

图4-59 调整"红"通道　　图4-60 调整曲线后效果

04» 在"通道"下拉列表中，选择"绿"通道，调整曲线如图4-61所示。

05» 在"通道"下拉列表中，选择"蓝"通道，调整曲线如图4-62所示，调整完成后，单击"确定"按钮，效果如图4-63所示。

技巧点拨　按住〈Ctrl〉键的同时在图像的某个位置单击，曲线上会出现一个节点，调整该点可以调整指定位置的图像。

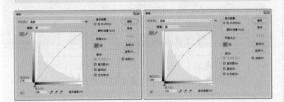

图4-61 调整"绿"通道　　图4-62 调整"蓝"通道

图4-63 调整后效果

技巧点拨　曲线在一个二维坐标系中，横轴代表输入色调，竖轴代表输出色调。白、灰、黑渐变条依次代表高光、中间调和阴影。

06» 执行"图像"→"调整"→"色阶"命令，或按〈Ctrl+L〉快捷键，弹出"色阶"对话框，设置参数如图4-64所示，单击"确定"按钮，效果如图4-65所示。

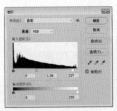

图4-64 "色阶"对话框　　图4-65 完成效果

技巧点拨　在执行"亮度/对比度"、"色阶"和"曲线"命令时，可以单击调整面板中的"自动"按钮，快速调整图像的色调、对比度和颜色。

疑难问答　**如何轻微移动控制点？**

单击控制点，按下键盘中的方向键〈↑〉、〈↓〉、〈←〉、〈→〉可进行轻微移动。按住〈Shift〉键单击可选择多个控制点（选中的控制点为实心黑色）。通常情况下，用户编辑图像时，只需对曲线进行小幅度的调整即可实现目的，曲线的变形幅度越大，越容易破坏图像。

4.2.6 曝光度命令

"曝光度"命令用于调整HDR图像的色调，也常用于调整曝光不足或曝光过度的数码照片。

执行"图像"→"调整"→"曝光度"命令，打开如图4-66所示"曝光度"对话框。

图4-66 "曝光度"对话框

- 曝光度：向右拖动滑块或在文本框内输入正值可以增加数码照片的曝光度，向左拖动滑块或在文本框内输入负值可以降低数码照片的曝光度，如图4-67所示。

曝光度=0　　　曝光度=-2　　　曝光度=2

图4-67 曝光度调整

- 位移：调整"位移"将使阴影和中间调变暗，对高光的影响很轻微。
- 灰度系数校正：使用简单的乘方函数调整图像灰度系数。
- 吸管工具：使用该工具可以调整图像的亮度值（与影响所有颜色通道的"色阶"吸管工具不同）。"设置黑场"吸管工具将设置"位移"，同时将吸管选取的像素颜色设置为黑色；"设置白场"吸管工具将设置"曝光度"，同时将吸管选取的像素设置为白色（对于HDR图像为1.0）；"设置灰场"吸管工具将设置"曝光度"，同时将吸管选取的像素设置为中度灰色。

4.2.7 自然饱和度命令

"自然饱和度"是用于调整色彩饱和度的命令，可以在增加饱和度的同时防止颜色过于饱和而出现溢色，适合处理人像照片。执行"图像"→"调整"→"自然饱和度"命令，可以打开"自然饱和度"对话框，如图4-68所示。

图4-68 "自然饱和度"对话框

"自然饱和度"还可以对皮肤肤色进行一定的保护，确保不会在调整过程中变得过度饱和。

手把手 4-4 自然饱和度命令

视频文件：视频\第4章\手把手4-4.MP4

01》 打开本书配套资源中"源文件\第4章\4.2\4.2.7.jpg"文件，如图4-69所示。

02》 执行"图像"→"调整"→"自然饱和度"命令，在对话框中设置"自然饱和度"为100，如图4-70所示。

图4-69 打开照片　　　图4-70 自然饱和度调整

03》 设置"饱和度"为100，效果如图4-71所示，人物皮肤颜色因过度饱和而变得不真实。

图4-71 饱和度调整

4.2.8 色相/饱和度命令

"色相/饱和度"命令可以对色彩的三大属性：色相、饱和度（纯度）、明度进行调整。执行"图像"→"调整"→"色相/饱和度"命令，可以打开"色相/饱和度"对话框，如图4-72所示。

图4-72 "色相/饱和度"对话框

"色相/饱和度"对话框中各选项的含义如下。

- 编辑：在该选项下拉列表可以选择要调整的颜色。选择"全图"，可调整图像中所有的颜色；选择其他选项，则可以单独调整红色、黄色、绿色或青色等颜色的色相、饱和度和明度。

- 色相：拖动该滑块可以改变图像的色相。
- 饱和度：向右侧拖动滑块可以增加饱和度，向左侧拖动滑块可以减少饱和度。
- 明度：向右侧拖动滑块可以增加亮度，向左侧拖动滑块可以降低亮度。
- 着色：选中该复选框后，可以将图像转换成为只有一种颜色的单色图像。变为单色图像后，拖动"色相"滑块可以调整图像的颜色。
- 吸管工具：如果在"编辑"选项中选择了一种颜色，便可以用吸管工具拾取颜色。使用吸管工具在图像中单击可选择颜色范围；使用"添加到取样"工具在图像中单击可以增加颜色范围；使用"从取样中减去"工具在图像中单击可减少颜色范围。设置了颜色范围后，可以拖动滑块来调整色相、饱和度或明度。
- 颜色条：在对话框底部有两个颜色条，上面的颜色条是显示调整前的颜色，下面的颜色条显示调整后的颜色。

　　"色相/饱和度"命令既可以调整单一颜色（包括红、黄、绿、蓝、青、洋红等）的色相、饱和度、明度，也可以同时调整图像中所有颜色的色相、饱和度、明度，还可以将图像转换成为只有一种颜色的单色图像，再拖动"色相"滑块调整图像的颜色。

手把手 4-5　色相 / 饱和度命令
　　▶ 视频文件：视频\第4章\手把手4-5.MP4

01》 打开本书配套资源中"源文件\第4章\4.2\4.2.8.jpg"文件，如图4-73所示。
02》 执行"图像"→"调整"→"色相/饱和度"命令，在对话框中设置"色相"为8，"饱和度"为40，效果如图4-74所示。

图4-73 打开图像　　　　图4-74 调整色相、饱和度1

03》 设置"色相"为-104，"饱和度"为60，效果如图4-75所示。
04》 勾选"着色"复选框，效果如图4-76所示。

图4-75 调整色相、饱和度2　　图4-76 着色效果

05》 勾选"着色"复选框，并调整"色相"为254，"饱和度"为65，效果如图4-77所示。

图4-77 调整色相、饱和度3

4.2.9　色彩平衡命令

　　"色彩平衡"命令通过调整各种色彩的色阶平衡来校正图像中出现的偏色现象，更改图像的总体颜色混合。执行"图像"→"调整"→"色彩平衡"命令，可以打开"色彩平衡"对话框，如图4-78所示。

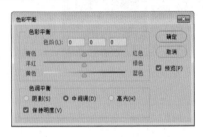

图4-78 "色彩平衡"对话框

　　"色彩平衡"对话框中各选项含义如下。

- 色彩平衡：在"色阶"数值框中输入数值，或拖动滑块可向图像中增加或减少颜色。例如，如果将最上面的滑块移向"红色"时，将在图像中增加红色，减少青色；如果将滑块移向"青色"时，则增加青色，减少红色。
- 色调平衡：可选择一个色调范围来进行调整，包括"阴影"、"中间调"和"高光"3个选项。如果选中"保持明度"复选框，可防止图像的亮度值随着颜色的更改而改变，进而保持图像的色调平衡。

> **专家提示**　图像只有在通道面板处于复合通道时，才可以执行"色彩平衡"命令的调整。

手把手 4-6　色彩平衡命令
　　▶ 视频文件：视频\第4章\手把手4-6.MP4

01》 打开本书配套资源中"源文件\第4章\4.2\4.2.9.jpg"文件，如图4-79所示。
02》 执行"图像"→"调整"→"色彩平衡"命令，在对话框中将青色滑块拖至最左边青色处，减少红色，增加青色，效果如图4-80所示。

图4-79 打开照片

图4-80 减少红色

03▶▶ 将青色滑块拖至最右边红色处，增加红色，减少青色，效果如图4-81所示。

04▶▶ 将洋红滑块拖至最左边洋红色处，增加洋红色，减少绿色，效果如图4-82所示。

图4-81 增加红色

图4-82 增加洋红

05▶▶ 将洋红滑块拖至最右边绿色处，增加绿色，减少洋红色，效果如图4-83所示。

06▶▶ 将黄色滑块拖至最左边黄色处，增加黄色，减少蓝色，效果如图4-84所示。

图4-83 增加绿色

图4-84 增加黄色

07▶▶ 将黄色滑块拖至最右边蓝色处，增加蓝色，减少黄色，效果如图4-85所示。

图4-85 增加蓝色/减少黄色

4.2.10 黑白命令

"黑白"命令主要通过调整各种颜色，将彩色照片转换为层次丰富的灰色图像。执行"图像"→"调整"→"黑白"命令，或按〈Alt+Shift+Ctrl+B〉快捷键，可以打开"黑白"对话框，如图4-86所示。

"黑白"对话框中各选项含义如下。

▶ 预设：在该选项的下拉列表中可以选择一个预调的调整设置，如图4-87所示。如果要存储当前的调整设置结果，单击选项右侧的"预设选项"按钮 ✿ ，在弹出的下拉菜单中选择"存储预设"命令即可。

图4-86 "黑白"对话框

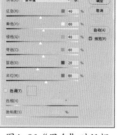
图4-87 "预设"下拉列表

▶ 颜色滑块：拖动滑块可调整图像中特定颜色的灰色调。将滑块向左拖动时，可以使图像原色的灰色调变暗；向右拖动则使图像原色的灰色调变亮。

▶ 色调：如果要对灰度应用色调，可选中"色调"复选框，再调整"色相"滑块和"饱和度"滑块。单击色块可以打开拾色器并调整色调颜色。

手把手4-7 黑白命令

视频文件：视频\第4章\手把手4-7.MP4

01▶▶ 打开本书配套资源中"源文件\第4章\4.2\4.2.10.jpg"文件，如图4-88所示

02▶▶ 执行"图像"→"调整"→"黑白"命令，在对话框中设置色相为35，效果如图4-89所示。

03▶▶ 在对话框中设置饱和度为40%，效果如图4-90所示。

图4-88 原图

图4-89 设置色相为35

图4-90 设置饱和度为40%

▶ 自动：单击"自动"按钮，可设置基于图像的颜色值的灰度混合，并使灰度值的分布最大化，自动混合通

常会产生最佳的效果，并可以用做使用颜色滑块调整灰度的起点。

4.2.11 照片滤镜命令

"照片滤镜"功能相当于传统摄影中滤光镜的功能，可以模拟彩色滤镜，调整通过镜头传输的光的色彩平衡和色温，以便调整到达镜头光线的色温与色彩的平衡，从而使胶片产生特定的曝光效果。

手把手4-8 照片滤镜命令
视频文件：视频\第4章\手把手4-8.MP4

01 >> 打开本书配套资源 "源文件\第4章\4.2\4.2.11.jpg"文件，如图4-91所示。
02 >> 执行"图像"→"调整"→"照片滤镜"命令，打开"照片滤镜"对话框，如图4-92所示。

图4-91 原图　　　　图4-92 "照片滤镜"对话框

03 >> 在"滤镜"下拉列表中选择"加温滤镜(81)"选项，效果如图4-93所示。
04 >> 在"滤镜"下拉列表中选择"冷却滤镜(82)"选项，效果如图4-94所示。

图4-93 加温滤镜（81）　　图4-94 冷却滤镜（82）

4.2.12 通道混合器命令

在"通道"面板中，各个颜色通道（红、绿、蓝通道）保存着图像的色彩信息。"通道混合器"将所选通道与需要调整的颜色通道混合，从而改变图像的颜色。执行"图像"→"调整"→"通道混合器"命令，可以打开"通道混合器"对话框，如图4-95所示。

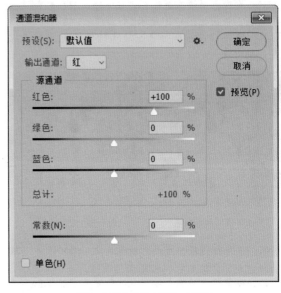

图4-95 "通道混合器"对话框

"通道混合器"对话框中各选项含义如下。

▷ 预设：在"预设"下拉列表中包含多个预设的调整设置文件，可以用来创建各种黑白效果。
▷ 输出通道：在"输出通道"下拉列表中可以选择要调整的通道。
▷ 源通道：可以设置红色、绿色、蓝色3个通道的混合百分比。若调整"红"通道的源通道，调整的效果将反映到图像和通道面板中对应的"红"通道。
▷ 常数：可以调整输出通道的灰度值。
▷ 单色：选中该选项，图像将从彩色转换为单色图像。

应用"通道混合器"命令可以将彩色图像转换为单色图像，或者将单色图像转换为彩色图像。

手把手4-9 通道混合器命令
视频文件：视频\第4章\手把手4-9.MP4

01 >> 打开本书配套资源 "源文件\第4章\4.2\4.2.12.jpg"文件，如图4-96所示。
02 >> 执行"图像"→"调整"→"通道混合器"命令，打开"通道混合器"对话框，设置参数如图4-97所示。

图4-96 原图

图4-97 "通道混合器"对话框

03》单击"确定"按钮，得到黑白效果如图4-98所示。

图4-98 调整效果

4.2.13 边讲边练——调出荷花别样色调

Before   After

本练习通过添加"通道混合器"调整图层，调出荷花的别样色调。

文件路径：源文件\第04章\4.2.13

视频文件：视频\第04章\4.2.13.MP4

01》按〈Ctrl+O〉快捷键打开素材，如图4-99所示。

02》单击"创建新的填充或调整图层"按钮，在弹出的快捷菜单中选择"通道混合器"，在"输出通道"下拉列表中选择"蓝"通道，设置参数如图4-100所示。

03》编辑图层蒙版，选择渐变工具，在工具选项栏中单击渐变条，打开"渐变编辑器"对话框，设置为灰色到白色的渐变，单击"确定"按钮，关闭"渐变编辑器"对话框。按下径向渐变按钮，在图像中单击并由左下角至右上角拖动鼠标，填充渐变，效果如图4-101所示。

04》按〈Ctrl+J〉快捷键，将"通道混合器1"图层复制一层，并设置其"混合模式"为"柔光"。

05》在工具箱中选择横排文字工具，在图像中输入文字，完成后效果如图4-102所示。

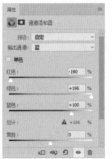
图4-99 打开素材照片   图4-100 "通道混合器"参数

图4-101 "通道混合器"效果   图4-102 完成效果

4.2.14 反相命令

"反相"命令可以反转图像中的颜色，可以将一个正片黑白图像变成负片，或从扫描的黑白负片得到一个正片，创建彩色负片效果。

"反相"命令可以单独对层、通道、选取范围或者整个图像进行调整，执行"图像"→"调整"→"反相"命令，或者按〈Ctrl+I〉快捷键即

可，如图4-103所示。

图4-103 反相

4.2.15 边讲边练——运用反相命令制作淡雅艺术效果

Before   After

本练习通过运用"反相"命令制作人物照片的淡雅艺术效果。

📀 文件路径：源文件\第04章\4.2.15

📀 视频文件：视频\第04章\4.2.15.MP4

01》 打开本书配套资源中"源文件\第4章\4.2\4.2.15\人物.jpg"文件，如图4-104所示。

02》 按〈Ctrl+J〉快捷键两次，复制两层，选中图层面板中的"图层1拷贝"图层，单击前面的眼睛图标，隐藏"图层1拷贝"，如图4-105所示。

03》 选中"图层1"，按〈Ctrl+I〉快捷键，反相图像，图像效果如图4-106所示。

04》 将图层混合模式改为"颜色"，图像效果如图4-107所示。

05》 显示 "图层副本1"，将图层混合模式改为"强光"，此时图像效果如图4-108所示。

06》 按〈Ctrl+J〉快捷键再次复制一层，混合模式改为"柔光"，不透明为40%，得到最终效果如图4-109所示。

图4-104 原图   图4-105 隐藏图层   图4-106 反相效果

图4-107 更改图层模式　图4-108 更改图层模式　图4-109 最终效果

4.2.16 色调分离命令

"色调分离"命令可以按照指定的色阶数减少图像的颜色（或灰度图像中的色调），从而简化图像内容。

执行"图像"→"调整"→"色调分离"命令，打开"色调分离"对话框，如图4-110所示。

图4-110 "色调分离"对话框

在对话框中输入2～255想要的色调色阶数或拖动滑块，单击"确定"按钮即可。值越大，色阶数越多，保留的图像细节越多。反之，值越小，色阶数越小，保留的图像细节越少。

手把手 4-10 色调分离命令

📀 视频文件：视频\第4章\手把手4-10.MP4

01》 打开本书配套资源"源文件\第4章\4.2\4.2.16.jpg"文件，如图4-111所示。

图4-111 原图像

02》 执行"图像"→"调整"→"色调分离"命令，在对话框中设置"色阶"为4，效果如图4-112所示。

03》 在对话框中设置"色阶"为20，如图4-113所示。

图4-112 色阶=4

图4-113 色阶=20

4.2.17 色调均化命令

"色调均化"命令可以重新分布图像中像素的亮度值,以便它们能够更均匀地呈现所有范围的亮度级别。使用此命令时,Photoshop会将最亮的值调整为白色,最暗的值调整为黑色,在整个灰度中均匀分布中间像素值。执行"图像"→"调整"→"色调均化"命令即可,如图4-114所示。

图4-114 "色调均化"示例

4.2.18 渐变映射命令

"渐变映射"命令将相等图像灰度范围映射到指定的渐变填充色,可产生特殊的效果。默认设置下,渐变的每一个色标映射到图像的阴影,后面的色标映射到图像中的中间调、高光等。

执行"图像"→"调整"→"渐变映射"命令,打开"渐变映射"对话框,如图4-115所示。

图4-115 "渐变映射"对话框

"渐变映射"对话框中各选项含义如下。

▶ 灰度映射所用的渐变:单击渐变条右侧的下拉按钮,在渐变列表框中可以选择所需的渐变。

▶ 仿色:选中"仿色"复选框可添加随机杂色,使渐变填充的外观减少带宽效果,从而产生平滑渐变。

▶ 反向:选中"反向"复选框可翻转渐变映射的颜色。

手把手 4-11 渐变映射命令

视频文件:视频\第4章\手把手4-11.MP4

01▷ 打开本书配套资源 "源文件\第4章\4.2\4.2.18.jpg"文件,如图4-116所示。

02▷ 执行"图像"→"调整"→"渐变映射"命令,打开"渐变映射"对话框,设置参数如图4-117所示。

03▷ 单击"确定"按钮,效果如图4-118所示。

04▷ 勾选对话框中的"仿色"和"反向"复选框,效果如图4-119所示。

图4-116 打开素材　　图4-117 "渐变映射"对话框

图4-118 原图像　　图4-119 仿色和反向效果

4.2.19 可选颜色命令

"可选颜色"调整命令可以对图像进行校正或调整,主要针对RGB、CMYK和黑、白、灰等主要颜色的组成进行调节。在校正过程中,可以选择性地在图像某一主色调成分中增加或减少印刷颜色含量,而不影响该印刷色在其他主色调中的表现,从而对图像的颜色进行校正。

执行"图像"→"调整"→"可选颜色"命令,可以打开"可选颜色"对话框,如图4-120所示。

图4-120 "可选颜色"对话框

▶ 颜色:在"颜色"下拉列表中可以选择要进行操作的颜色种类,然后分别拖动对话框中的4个颜色滑块,以减少或增加各油墨的含量。如图4-121所示为在"青色"中增加青色的效果和减少黑色的效果。

增加青色效果

减少黑色效果

图4-121 调整颜色

相对：选中"相对"选项，可以按照总量的百分比更改现有的青色、洋红、黄色或黑色的含量。例如，图像中洋红含量为50%，在"颜色"下拉列表框中选择洋红，并将洋红滑块拖至10%，则将有5%添加到洋红，结果图像将含有50%×10%+50%=55%的洋红。

绝对：选中"绝对"选项，可以用绝对值调整特定颜色中增加或减少百分比数值。若在洋红含量为50%的图像中添加10%，图像将含有50%+10%=60%的洋红。

4.2.20 边讲边练——打造清纯甜美的蓝色美女

Before　　After

本实例介绍结合使用可调整图层和"可选颜色"命令，为照片调色。

文件路径：源文件\第04章\4.2.20

视频文件：视频\第04章\4.2.20.MP4

01▶ 按〈Ctrl+O〉快捷键，打开人物素材照片，如图4-122所示。

02▶ 在"图层"面板中单击选中"背景"图层，按住鼠标将其拖动至"创建新图层"按钮上，复制得到"背景副本"图层。

03▶ 创建"色相/饱和度"调整图层，在属性面板中设置参数，如图4-123所示。回到图层面板，选中图层蒙版，设置前景色为黑色，运用画笔工具涂抹人物，还原人物，图像效果如图4-124所示。

图4-125 可选颜　图4-126 可选颜　图4-127 加强调
色参数　　　　色调整效果　　　整效果

图4-122 素材照　图4-123 色相/饱　图4-124 调整效果
片　　　　和度参数

04▶ 按〈Shift+Ctrl+Alt+E〉快捷键，盖印图层，执行"图像"→"调整"→"可选颜色"命令，弹出"可选颜色"对话框，选择"绿色"通道，设置参数如图4-125所示。

05▶ 单击"确定"按钮，效果如图4-126所示。

06▶ 按〈Ctrl+J〉快捷键复制一层，执行"图像"→"调整"→"可选颜色"命令，设置如图4-125所示的参数，加强颜色效果如图4-127所示。

07▶ 按〈Ctrl+J〉快捷键复制一层，再次执行"可选颜色"命令，设置相关参数，如图4-128所示。

图4-128 可选颜色参数

08▶ 单击"确定"按钮，图像效果如图4-129所示。

09▶ 按〈Ctrl+J〉快捷键复制一层，再次执行"可选颜色"命令，设置如图4-128所示的参数，单击"图层"面板中的"添加蒙版"按钮，选中蒙版层，运用画笔工具涂抹人物头发，还原头发颜色，如图4-130所示。

10▶ 创建"曲线"调整图层，参数如图4-131所示。单击"确定"按钮，提亮图像，如图4-132所示。

11▶ 盖印图层，执行"可选颜色"命令，参数设置如图4-133所示。

12>> 按住〈Alt〉键，单击"图层"面板中的"添加蒙版"按钮 ⬛，选中蒙版层，设置前景色为白色，运用画笔工具涂抹人物头发，还原头发颜色，如图4-134所示。

图4-129 可选颜色 图4-130 编辑图层 图4-131 曲线参数
　　效果　　　　　　蒙版

图4-132 曲线效果 图4-133 可选颜色 图4-134 可选颜色
　　　　　　　　　　参数　　　　　　效果

13>> 创建"曲线"调整层，选择蓝色通道，参数设置如图4-135所示（其中第二个节点值为255和235），图像效果如图4-136所示。

14>> 新建一个图层，设置前景色为蓝色（R53，G182，B224），单击渐变工具 ⬛，在属性栏中选择从前景色到透明的渐变，在图像左上角拖出渐变色，设置图层混合模式为"滤色"，不透明度为70%，如图4-137所示。

图4-135 曲线参数 图4-136 曲线效果 图4-137 渐变填充

15>> 按〈Ctrl+J〉快捷键复制一层，按〈Ctrl+T〉快捷键向左上角缩小图形，设置图层混合模式为"颜色减淡"，不透明度为50%，增强光效，如图4-138所示。

16>> 盖印图层，执行"图像"→"调整"→"色彩平衡"命令，参数设置如图4-139所示。

17>> 按住〈Alt〉键，单击"图层"面板中的"添加蒙版"按钮 ⬛，选中蒙版层，设置前景色为白色，使用画笔工具涂抹人物的嘴唇，还原嘴唇颜色，得到最终效果如图4-140所示。

图4-138 复 图4-139 色彩平衡参数 图4-140 最终
制图层　　　　　　　　　　　　　　效果

4.2.21 匹配颜色

"匹配颜色"命令可以将一个图像与另一个图像的颜色相匹配。除了匹配两张不同图像的颜色，"匹配颜色"命令也可以统一同一幅图像不同图层之间的色彩。

执行"图像"→"调整"→"匹配颜色"命令，可以打开"匹配颜色"对话框，如图4-141所示。

"匹配颜色"对话框中各选项含义如下。

- 目标图像：显示被修改的图像的名称和颜色模式。若当前图像中包含选区，勾选"应用调整时忽略选区"选项，即可忽略选区；取消勾选，则仅影响选中的图像区域。

- 图像选项：设置目标图像的色调和明度。其中"明亮度"可以增加或减少图像的亮度；"颜色强度"可以调整色彩的饱和度；"渐隐"可以控制匹配颜色在目标中的渐隐程度；选中"中和"选项可以消除图像中出现的色偏。

- 图像统计："使用源选区计算颜色"和"使用目标选区计算调整"选项可以定义源图像或目标图像中的选区进行颜色的计算；"源"可选择要将颜色与目标图像中的颜色相匹配的源图像；"图层"用来选择需要匹配颜色的图层。

图4-141 "匹配颜色"对话框

4.2.22 边讲边练——调出黄昏情调

Before　　　　　After

本练习通过制作照片的黄昏情调，讲解使用"匹配颜色"命令调整颜色的操作方法和步骤。

📀 文件路径：源文件\第04章\4.2.22

💿 视频文件：视频\第04章\4.2.22\.MP4

01>> 执行"文件"→"打开"命令，或按〈Ctrl+O〉快捷键，在"打开"对话框中选择素材，单击"打开"按钮，打开素材如图4-142和图4-143所示。

图4-142 人物素材照片　　图4-143 夕阳素材照片

02>> 选择人物照片图像窗口，使之成为当前图像窗口，执行"图像"→"调整"→"匹配颜色"命令，弹出"匹配颜色"对话框。在"源"列表框中，选择夕阳照片作为源图像，如果源图

像具有多个图层，则还需在"图层"列表框中选择颜色匹配的图层，如图4-144所示。

03>> 设置源图像之后，勾选对话框中的"预览"复选框，便可以一边观察目标图像颜色匹配效果，一边拖动"亮度""颜色强度"和"渐隐"滑块，直至得到满意的效果，如图4-145所示。

图4-144 "匹配颜色"　　图4-145 最终效果
对话框

4.2.23 替换颜色命令

"替换颜色"命令可以选中图像中的特定颜色，然后修改其色相、饱和度和明度。该命令包含了颜色选择和颜色调整两种选项，颜色选择方式与"色彩范围"命令基本相同，颜色调整方式则与"色相/饱和度"命令非常相似。

执行"图像"→"调整"→"替换颜色"命令，可以打开"替换颜色"对话框，如图4-146所示。选择对话框中的吸管工具🖉，单击图像中要选择的颜色区域，使该图像中所有与单击处相同或相近的颜色被选中。如果需要选择不同的几个颜色区域，可以在选择一种颜色后，单击"添加到取样"吸管工具🖉，在图像中单击其他需要选择的颜色区域。如果需要在已

有的选区中去除某部分选区，可以单击"从取样中减去"吸管工具🖉，在图像中单击需去除的颜色区域。拖动颜色容差滑块，调整颜色区域的大小。拖动"色相""饱和度"和"明度"滑块，更改所选颜色直至得到满意效果。

图4-146 "替换颜色"对话框

4.2.24 边讲边练——改变衣服颜色

Before　　　　　After

本练习为照片中人物的衣服更换颜色，介绍"替换颜色"命令使用方法和技巧。

📀 文件路径：源文件\第04章\4.2.24

💿 视频文件：视频\第04章\4.2.24.MP4

01≫ 按〈Ctrl+O〉快捷键打开人物照片，如图4-147所示。

02≫ 执行"图像"→"调整"→"替换颜色"命令，弹出"替换颜色"对话框，选择对话框中的吸管工具，单击图像中的蓝色衣服和帽子部分，单击"添加到取样"吸管工具，添加其他需要的部分，如图4-148所示。

图4-147 人物素材照片　　图4-148 "替换颜色"对话框

03≫ 拖动"色相"、"饱和度"和"明度"滑块，更改所选颜色，如图4-149所示。

04≫ 单击"确定"按钮，得到最终效果如图4-150所示。

图4-149 设置替换参数　　图4-150 最终效果

技巧点拨 使用替换颜色对话框中的吸管工具 吸取图像颜色时，如果需要将吸管工具 暂时切换到"添加到取样"工具 ，按住〈Shift〉键不放即可；如果需要切换到"从取样中减去"工具 ，按住〈Alt〉键不放即可。

4.2.25 阴影/高光命令

"阴影/高光"命令特别适合调整由于逆光摄影而形成剪影的照片，针对图片中明显的曝光不足或者曝光过度的区域进行细节调整。

如果使用"亮度/对比度"命令直接进行调整，高光区域会随着阴影区域同时增加亮度而出现曝光过度的情况。而"阴影/高光"命令可以分别对图像的阴影和高光区域进行调节，既不会损失高光区域的细节，也不会损失阴影区域的细节。

执行"图像"→"调整"→"阴影/高光"命令，可以打开"阴影/高光"对话框，如图4-151所示。

图4-151 "阴影/高光"对话框

拖动"阴影"和"高光"两个滑块就可以分别调整图像高光区域和阴影区域的亮度，调整"阴影/高光"示例如图4-152所示。

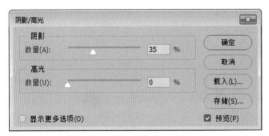　

原照片　　　　　　　阴影/高光调整结果

图4-152 "阴影/高光"调整

专家提示 在打开的"阴影/高光"对话框中，其"数量"文本框的默认设置为50%。在调整图像使其黑色主体变亮时，如果中间调或较亮的区域更改得太多，可以尝试减小阴影的"数量"，使图像中只有最暗的区域变亮。但是如果需要既加亮阴影又加亮中间调，则需将阴影的"数量"增大到100%。

4.2.26 阈值命令

"阈值"命令将灰度或彩色图像转换为高对比度的黑白图像，用户可以指定某个色阶作为阈值，所有比阈值色阶亮的像素转换为白色，而所有比阈值暗的像素转换为黑色，从而得到纯黑白图像。

执行"图像"→"调整"→"阈值"命令，打开"阈值"对话框。该对话框中显示了当前图像像素亮度的直方图，如图4-153所示。

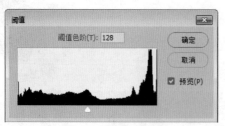

图4-153 "阈值"对话框

以中间值128为基准，亮于该值的颜色越接近白色，暗于该值的颜色越接近黑色。"阈值色阶"越小，图像接近白色的区域越多；反之，图像接近黑色的区域越多。

手把手 4-12 阈值命令

📀 视频文件：视频\第4章\手把手4-12.MP4

01▶ 打开本书配套资源 "源文件\第4章\4.2\4.2.26.jpg"文件，如图4-154所示。

02▶ 执行"图像"→"调整"→"阈值"命令，打开"阈值"对话框。设置"阈值色阶"为120，效果如图4-155所示。

03▶ 设置"阈值色阶"为190，效果如图4-156所示。

图4-154 原图像　　图4-155 阈值=120　　图4-156 阈值=190

4.2.27 边讲边练——制作个人图章

Before　　　　　　After

本实例通过添加"阈值"和"纯色"调整图层，将照片转换成图章效果。

📀 文件路径：源文件\第04章\4.2.27

📀 视频文件：视频\第04章\4.2.27.MP4

01▶ 启动Photoshop，执行"文件"→"新建"命令，在"新建"对话框中设置参数如图4-157所示，单击"确定"按钮。

02▶ 新建"图层1"图层，使用椭圆选框工具 ○，在图像窗口中绘制一个正圆，并填充为黑色，如图4-158所示，按〈Ctrl+D〉快捷键取消选择。

图4-157 新　　图4-158 绘制正圆
建文件

03▶ 双击"图层1"图层，弹出"图层样式"对话框，选择"描边"选项，设置参数如图4-159所示，单击"确定"按钮，效果如图4-160所示。

04▶ 按〈Ctrl+O〉快捷键打开照片素材文件，选择移动工具 ✛，将其添加至图像中，并适当调整

大小和位置，如图4-161所示。

05▶ 按〈Alt+Ctrl+G〉快捷键创建剪贴蒙版，效果如图4-162所示。

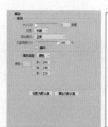

图4-159 "描边"　　　图4-160 描边效果
参数

图4-161 添加照片素材　　图4-162 创建剪贴蒙版

06▶ 单击"创建新的填充或调整图层"按钮 ◐，

在弹出的快捷菜单中选择"阈值",设置参数如图4-163所示,并按〈Alt+Ctrl+G〉快捷键创建剪贴蒙版,效果如图4-164所示。

图4-163 "阈值"参数　　　图4-164 阈值调整效果

07▷▷ 单击"创建新的填充或调整图层"按钮

在弹出的快捷菜单中选择"纯色",在弹出的"拾取实色"对话框中设置颜色为粉红色(R240,G196,B216),单击"确定"按钮,设置图层"混合模式"为"滤色",并按〈Alt+Ctrl+G〉快捷键创建剪贴蒙版,效果如图4-165所示。

08▷▷ 按照同样的操作方法制作另外几张照片的图章效果,完成后效果如图4-166所示。

图4-165 效果图　　　图4-166 最终效果

4.2.28　去色命令

"去色"命令可以对图像进行去色,将彩色图像转换为灰度效果,如图4-167所示,但不改变图像的颜色模式。它会指定给RGB图像中的每个像素相等的红色、绿色和蓝色值,从而得到去色效果。此命令与在"色相/饱和度"对话框中将"饱和度"设置为-100有相同的效果。

图4-167 去色

知识链接　"去色"命令只对当前图层或图像中的选区进行转化,不改变图像的颜色模式。

4.2.29　边讲边练——制作唯美古典风格照片

Before　　After

本练习通过使用"LAB模式"命令、"可选颜色"和"曲线"等调整图层制作照片古典风格效果。

📀 文件路径:源文件\第04章\4.2.29

💿 视频文件:视频\第04章\4.2.29.MP4

01▷▷ 启动Photoshop CC2018,执行"文件"→"打开"命令,打开如图4-168所示的人物素材。按〈Ctrl+J〉快捷键复制"背景"图层,在图层面板中生成"背景副本"图层。

02▷▷ 选择背景副本,执行"图像"→"模式"→"Lab模式"命令,进入通道面板,选择b通道,如图4-169所示。

03▷▷ 执行"图像"→"应用图像"命令,弹出"应用图像"对话框,参数设置如图4-170所示。

04▷▷ 单击"确定"按钮,图像效果如图4-171所示。

图4-168 人物素材　　　图4-169 通道面板

图4-170 "应用图像"
对话框

图4-171 应用图像
效果

05>> 执行"图像"→"模式"→"RGB模式"命令，单击"创建新的填充或调整图层"按钮 ◑ ，在弹出的快捷菜单中选择"可选颜色"选项，在属性面板中设置参数如图4-172所示。

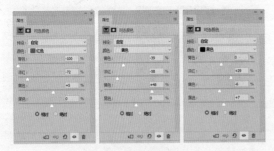

图4-172 "可选颜色"参数

06>> 图像效果如图4-173所示。
07>> 创建"曲线"调整层，参数设置如图4-174所示，图像效果如图4-175所示。

图4-173 可选　　图4-174 曲线　　图4-175 曲线
颜色效果　　　　参数　　　　　效果

08>> 创建"色相/饱和度"调整图层，参数设置如图4-176所示，图像效果如图4-177所示。
09>> 创建"色彩平衡"调整图层，参数设置如图4-178所示，图像效果如图4-179所示。
10>> 创建"曲线"调整图层，参数设置如图4-180所示（其中右边节点值为255和219）。

图4-176 色相/饱和度参数　　　图4-177 色相/
饱和度效果

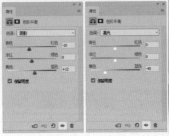

图4-178 色彩平衡参数　　　图4-179 色彩
平衡效果

11>> 图像效果如图4-181所示。

图4-180 曲线参数　　图4-181 曲线效果

12>> 创建"色相/饱和度"调整图层，参数设置如图4-182所示。完成最后效果如图4-183所示。

图4-182 色相/饱和度参数　　　图4-183 最终效果

4.3 实战演练——打造水边唯美少女

Before　　　　　　　After

本实例将介绍如何应用多种调整图层，调出照片的淡蓝色调。

文件路径：源文件\第04章\4.3

视频文件：视频\第04章\4.3.MP4

01▶ 按〈Ctrl+O〉快捷键打开人物照片，如图4-184所示。

图4-184 打开人物素材

02▶ 创建"曲线"调整图层，参数设置如图4-185所示。

图4-185 曲线参数

03▶ 回到"图层"面板，选中蒙版层，设置前景色为黑色，运用画笔工具涂抹人物脸部和衣服，还原脸部和衣服颜色，效果如图4-186所示。

图4-186 编辑图层蒙版

04▶ 创建"色彩平衡"调整层，设置参数如图4-187所示，图像效果如图4-188所示。

05▶ 创建"色彩平衡"调整层，参数如图4-189所示，图像效果如图4-190所示。

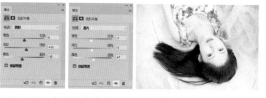

图4-187 色彩平衡参数　　图4-188 色彩平衡效果

图4-189 色彩平衡参数

图4-190 色彩平衡效果

06▶ 按〈Shift+Ctrl+Alt+E〉快捷键，盖印图层，执行"滤镜"→"其他"→"高反差保留"命令，设置"半径"为10像素，将图层混合模式改为"柔光"增强人物清晰度，如图4-191所示，盖印图层。

07▶ 按〈Ctrl+N〉快捷键，新建一个2000*13000像素，分辨率为100像素/英寸的文档，设置前景色为青色（R6，G181，B217），将人物拖入画面中，调整好大小和位置，单击图层面板中的"添加图层蒙版"按钮 ▣ 。选中蒙版层，设置前景色为黑色，运用画笔工具涂抹人物右下角，渐隐图像，如图4-192所示。

图4-191 更改图层属性

图4-192 添加蒙版

08▷▷ 打开水素材，拖入画面中，按〈Ctrl+T〉快捷键，调整好大小和位置。按〈Ctrl+Alt+2〉快捷键，载入高光选区，选择矩形选框工具，按住〈Alt〉键，框选水面以外的图形，减去水以外图形的选择，如图4-193所示。

图4-193 添加水素材

09▷▷ 新建一个图层，命名为"泛光"，设置前景色为白色，按〈Alt+Delete〉快捷键，填充白色，按〈Ctrl+D〉快捷键，取消选区，将混合模式改为"滤色"，按〈Ctrl+T〉快捷键，压窄水面，添加图层蒙版，选择蒙版图层，单击工具箱中的渐变工具 ▣ ，在选项栏中选择"铜色渐变"，在水面上拖出渐变，如图4-194所示。

10▷▷ 选择水图层，设置混合模式为"滤色"不透明度为70%，效果如图4-195所示。

图4-194 添加泛光效果

图4-195 更改图层属性

11▷▷ 创建"色彩平衡"调整图层，参数设置如图4-196所示。单击属性面板下面的"从调整剪切到此图层"按钮 ▣ ，图像效果如图4-197所示。

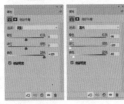
图4-196 色彩平衡参数

图4-197 色彩平衡效果

12▷▷ 创建"亮度/对比度"调整图层，参数设置如图4-198所示。单击属性面板下面的"从调整剪切到此图层"按钮 ▣ ，增加水的对比度。图像效果如图4-199所示。

图4-198 亮度/对比度参数

图4-199 亮度/对比度效果

13▷▷ 按住〈Ctrl〉键单击"水"图层缩览图，将水图层载入选区，新建一个图层，命名为"暗调"，按〈Ctrl+Shift+]〉快捷键，放置到最顶层，设置前景色为蓝色（R21，G141，B208），运用柔角画笔，在水面上涂抹，设置图层混合模式为"正片叠底"，不透明度为50%，如图4-200所示。

14▷▷ 打开花底素材，拖入画面中，调整好大小放置到画面右上角，添加图层蒙版，运用画笔工具，渐隐图形，设置混合模式为"滤色"，不透明度为50%，如图4-201所示。

图4-200 增强水面暗调

图4-201 添加花底素材

15▷▷ 创建"亮度/对比度"调整层，参数如图4-202所示，并单击属性面板下面的"从调整剪切到此图层"按钮 ▣ ，同样的方法建立"色彩平衡"调整层，参数如图4-203所示。

图4-202 亮度/对比度参数　　图4-203 色彩平衡参数

16▷▷ 创建"曲线"调整层，参数如图4-204所示。将花底素材颜色与画面色调统一，图像效果如图4-205所示。

图4-204 曲线参数　　　　图4-205 调色效果

17》 打开婚纱素材，拖入画面右上角，调整好大小和位置，并添加图层蒙版，运用画笔工具渐隐图形，使之与画面融合，如图4-206所示。

18》 新建一个名为"光斑"的图层，运用柔角画笔工具，按〈[〉或〈]〉键，调整画笔大小，在图形右上角绘制光斑，如图4-207所示。

图4-206 添加婚纱素材　　　图4-207 绘制光斑

19》 新建一个图层，运用矩形选框工具，在中间位置框选出一个矩形，填充蓝色（R21，G141，B208），设置混合模式为"正片叠底"，添加图层蒙版，运用画笔工具在画面中涂抹，加深水面的暗调，如图4-208所示。

20》 盖印图层，设置图层混合模式为"正片叠底"，不透明度为15%，如图4-209所示。

图4-208 增加暗调　　　　图4-209 增加暗调

21》 打开帆船、鸟和星光素材，如图4-210所示。

图4-210 打开素材

22》 运用磁性套索工具套出船和鸟，拖入画面中，并调整好大小和位置，统一色调，将星光拖入画面中，调整好位置，图像效果如图4-211所示。

23》 盖印图层，按〈Ctrl+T〉快捷键，进入自由变换状态，单击右键，选择"垂直翻转"选项，添加图层蒙版，选择蒙版层按〈Ctrl+I〉快捷键进行反相，设置前景色为白色，运用画笔涂抹人物头部和头发，还原人物，将图层放置到水图层下面，如图4-212所示。

图4-211 添加素材　　　　图4-212 添加倒影

24》 在鸟和帆船图层下面新建一个图层，命名为"加深"，设置前景色为蓝色，图层混合模式为正片叠底，运用画笔工具涂抹倒影和水面与婚纱相接的位置，加深水面暗调，得到最终效果如图4-213所示。

图4-213 最终效果

4.4 习题——制作变色六连拍

本实例中将为照片添加不同参数的"色彩平衡"调整图层，并分别添加剪贴蒙版，制作出变色六连拍。

文件路径：源文件\第04章\4.4

视频文件：视频路径：视频\第4章\4.4.MP4

操作提示：

01》 新建一个空白文件。

02》 添加照片素材。

03》 添加"色彩平衡"调整图层。

04》 创建剪贴蒙版。

第5章

百变路径
——矢量工具与路径

　　Photoshop中的钢笔和形状等矢量工具可以创建不同类型的对象，包括形状图层、工作路径和像素图形。路径可以非常容易地转换为选区、填充颜色或图案、描边等，也是在抠图中常用到的工具。

　　本章将详细介绍创建和编辑路径的方法，以及路径在图像处理中的应用方法和技巧。

5.1 了解路径和路径面板

通过路径可以创建复杂的直线段和曲线段，它常常用于辅助抠图和绘制矢量图形。下面首先介绍路径和路径面板，以及它们之间的关系。

5.1.1 认识路径

路径是可以转换为选区或者使用颜色填充和描边的轮廓，按照形态分为开放路径、闭合路径以及复合路径。

如图5-1所示为开放路径，即起始锚点和结束锚点未重合的路径。

如图5-2所示为闭合路径，即起始锚点和结束锚点重合为一个锚点，呈闭合状态的路径。

如图5-3所示为复合路径，是由两个独立的路径相交、相减等模式创建为一个新的复合状态路径。

图5-1 开放路径　　图5-2 闭合路径　　图5-3 复合路径

> **专家提示** 路径是矢量对象，它不包含像素，因此，没有进行填充或描边处理的路径是不能被打印出来的。

首先来熟悉路径的组成部分，路径是由一个或多个直线路径段或者曲线路径段组成的，而用来连接这些路径段的对象便是锚点。锚点分为两种：一种是平滑点，另外一种是角点。平滑点连接可以形成平滑的曲线，而角点连接则可以形成直线或者转角曲线，如图5-4所示。

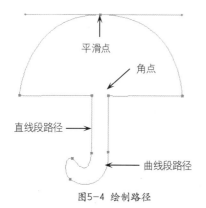

平滑点

角点

直线段路径

曲线段路径

图5-4 绘制路径

曲线路径段上的锚点都包含有方向线，方向线的端点为方向点，如图5-5所示。方向线和方向点的位置决定了曲线的曲率和形状，移动方向点能够改变方向线的长度和方向，从而改变曲线的形状。当移动平滑点上的方向线时，要同时调整平滑点两侧的曲线路径段，如图5-6所示；而移动角点上的方向线时，则只调整与方向线同侧的曲线路径段，如图5-7所示。

方向点

方向线

图5-5 方向线和　　图5-6 移动平滑　　图5-7 移动角点
　方向点　　　　点上的方向线　　　上的方向线

5.1.2 认识路径面板

路径面板用于保存和管理路径，在面板中显示了当前工作路径、存储的路径以及当前矢量蒙版的名称和缩览图。执行"窗口"→"路径"命令，可以打开路径面板，如图5-8所示。在图像中绘制路径后，在路径面板中会自动生成一个临时的工作路径，可以对其进行填充、描边、转换为选区等各项操作。

单击路径面板右上方的 ▤ 按钮，可打开路径面板菜单，如图5-9所示。

图5-8 路径面板　　　　图5-9 面板菜单

路径面板中各选项含义如下。
- 路径：当前文件中包含的路径。
- 工作路径：当前文件中包含的临时路径。工作路径是出现在路径面板中的临时路径，如果没有存储便取消对它的选择（在路径面板空白处单击可取消对工具路径的选择），再绘制新的路径时，原工作路径将被新的工作路径替换。
- 形状路径：当前文件中包含的矢量蒙版。

▶ 用前景色填充路径 ●：用前景色填充路径区域。
▶ 用画笔描边路径 ○：用画笔工具 ✎ 对路径进行描边。
▶ 将路径作为选区载入 ∷：将当前选择的路径转换为选区。
▶ 从选区生成工作路径 ◇：从当前选择的选区中生成

工作路径。
▶ 创建新路径 ▣：单击路径面板"创建新路径"按钮 ▣，可以创建新的路径。
▶ 删除当前路径 🗑：单击删除当前路径按钮 🗑，可以删除当前选择的路径。

5.2 绘制路径

钢笔工具是 Photoshop 中非常强大的绘图工具，它主要用于绘制矢量图形和选取对象。Photoshop CC2018 钢笔工具组包括 6 个工具：钢笔工具、自由钢笔工具、弯度钢笔工具、添加锚点工具、删除锚点工具、转换点工具，如图 5-10 所示，可用于绘制路径、更改路径、增加锚点、删除锚点及转换锚点类型，其中"弯度钢笔工具"是 Photoshop CC2018 新增工具。

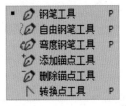

图5-10 路径工具组

▶ ⬠ 钢笔工具：最常用的路径工具，可以创建光滑而复杂的路径。
▶ ⬠ 自由钢笔工具：可以在单击并拖动鼠标时创建路径。
▶ ⬠ 弯度钢笔工具：可以无须切换工具就能创建、切换、编辑、添加或删除平滑点或角点。
▶ ⬠ 添加锚点工具：可以为已经创建的路径添加锚点。
▶ ⬠ 删除锚点工具：可以将路径中的锚点删除。
▶ ⬠ 转换点工具：用于转换锚点的类型，可以将路径的圆角转换为尖角，或将尖角转换为圆角。

5.2.1 钢笔工具

钢笔工具 ⬠ 是绘制和编辑路径的常用工具，它主要用于绘制矢量图形和选取对象。

钢笔工具选项栏如图 5-11 所示。

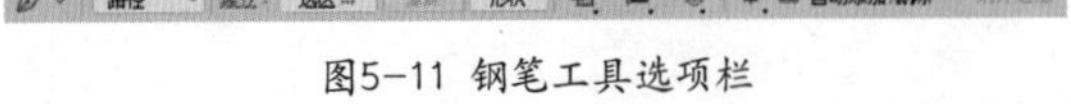

图5-11 钢笔工具选项栏

选择钢笔工具后，可以在工具选项栏中设置各项参数。单击 ⚙ 按钮，可以打开钢笔选项下拉面板。在面板中可设置路径粗细和颜色，还有一个"橡皮带"选项，如图5-12所示。

图5-12 "橡皮带"选项

选择"橡皮带"选项后，在绘制路径时可以预先看到将要创建的路径段，从而可以判断出路径的走向，如图5-13所示。

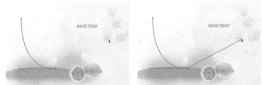

未选择"橡皮带"选项　　选择"橡皮带"选项

图5-13 "橡皮带"选项

选择"路径操作" ⬚ 选项，弹出"路径操作"下拉菜单，如图5-14所示。

图5-14 路径操作

路径操作各选项如下。

▶ 新建图层 ▣：可以创建新的路径层。
▶ 合并形状 ▣：在原路径区域的基础上添加新的路径区域。
▶ 减去顶层形状 ▣：在原路径区域的基础上减去路径区域。
▶ 与形状区域相交 ▣：新路径区域与原路径区域的交

叉区域为新的路径区域。

- 排除重叠形状 ▣：原路径区域与新路径区域不相交的区域为最终的路径区域。
- 合并形状组件 ▣：可以合并重叠的路径组件。

手把手 5-1 钢笔工具
视频文件：视频\第5章\手把手5-1.MP4

01》 打开本书配套资源中"源文件\第5章\5.2\5.2.1\背景.psd"文件，如图5-15所示。

02》 在工具箱中选择钢笔工具 ▣，在选项栏路径操作列表中选择"合并形状"▣选项，在画布中绘制闭合路径，如图5-16所示。

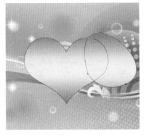

图5-15 打开文件　　　图5-16 合并形状

03》 在选项栏中选择"减去顶层形状"▣选项，效果如图5-17所示。

04》 选择"与形状区域相交"▣选项，效果如图5-18所示。

图5-17 减去顶层形状　　图5-18 与形状区域相交

05》 选择"排除重叠形状"▣选项，绘制效果如图5-19所示。

06》 选择"合并形状组件"▣选项，绘制效果如图5-20所示。

图5-19 排除重叠形状　　图5-20 合并形状组件

5.2.2 绘制直线和曲线路径

选择钢笔工具 ▣.后，选择选项栏"路径"选项，依次在图像窗口单击以确定路径各个锚点的位置，锚点之间将自动创建一条直线型路径。

手把手 5-2 绘制直线和曲线路径
视频文件：视频\第5章\手把手5-2.MP4

01》 打开本书配套资源中"源文件\第5章\5.2\5.2.2.jpg"文件，如图5-21所示。

02》 在工具箱中选择钢笔工具，在选项栏中选择"路径"选项，在画面中绘制直线路径，如图5-22所示。

图5-21 打开背景图　　图5-22 绘制直线路径

03》 如果在单击添加路径锚点时按住鼠标并拖动，可绘制曲线型路径，如图5-23所示。

04》 继续绘制曲线路径，完成图形，如图5-24所示。

图5-23 绘制曲线路径　　图5-24 完成图形

技巧点拨 在建立直线路径的过程中，按住〈Shift〉键，可以绘制水平线段、垂直线段或45°倍数的斜线段。

5.2.3 边讲边练——可爱的橘子笑脸

本实例使用钢笔工具、铅笔工具绘制直线和曲线，制作以形状和符号为主的个性可爱橘子笑脸。

🔘 文件路径：源文件\第05章\5.2.3

🎬 视频文件：视频\第05章\5.2.3.MP4

01» 按〈Ctrl+O〉快捷键，弹出"打开"对话框，选择本书配套资源"源文件\第5章\5.2\5.2.3\素材1.jpg"文件，单击"打开"按钮打开素材。选择魔棒工具 ✒️，单击白色背景区域，按〈Ctrl+Shift+I〉快捷键反选选区，选择橘子图像，如图5-25所示。

02» 打开一张草地素材，将抠出来的橘子放入草地中，调整好位置以及大小，如图5-26所示。

03» 选择钢笔工具 ✍️，在工具选项栏中选择"路径"选项，绘制如图5-27所示路径。

图5-25 抠出橘子　　图5-26 添加草地　　图5-27 绘制笑脸

04» 选择钢笔工具 ✍️，在钢笔工具选项栏中选择"形状"选项，分别绘制出嘴巴和手部分，效果如图5-28和图5-29所示。

图5-28 绘制嘴巴　　　　图5-29 绘制手

05» 单击工具选项栏"填充"图标，为嘴巴填充（R65，G4，B4）颜色，为舌头填充（R152，G18，B18）颜色，为手填充白色。选择路径选择工具 ▶️，选中路径并按住〈Alt〉键拖动复制一

份，按〈Ctrl+T〉快捷键进入自由变换状态，执行"编辑"→"变换"→"水平翻转命令"，调整好大小以及位置，效果如图5-30所示。

06» 选择铅笔工具 ✏️，在工具选项栏中设置大小为2像素，硬度100%，颜色为黑色。在图像中选中路径，单击右键弹出快捷菜单，选择"描边路径"选项，如图5-31所示。

图5-30 填充效果　　　　图5-31 描边路径

07» 在弹出的"描边路径"对话框中，选择"铅笔"为描边工具，单击"确定"按钮。完成后效果如图5-32所示。

08» 打开添加耳机素材，调整耳机的大小和位置，最终效果如图5-33所示。

图5-32 描边效果　　　　图5-33 最终效果

5.2.4 自由钢笔工具

自由钢笔工具 ✍️ 以徒手绘制的方式建立路径。在工具箱中选择该工具，移动光标至图像窗口中进行拖动，如使用画笔工具创建路径，释放鼠标后，光标所移动的轨迹即为路径。在绘制路径的过程中，系统

会自动根据曲线的走向添加适当的锚点和设置曲线的平滑度。

选择自由钢笔工具 ✍️，在选项栏的自由钢笔选项面板中可以定义自由钢笔绘制路径的磁性选项和钢笔压力等，如图5-34所示。

图5-34 自由钢笔工具选项面板

手把手5-3 自由钢笔工具

视频文件：视频\第5章\手把手5-3.MP4

01》 打开本书配套资源中"源文件\第5章\5.2\5.2.4.jpg"文件，如图5-35所示。

02》 选择自由钢笔工具 ，在画面中沿着灯泡边绘制路径，如图5-36所示。

03》 选中选项栏中的"磁性的"复选框，自由钢笔工具也具有了和磁性套索工具 一样的磁性功能，在单击确定路径起始点后，沿着图像边缘移动光标，系统会自动根据颜色反差建立路径，如图5-37所示。

图5-35 打开素材　　图5-36 绘制路径　　图5-37 选中"磁性的"复选框后建立路径

技巧点拨 在绘制路径的过程中，按下〈Delete〉键可删除上一个添加的锚点。

5.2.5 弯度钢笔工具

弯度钢笔工具 是Photoshop CC2018新增的功能，可让用户更加轻松地绘制平滑曲线和直线段。使用这个直观的工具，可以在创作中创建自定义形状，或定义精确的路径。在执行该操作的时候，无须切换工具就能创建、切换、编辑、添加或删除平滑点或角点。平滑点转为角点，只需双击该点。

手把手5-4 弯度钢笔工具

视频文件：视频\第5章\手把手5-4.MP4

01》 打开本书配套资源中"源文件\第5章\5.2\5.2.4.jpg"文件，如图5-38所示。

02》 在工具箱中选择弯度钢笔工具 ，在选项栏中选择"路径"选项，在画面中单击绘制3个锚点，即自动生成曲线，如图5-39所示。

图5-38 打开图像　　图5-39 绘制路径

03》 在一个点上双击即可将圆角转换为尖角，如图5-40所示。再次双击便可转换为圆角。

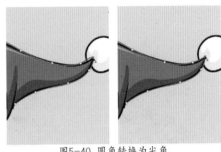

图5-40 圆角转换为尖角

04》 单击锚点并拖动鼠标即可调整位置，编辑曲线，如图5-41所示。

05》 在路径上单击即可添加锚点，如图5-42所示。

 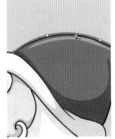

图5-41 拖动锚点　　图5-42 添加锚点

5.3 编辑路径

使用钢笔工具绘制图像或者临摹对象的轮廓，有时不能一次就绘制精确，因此，需要在绘制完成后，通过对锚点和路径的编辑来达到满意的效果。

5.3.1 选择与移动路径

Photoshop提供了两个路径选择工具：路径选择工具 ▶，和直接选择工具 ▷。

路径选择工具 ▶，用于选择整条路径。移动光标至路径区域内任意位置单击鼠标，路径所有锚点即被选中（以黑色实心显示），此时在路径上方拖动鼠标可移动整个路径。如果当前的路径有多条子路径，可按住〈Shift〉键依次单击，以连续选择各子路径。或者拖动鼠标拉出一个虚框，与框交叉和包围的所有路径都将被选择。

手把手 5-5 ▎ 选择路径
视频文件：视频\第5章\手把手5-5.MP4

01≫ 打开本书配套资源中"源文件\第5章\5.3\5.3.1\水果.psd"文件，如图5-43所示。

02≫ 选择工具箱中的路径选择工具 ▶，单击较大的藤叶形状，即选择整条藤叶路径，如图5-44所示。

03≫ 拖动拉出选择框，可选择多条子路径如图5-45所示。

图5-43 打开文件　　　　图5-44 选择整条路径

04≫ 按〈Ctrl+Enter〉快捷键，将路径转换为选区，填充渐变色，如图5-46所示。

图5-45 框选多条子路径　　　图5-46 填充渐变色

在选择多条子路径后，使用工具选项栏对齐和分布按钮可对子路径进行对齐和分布操作，单击"组合"按钮则可按照各子路径的相互关系进行组合。

专家提示 按住〈Alt〉键移动路径，可在当前路径内复制子路径。如果当前选择的是直接选择工具 ▷，按住〈Ctrl〉键，可切换为路径选择工具 ▶。

使用直接选择工具 ▷，可以对路径中某个或某几个锚点进行调整。选择直接选择工具 ▷，移动光标至该锚点所在路径上单击，以激活该路径，激活路径的所有锚点都会以空心方框显示。然后再移动光标至锚点上单击，即可选择该锚点，此时若拖动鼠标即可移动该锚点。

专家提示 按住〈Shift〉键，可连续单击选择多个锚点。若拖动鼠标拉出一个虚框，可选择框内的所有锚点。按住〈Alt〉键拖动，可复制路径。

使用直接选择工具 ▷，选择路径段并拖动，可移动路径中的路径段，按下〈Delete〉键可删除该路径段。

手把手 5-6 ▎ 移动路径
视频文件：视频\第5章\手把手5-6.MP4

05≫ 打开本书配套资源中"源文件\第5章\5.3\5.3.1\心.psd"文件，如图5-47所示。

06≫ 选择工具箱中的直接选择工具 ▷，选中心形路径，如图5-48所示。

07≫ 选中下方锚点，拖动至合适位置，如图5-49所示。

图5-47 打开文件　图5-48 选中路径　图5-49 移动锚点

08≫ 拖动锚点之间的控制柄，可以改变曲线弧度，如图5-50所示。

09≫ 选中下方的锚点，按〈Delete〉键可以删除此路径段，效果如图5-51所示。

图5-50 调整曲线形状　　图5-51 删除路径段

5.3.2 添加和删除锚点

使用添加锚点工具 ⌀，和删除锚点工具 ⌀，可添加和删除锚点。

手把手 5-7 ▎ 添加和删除锚点
视频文件：视频\第5章\手把手5-7.MP4

01≫ 打开本书配套资源中"源文件\第5章\5.3\5.3.2\雪.psd"文件，如图5-52所示。

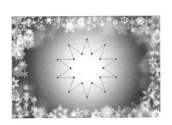

图5-52 打开素材

02▷ 选择工具箱中的添加锚点工具 ⬧，在星形路径上添加锚点并拖动，效果如图5-53所示。

03▷ 选择工具箱中的删除锚点工具 ⬧，在图形路径上的锚点处单击，可删除锚点，效果如图5-54所示。

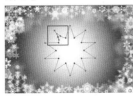 

图5-53 添加锚点 　　　 图5-54 删除锚点

　　使用钢笔工具 ⬧ 时，移动光标至路径上的非锚点位置，钢笔工具会自动切换为添加锚点工具 ⬧；若移动光标至路径锚点上方，则自动切换为删除锚点工具 ⬧。

专家提示　使用删除锚点工具 ⬧ 删除锚点和直接按〈Delete〉键删除是完全不同的，使用删除锚点工具 ⬧ 删除锚点不会切断路径，而按〈Delete〉键会同时删除锚点两侧的线段，从而切断路径。

5.3.3 转换锚点类型

　　使用转换点工具 ⬈ 可轻松完成平滑点和角点之间的相互转换。锚点共有两种类型：平滑点和角点。平滑曲线由平滑锚点组成，其锚点两侧的方向线在同一条直线上。角点则组成带有拐角的曲线。

　　在工具箱中选择转换点工具 ⬈，然后移动光标至平滑点上单击，即可将该平滑点转换为没有方向线的角点，如图5-55所示。若要将角点转换为平滑点，只需移动光标至角点上单击并拖动鼠标即可，如图5-56所示。

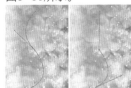

图5-55 转换平滑点为角点 　 图5-56 转换角点为平滑点

技巧点拨　使用钢笔工具 ⬧ 时，按住〈Alt〉键可切换为转换点工具 ⬈。

5.3.4 复制路径

1. 在面板中复制

　　将需要复制的路径拖动至"新建路径"按钮 ⬚，或用鼠标右键单击该路径，从弹出菜单中选择"复制路径"命令即可。

2. 在路径上复制

　　选择直接选择工具 ⬈，在按住〈Alt〉键的同时拖动路径，可以复制路径。

3. 通过剪切板复制

　　用路径选择工具选择画面中的路径后，执行"编辑"→"拷贝"命令，可以将路径复制到剪贴板中。复制路径后，执行"编辑"→"粘贴"命令，可粘贴路径。如果在其他打开的图像中执行粘贴命令，则可将路径粘贴到其他图像中。

手把手5-8 通过剪切板复制路径

视频文件：视频\第5章\手把手5-8.MP4

01▷ 打开本书配套资源中"源文件\第5章\5.3\5.3.4\红花.psd"文件，选择路径面板，单击工作路径将其路径激活，按〈Ctrl+C〉键复制路径，如图5-57所示。

图5-57 打开并激活路径

02▷ 打开白花素材，切换到路径面板，单击面板新建路径按钮，按〈Ctrl+V〉快捷键粘贴路径，如图5-58所示。

03▷ 按〈Ctrl+Enter〉快捷键载入选区，按〈Ctrl+Shift+I〉快捷键反选选区，并填充白色，结果如图5-59所示。

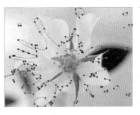 

图5-58 粘贴路径 　　　 图5-59 填充颜色

5.3.5 保存路径

使用钢笔工具或形状工具创建路径时，新的路径作为"工作路径"出现在路径面板中。工作路径是临时路径，必须进行保存，否则当再次绘制路径时，新路径将代替原工作路径。

保存工作路径方法如下：

首先在路径面板中单击选择"工作路径"为当前路径，然后执行下列操作之一以保存工作路径。

▶ 拖动工作路径至面板底端"创建新路径"按钮 。
▶ 单击面板右上角 按钮，从弹出面板菜单中选择"存储路径"命令。
▶ 在路径面板中双击工作路径。
▶ 工作路径保存之后，在路径面板中双击该路径名称位置，可为新路径命名。

5.3.6 删除路径

在路径面板中选择需要删除的路径后，单击"删除当前路径"按钮 ，或者执行面板菜单中的"删除路径"命令，即可将其删除。也可将路径直接拖至该按钮上删除。用路径选择工具 选择路径后，按〈Delete〉键也可以将其删除。

5.3.7 路径与选区转换

路径与选区可以相互转换，即路径可以转换为选区，选区也可以转换为路径。

无论是使用套索工具、多边形套索工具，还是磁性套索工具，都不能建立光滑的选区边缘，而且选区范围建立后很难再进行调整。而路径则不同，它由各个锚点组成，可随时进行调整，使用方向线可控制各曲线段的平滑度。所用路径在制作复杂、精密的图像选区方面具有无可比拟的优势。

要将当前选择的路径转换为选择区域，单击路径面板底部的将"路径作为选区载入"按钮 即可。

此外，选区也可以转换为路径。建立选区后，单击面板右上角 按钮，从弹出面板菜单中选择"建立工作路径"命令，可以在弹出的"建立工作路径"对话框"容差"文本框中设置路径的平滑度，如图5-60所示，取值范围为0.5～10像素，单击"确定"按钮即可得到所需的路径。

图5-60 "建立工作路径"对话框

5.3.8 关闭与隐藏路径

路径面板和图层面板一样，以分组的形式显示各个路径。选择路径选择工具 ，单击选择其中的某个路径，该路径即成为当前路径而显示在图像窗口中，未显示的路径处于关闭状态，任何编辑路径的操作将只对当前路径有效。这时如果在图像窗口中继续添加路径，那么新增路径将成为当前路径的子路径（一条路径可以有多条子路径）。

若想关闭当前路径，单击路径面板空白处即可，路径关闭后即从图像窗口中消失。

> **专家提示** 按〈Ctrl＋H〉快捷键，可隐藏图像窗口中显示的当前路径，但当前路径并未关闭，编辑路径操作仍对当前路径有效。

5.3.9 边讲边练——制作个性广告海报

本实例使用钢笔工具、路径选择工具、直接选择工具等工具绘制和编辑路径，制作以形状和符号为主的个性广告海报。

📀 文件路径：源文件\第05章\5.3.9

📹 视频文件：视频\第05章\5.3.9.MP4

01▷ 按〈Ctrl＋N〉快捷键，弹出"新建"对话框，设置宽度15厘米，高10厘米，分辨率为200像素/英寸，单击"确定"按钮，新建图像。
02▷ 选择渐变工具 ，在工具选项栏中单击渐

变条，打开"渐变编辑器"对话框，设置左端色标(R247＼G202＼B66)，中间色标(R241＼G115＼B36)，右端色标 (R243＼G86＼B80)，填充径向渐变，如图5-61所示。

图5-61 填充径向渐变

并填充相应的颜色。

08》 运用同样的方法绘制出所有彩色扇形，并填充相应的颜色。新建一个图层，选择画笔工具 ✎，颜色设置为白色，为彩色扇形添加光点，调整笔触和大小绘制不同的光点，如图5-67所示。

03》 选择钢笔工具 ✎，在工具选项栏中选择"形状"选项，绘制如图5-62所示形状，设置填充颜色为黑色。

04》 按〈Ctrl+O〉快捷键打开"树"素材，执行"选择"→"色彩范围"命令，打开"色彩范围"对话框，用吸管工具选择素材白色部分，设置色容差为95。关闭对话框后按〈Ctrl+I〉快捷键反选，按住〈Ctrl〉键拖入到文件中。运用同样的方法添加其他素材，如图5-63所示。

图5-64 绘制草地

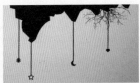

图5-65 绘制挂饰

图5-62 绘制形状

图5-63 添加树素材

图5-66 绘制扇形

图5-67 绘制彩色扇形

05》 新建一个图层，选择画笔工具，按〈F5〉快捷键弹出"画笔"对话框，设置大小抖动为100%，角度抖动为15%，散布56%，数量为4，关闭画笔对话框，在画面中绘制草，如图5-64所示。

06》 选择工具箱自定义形状工具 ✿，在工具栏选项中选择相应形状，绘制如图5-65所示的图形，按〈Ctrl+Enter〉快捷键将其转换为选区，填充黑色，调整好位置和大小，最后绘制直线完成效果。

07》 绘制彩色光圈，单击钢笔工具，在工具栏选项中单击形状按钮，绘制扇形轮廓如图5-66所示，

09》 绘制心形 ♥ 自定义形状，填为白色，复制一份填充为绿色（R95＼G212＼B94），移动至中间。再复制一份填充颜色为浅绿色（R52＼G245＼B70），双击图层弹出"图层样式"对话框，勾选描边，设置大小为1像素，完成效果如图5-68所示。

10》 打开"彩带"素材，拖入画面，放置到背景图层上面，最终效果如图5-69所示。

图5-68 绘制心形

图5-69 最终效果

5.4 使用形状工具

Photoshop 提供了矩形工具 ▭、圆角矩形工具 ▢、椭圆工具 ◯、多边形工具 ⬡、直线工具 ╱ 和自定义形状 ✿ 等形状工具，使用这些工具可以创建各种基本形态和复杂形态的任意形状。

5.4.1 矩形工具

使用矩形工具 ▭ 可绘制出矩形、正方形的形状、路径或填充区域，使用方法也比较简单。选择工具箱中的矩形工具 ▭，在选项栏中适当设置各参数，移动光标至图像窗口中进行拖动，即可得到所需的矩形路径或形状。

矩形工具位于工具箱形状工具组中，如图5-70

所示，在使用矩形工具前应适当地设置绘制的内容和绘制方式。

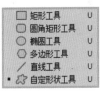

▭ 矩形工具	U
▢ 圆角矩形工具	U
◯ 椭圆工具	U
⬡ 多边形工具	U
╱ 直线工具	U
✿ 自定义形状工具	U

图5-70 形状工具组

此外，单击选项栏"几何选项"下拉按钮▼，可以打开如图5-71所示的"矩形工具"选项栏，在该选项栏中可控制矩形的大小和长宽比例。

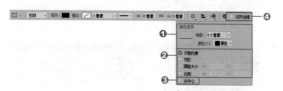

图5-71 矩形工具选项栏

❶ 路径选择：定义绘制路径的粗细和颜色。
❷ 矩形选项：定义矩形的创建方式。
❸ 从中心：从中心绘制矩形。
❹ 对齐边缘：将边缘对齐像素边缘。

> **专家提示** "固定大小"选项用于约束形状路径的长度或宽度，"比例"选项用于约束形状路径的相对比例。

手把手 5-9 ▎ 矩形工具

视频文件：视频\第5章\手把手5-9.MP4

01>> 打开本书配套资源中"源文件\第5章\5.4\花纹.jpg"文件，如图5-72所示。
02>> 选择工具箱中的矩形工具 □.，在画面中绘制矩形，如图5-73所示。

图5-72 打开背景图　　图5-73 创建不受约束矩形

03>> 若在画布中单击，则会弹出"创建矩形"对话框，在对话框中设置矩形的长和宽为178像素，单击"确定"按钮，可创建如图5-74所示的正方形。
04>> 选择"填充"选项，在弹出的填充下拉面板中设置填充色为渐变，选择"描边"选项，设置描边颜色为黑色，效果如图5-75所示。

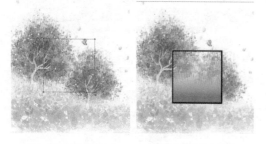

图5-74 创建正方形　　图5-75 填充渐变色

5.4.2 圆角矩形工具

圆角矩形工具 □.用于绘制圆角的矩形，选择该工具后，在画面中单击并拖动鼠标，可以创建圆角矩形，按住〈Shift〉键拖动鼠标可创建正圆角矩形。

在绘制之前，可在选项栏"半径"框中设置圆角的半径大小，如图5-76所示。如图5-77所示为分别设置半径为5像素、10像素和20像素时创建的圆角矩形，圆角矩形的半径值越大，得到的矩形边角就越圆滑。

图5-76 圆角矩形工具选项栏

图5-77 圆角矩形

手把手 5-10 ▎ 设置圆角矩形

视频文件：视频\第5章\手把手5-10.MP4

01>> 打开本书配套资源中"源文件\第5章\5.4\全家福.jpg"文件，如图5-78所示。
02>> 选择工具箱中的圆角矩形工具 □.，在画面中单击，在弹出的"创建圆角矩形"对话框中设置参数，如图5-79所示。

图5-78 打开图像　　图5-79 创建圆角矩形参数

03>> 单击"确定"按钮，创建圆角矩形，调整位置，如图5-80所示。
04>> Photoshop会自动弹出"属性"面板，记录了创建圆角矩形的参数，如图5-81所示，在其中可以修改参数，创建的圆角矩形形状性质也随之改变，如图5-82所示。
05>> 单击属性面板中的"将角半径值链接在一起"按钮 ∞，便可单独设置每一个角的圆角半径参数，更改参数之后的圆角矩形形状如图5-83所示。

图5-80 创建圆角矩形　　　　图5-81 原参数　　　　图5-82 修改参数　　图5-83 更改参数之后的圆角矩形

5.4.3 边讲边练——制作水晶按钮

本实例通过使用圆角矩形工具和图层样式功能，制作网页和界面设计中常用的水晶按钮。

文件路径：源文件\第05章\5.4.3

视频文件：视频\第05章\5.4.3.MP4

01▷ 新建一个560像素×360像素大小的空白文件，如图5-84所示。选择圆角矩形工具 ▢ ，在工具选项栏中选择"形状"选项，设置填充色为(R176，G193，B185)，"半径"为25像素，在画布中绘制一个圆角矩形。

02▷ 右击图层，在弹出的快捷菜单中选择"混合选项"选项，在弹出的"图层样式"对话框中选择"斜面和浮雕"，设置深度100%，大小为6像素，角度127；单击"投影"，设置距离为5像素，扩展为0，大小为5，效果如图5-85所示。

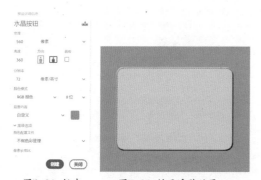

图5-84 新建　　　　图5-85 斜面浮雕效果
文件

03▷ 运用同样的方法绘制第二层，填充颜色(R12，G99，B0)，右击图层，在弹出的快捷菜单中选择"混合选项"选项，在弹出的"图层样式"对话框中选择"斜面和浮雕"，设置样式为"外斜面"，深度为260%，大小6像素。单击"描边"选项，设置大小为30像素，颜色为黑色。再绘制一个圆角矩形，填充颜色设置为(R102，G192，B90)，完成后效果如图5-86所示。

04▷ 新建一个图层绘制按钮高光效果。选择画笔工具 ✐ ，笔触设置为"柔边圆"，绘制一个光点，移动至左上角调整好位置。按住〈Ctrl〉键单击第一个图层建立选区，按〈Ctrl+Shift+I〉快捷键反选，回到光点图层按〈Delete〉键删除多余部分，如图5-87所示。

图5-86 绘制图形　　　　图5-87 绘制光效果

05▷ 用同样的方法绘制出其他渐隐效果，并用画笔绘制出光点，如图5-88所示。

06▷ 新建一个图层，选择钢笔工具 ✐ ，选择工具栏选项中的"路径"选项，绘制出如图5-89所示形状，按〈Ctrl+Enter〉快捷键转换为选区，填充颜色为(R251，G245，B205)，用橡皮擦擦出渐隐效果。

图5-88 绘制光点　　　　图5-89 绘制形状

07▷ 输入文字"ahwin"，字体设置为"Swis721 Blk BT"，大小30点，颜色为(R6，G98，B4)，双击图层缩览图打开"混合选项面板"，单击"斜面和浮雕″，设置参数如图5-90所示，完成后复制一份，按〈Ctrl+T〉快捷键进入自由变换状态，执行"编辑"→"变换"→"垂直翻转"命令，移动至合适位置，用橡皮擦擦出渐隐效果，制作完成的最终效果如图5-91所示。

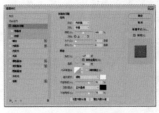 

图5-90 设置斜面浮雕参数　　图5-91 最终效果

5.4.4 椭圆工具

椭圆工具 ⬭ 可以建立圆形或椭圆的形状或路径。选择该工具后，在画面中单击并拖动鼠标，可创建椭圆形，按住〈Shift〉键拖动鼠标则可以创建正圆形。椭圆工具选项栏与矩形工具选项栏基本相同，可以选择创建不受约束的椭圆形和圆形，也可以选择创建固定大小和比例的图像。如图5-92所示为使用椭圆工具创建的椭圆形和正圆形。

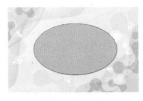 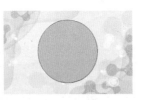

图5-92 使用椭圆工具绘制椭圆和正圆

5.4.5 多边形工具

使用多边形工具 ⬭ 可绘制多边形、三角形、五角星等图形。选择该工具后，可在工具选项栏中设置多边形的参数，如图5-93所示。

图5-93 多边形工具选项栏

- 边：设置多边形的边的数量，系统默认为5，取值范围为3~100。
- 半径：该选项用于设置多边形半径的大小，系统默认以像素为单位。
- 平滑拐角：选中此复选框，可平滑多边形的尖角。
- 星形：选中"星形"复选框，可绘制星形。
- 缩进边依据：可以设置星形边缩进的大小，系统默认为50%。
- 平滑缩进：选中"平滑缩进"复选框，可平滑星形凹角。

手把手 5-11 ┃ 多边形工具

视频文件：视频\第5章\手把手5-11.MP4

01▶▶ 打开本书配套资源中"源文件\第5章\5.4\5.4.5\背景.jpg"文件，如图5-94所示。

02▶▶ 选择工具箱中的多边形工具 ⬭，在选项栏中单击 ⚙. 按钮，弹出"多边形选项"面板，设置半径为50像素，在画布中绘制多边形，如图5-95所示。

 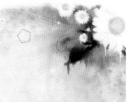

图5-94 打开文件　　图5-95 绘制多边形

03▶▶ 勾选"平滑拐角"复选框，按住〈Shift〉键绘制图角多边形，如图5-96所示。

04▶▶ 勾选"星形"复选框，按住〈Shift〉键绘制星形，如图5-97所示。

图5-96 平滑拐角　　图5-97 绘制星形

05▶▶ 勾选"平滑缩进"复选框，按住〈Shift〉键绘制星形，如图5-98所示。

06▶▶ 按〈Ctrl+Enter〉快捷键，将形状载入选区，按〈Shift+F6〉快捷键，羽化4像素，新建一个图层，填充绿色，如图5-99所示。

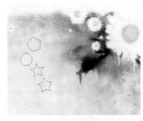 

图5-98 平滑缩进　　图5-99 填充颜色

5.4.6 边讲边练——绘制可爱 QQ 表情

本实例介绍如何使用矩形工具，椭圆工具绘制可爱QQ表情。

📀 文件路径：源文件\第05章\5.4.6

🎦 视频文件：视频\第05章\5.4.6.MP4

01》按〈Ctrl+N〉快捷键，新建一个空白文件，设置参数如图5-100所示。

02》选择椭圆工具 ◯，选择工具选项栏中的"形状"选项，绘制一个圆。在工具选项栏中单击"填充"后的颜色块，在弹出的下拉面板中选择"渐变"，并设置渐变颜色为（R243，G196，B52）和（R240，G229，B41），填充方式选择"径向"，效果如图5-101所示。

图5-100 新建文件参数

03》用同样的方法绘制出眼睛和眉毛，选中眉毛，单击工具箱中的直接选择工具 ▸，将椭圆调整成眉毛形状。选择矩形工具 ▢，设置填充色为黑色，在眼中画出X的形状，运用椭圆工具在下面绘制一个从黑色到白色的径向渐变椭圆，执行

"图层"→"栅格化"→"形状"命令，按〈Ctrl+T〉快捷键拉宽椭圆，制作阴影，如图5-102所示。

图5-101 填充径向渐变　　图5-102 绘制眼睛

04》选择钢笔工具 ⌀，画出嘴巴形状，双击图层缩览图，在弹出的"拾色器对话框"中填充颜色，嘴巴颜色为(R138，G8，B8)，舌头颜色为（R210，G12，B12），最终效果如图5-103所示。

图5-103 最终效果

5.4.7 直线工具

直线工具 ╱ 除了可以绘制直线形状或路径以外，还可以绘制箭头形状或路径。

手把手 5-12　直线工具

🎦 视频文件：视频\第5章\手把手5-12.MP4

01》选择直线工具 ╱，在工具选项栏中的"粗细"文本框中输入线段宽度，如图5-104所示，然后移动光标至图像窗口拖动鼠标即可绘制一条直线，如图5-105所示。

02》选择直线工具 ╱，在工具选项栏中的"箭头"选项栏中设置箭头的位置和形状，然后移动光标至图像窗口，拖动鼠标即可绘制箭头，如图5-106所示。

图5-104 直线工具选项栏

图5-105 绘制线条　　图5-106 绘制箭头

专家提示 绘制时按住〈Shift〉键，即可绘制水平、垂直或呈45°角的直线。

5.4.8 自定形状工具

使用自定形状工具  可以绘制Photoshop预设的各种形状，以及自定义形状。

首先在工具箱中选择该工具，然后单击选项栏"形状"下拉列表按钮，从形状列表中选择所需的形状，最后在图像窗口中拖动鼠标即可绘制相应的形状，如图5-107所示。

图5-107 自定形状工具选项栏

图5-108 面板菜单

单击下拉面板右上角的 按钮，可以打开面板菜单，如图5-108所示。在菜单的底部包含了Photoshop提供的预设形状库，选择一个形状库后，可以打开一个提示对话框，如图5-109所示。

单击"确定"按钮，可以用载入的形状替换面板中原有的形状；单击"追加"按钮，可在面板中原有形状的基础上添加载入的形状；单击"取消"按钮，则取消替换。如图5-110所示为载入的其他预设形状。

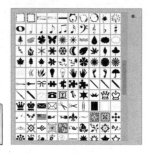

图5-109 提示对话框   图5-110 全部预设形状

5.4.9 边讲边练——制作可爱儿童写真模板

下面通过一个制作可爱儿童写真模板的小练习介绍运用自定形状工具绘制形状并创建矢量蒙版的操作方法。

💿 文件路径：源文件\第05章\5.4.9

💿 视频文件：视频\第05章\5.4.9.MP4

01》 启动Photoshop，执行"文件"→"打开"命令，打开一张背景图，如图5-111所示。

图5-111 打开背景素材

02》 打开一张婴儿照片，拖入背景画面中，按〈Ctrl+T〉键调整好大小和旋转度，如图5-112所示。

03》 进入"路径"面板，单击路径面板中的"创建新路径"按钮，新建一个路径，选择自定形状工具 ，然后单击选项栏"形状"下拉列表按钮，从形状列表中选择"云彩1"形状，在图像窗口中拖动鼠标绘制形状，如图5-113所示。

图5-112 添加婴儿图片   图5-113 绘制形状

04》 在婴儿图层下面新建一个图层，按〈Ctrl+

Enter〉键，转换为选区，填充白色，在"图层"面板中双击白色图层缩览图，弹出"图层样式"对话框，设置参数如图5-114所示。

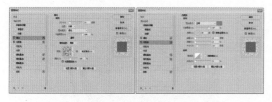

图5-114 图层样式参数

图5-115 图层样式效果

图5-116 创建剪贴蒙版

图5-117 最终效果

05≫ 单击"确定"按钮，效果如图5-115所示。

06≫ 选中婴儿照片层，按〈Ctrl+Alt+G〉快捷键建立剪贴蒙版，效果如图5-116所示。

07≫ 选择自定形状工具 ，在选项栏中选择其他形状，并设置不同的填充色，在画面中绘制装饰小花，得到的最终效果如图5-117所示。

5.5 实战演练——制作多彩电器广告

本实例介绍使用钢笔工具、椭圆工具、多边形工具等工具绘制路径和形状，并对路径进行复制和编辑，结合使用填充工具，制作绚烂夺目的家用电器广告。

文件路径：源文件\第05章\5.5

视频文件：视频\第05章\5.5.MP4

01≫ 启用Photoshop后，执行"文件"→"新建"命令，弹出"新建"对话框，在对话框中设置参数如图5-118所示，单击"确定"按钮新建一个空白文件。

图5-118 新建图像参数

02≫ 设置前景色为黄色(R245,G242,B160)，按〈Alt+Delete〉快捷键填充黄色。选择画笔工具 ，分别设置前景色为黄色(R240，G245，B70)和绿色(R58，

G120，B20)，绘制背景暗角效果。选择钢笔工具 ，在工具选项栏中选择"形状"选项，绘制条形，填充颜色为黄色(R255，G255，B0)，单击图层面板下方的"添加蒙版"按钮 为图层添加蒙版，在蒙版中用画笔工具擦出渐隐效果，效果如图5-119所示。

03≫ 按〈Ctrl+O〉快捷键，打开冰箱和花朵素材，用磁性套索工具 选出冰箱和花朵，并添加至图像中，将花朵复制多份，调整好位置和大小，如图5-120所示。

图5-119 擦出渐隐效果

图5-120 添加冰箱

04▶ 选择钢笔工具 ✐，在工具选项栏中选择"形状"选项，绘制如图5-121所示的水滴形状，填充红色(R218，G7，B110)，运用同样的方法，绘制出所有的形状并填充相应颜色如图5-122所示。

图5-121 绘制图形　　　　图5-122 填充颜色

05▶ 选择画笔 ✐，调整合适大小，颜色为白色，在相应的地方绘制白色光点，效果如图5-123所示。

06▶ 使用钢笔工具绘制出水滴形状，新建一图层，使用画笔 ✐ 为它添加渐变效果，颜色设置为白色，不透明度为30%，在形状上涂抹，按住〈Ctrl〉键的同时单击形状图层缩览图，载入选区，按〈Ctrl+Shift+I〉快捷键反选，按〈Delete〉键删除多余的光点部分，如图5-124所示。

图5-123 绘制白光　　　　图5-124 绘制水滴

07▶ 绘制电视机。用钢笔工具绘制出电视轮廓如图5-125所示，填充颜色为(R64，G234，B36)，双击图层缩览图，打开"图层样式"对话框，选择"斜面浮雕"复选框，设置参数如图5-126所示。

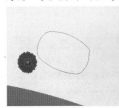 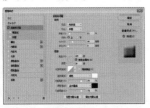

图5-125 绘制电视机　　　图5-126 斜面浮雕参数

08▶ 完成后效果如图5-127所示，再次画出电视外形，填充颜色为灰色(R209，G209，B209)，作为底部，双击图层缩览图，在打开对话框中设置参数如图5-128所示。

 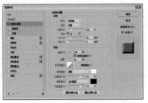

图5-127 斜面浮雕效果　　　图5-128 设置参数

09▶ 按照同样的方法为电视机添加其他部件，效果如图5-129所示。

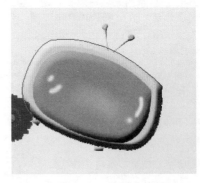

图5-129 电视机效果

10▶ 将电视机复制一份，改变颜色、位置和大小，单击工具箱中的直接选择工具 ▶，调整形状，参照制作电视机的操作，制作字母"e"的浮雕效果，如图5-130所示。最终效果如图5-131所示。

图5-130 电视机效果2　　　图5-131 整体效果

11▶ 为背景添加星光效果，新建一个图层，选择画笔工具 ✐ 绘制一个柔边圆，大小为600像素，按〈Ctrl+T〉快捷键进入自由变换，拖动4个控制点变成光条，复制一份旋转90°形成十字形，在中间绘制一个光点效果，如图5-132所示。

12▶ 绘制圆形泡泡，选择画笔工具 ✐，设置笔触为"硬边圆"，大小60像素，用画笔绘制一个白点，选择橡皮擦工具 ◢，设置为柔边圆，大小60像素，在中间涂抹一下得到泡泡效果，加上星光效果，如图5-133所示。

图5-132 绘制星光　　　　图5-133 泡泡

13▶ 将星光和泡泡复制多份，调整好大小和位置，效果如图5-134所示。

14▶ 绘制不同颜色的光圈。新建一个图层，选择画笔 ✐，设置大小600像素，硬边缘，颜色(R253，G128，B2)，绘制一个圆，然后选择另一种颜色，按

〈[〉或〈]〉键，调整画笔大小，再次绘制多次之后获得彩色光圈，如图5-135所示。

图5-134 添加泡泡效果　　　　图5-135 彩色光圈

图5-136 添加彩色光圈　　　　图5-137 曲线参数

15≫ 绘制多个彩色光圈，选择直线工具绘制出直线，调整好颜色和位置，效果如图5-136所示。

16≫ 单击图层面板下的"创建新的填充或调整图层"按钮 ●，选择"曲线"选项，在属性面板中设置参数如图5-137所示。

17≫ 完成的最终效果如图5-138所示。

图5-138 最终效果

5.6 习题——奇异世界

本实例主要使用钢笔工具绘制路径，制作星光环绕效果，并添加其他素材，制作一幅奇异世界的场景。

○ 文件路径：源文件\第05章\5.6

✿ 视频文件：视频\第05章\5.6.MP4

操作提示：

01≫ 新建一个空白文件。
02≫ 添加背景素材。
03≫ 添加汽车素材。
04≫ 绘制路径、描边路径。
05≫ 绘制星光。
06≫ 添加其他素材。

第**6**章

用画笔与颜色来作画
——图像的绘制

    绘图工具是Photoshop中十分重要的工具，具有强大的绘图功能，主要包括4种工具：画笔工具、铅笔工具、渐变工具和油漆桶工具。使用这些绘图工具，再配合画笔面板、混合模式、图层等Photoshop其他功能，可以模拟出各式各样的笔触效果，从而绘制出各种图像效果。

    本章详细讲解了Photoshop绘图工具的使用方法和应用技巧。

6.1 如何设置颜色

在 Photoshop 中，最基本的作画工作就是设置前景色和背景色。工具箱中包含前景色和背景色的设置选项，由设置前景色、设置背景色、切换前景色和背景色以及默认前景色和背景色等部分组成。

6.1.1 设置前景色与背景色

默认情况下，前景色为黑色，背景色为白色，如图6-1所示。

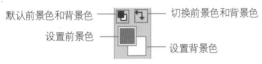

图6-1 设置前景色和背景色

1. 设置前景色和背景色

单击工具箱前/背景色图标，在打开的"拾色器"对话框中选择所需的颜色。

2. 切换前景色和背景色

单击 ⤵ 按钮，或按〈X〉键，可切换当前前景色和背景色。

3. 默认前景色和背景色

单击工具箱 ⬛ 图标，或按〈D〉键，可以恢复系统颜色为默认的黑/白色。

前景色决定了用户使用绘画工具绘制线条和图案、使用文字工具创建文字时的颜色；背景色则决定了使用橡皮擦工具擦除图像时，被擦除区域所呈现的颜色和增加画布大小时，新增画布的填充颜色，如图6-2所示。

使用画笔工具绘制图形　　使用橡皮擦工具擦除图像

图6-2 使用画笔工具绘制和橡皮擦工具擦除的区别

6.1.2 "拾色器"对话框

单击设置前景色或背景色按钮，打开"拾色器"对话框。在对话框中可以拖动颜色滑块以确定颜色色相，也可以在编辑框中单击或拖动到某个色域，定义颜色的亮度和饱和度，如图6-3所示。

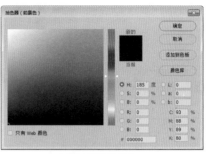

设置颜色的色相

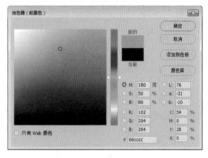

设置颜色的亮度和饱和度

图6-3 设置颜色

单击"颜色库"按钮，切换至"颜色库"对话框，在"色库"下拉列表中选择一个颜色系统，然后在光谱上选择颜色范围，在颜色列表中单击需要的颜色的编号，可将其设置为当前颜色，如图6-4所示。

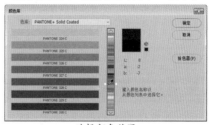

选择颜色范围

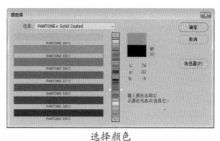

选择颜色

图6-4 选择颜色

单击"添加到色板"按钮，将颜色以色块形式存储到"色板"面板中，如图6-5所示，可以方便下次调用。若勾选"添加到我的当前库"复选框，Photoshop会将颜色储存入"库"中，如图6-6所示，单击"库"面板中的色块，可重新定义颜色信息。

"色板名称"对话框　　存储到"色板"面板中

图6-5 添加到色板

图6-6 存入"我的库"中

技术专题 ▶ **Adobe CC Library Panel（"库"面板）简介**

Adobe CC Library Panel（"库"面板）可应用在Illustrator和Photoshop中，并可以在两个应用程序间无缝切换工作。它可存储BMP位图文件、打印格式、图层样式、颜色信息、色彩搭配等，并且可以分类保存菜单、媒体图标和设计全页等。

6.1.3 吸管工具

使用吸管工具 ✐ 可以快速从图像中直接选取颜色，如图6-7所示为吸管工具选项栏。

图6-7 吸管工具选项栏

选择吸管工具 ✐，将光标移至图像上，如图6-8所示，单击鼠标，可拾取单击处的颜色并将其作为前景色，如图6-9所示。

按住〈Alt〉键的同时，在图像上单击鼠标，可拾取单击处的颜色并将其作为背景色，如图6-10所示。

图6-8 素材　　图6-9 拾取前景色　　图6-10 拾取背景色

手把手 6-1 吸管工具吸取颜色

📹 视频文件：视频\第6章\手把手6-1.MP4

01▷ 按〈Ctrl+O〉快捷键，打开"花"和"色卡"素材文件，按〈Ctrl+J〉快捷键复制"花"背景图层，并使用移动工具 ✛ 将"色卡"拖入"花"文件中，如图6-11所示。

图6-11 打开素材文件

02▷ 使用吸管工具 ✐，将光标移动到"色卡"图像上，选择一个色块并在色块上单击鼠标，即可将所吸取的颜色设置为前景色，如图 6-12所示。

03▷ 使用油漆桶工具 ◇，在复制图层的花瓣处单击，即可填充前景色，如图 6-13所示。

图 6-12 吸取颜色　　　图 6-13 填充颜色

04▷ 采用同样的方法，使用吸管工具 ✐ 吸取颜色，使用油漆桶工具 ◇ 填充颜色，完成"花"的上色，如图 6-14所示。

05▷ 在图层面板中将"色卡"图层隐藏或删除，完成制作，如图 6-15所示。

图6-14 完成填色　　　图6-15 隐藏"色卡"

6.1.4 运用颜色面板设置颜色

颜色面板中显示了前景色和背景色的颜色值，可以使用前景色块和背景色块对其进行编辑。

手把手 6-2 运用颜色面板设置颜色

视频文件：视频\第六章\手把手6-2.MP4

01》执行"窗口"→"颜色"命令，打开颜色面板，如图6-16所示。

图6-16 颜色面板

02》如果要编辑前景色，可单击前景色块，如图6-17所示；如果要编辑背景色，则应单击背景色块，如图6-18所示。

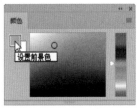
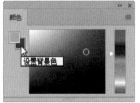

图6-17 单击前景色块　　　图6-18 单击背景色块

03》单击"颜色"面板右上角的菜单选项按钮 ，可打开"颜色菜单选项"，单击"RGB滑块"选项，"色相立方体"切换为"RGB滑块"面板，如图 6-19 所示。

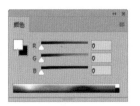

菜单选项　　　　　切换为"RGB滑块"
图6-19 切换滑块

04》在RGB数值栏中输入数值，或者拖动滑块可以调整颜色，如图6-20所示。

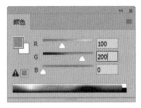
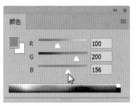

输入数值　　　　　拖动滑块
图6-20 调整颜色

05》将光标移至面板下方四色曲线图上，光标呈吸管形状 ，单击鼠标可拾取当前位置的颜色，如图6-21所示。

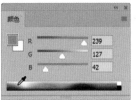
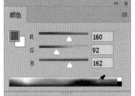

图6-21 拾取颜色

6.1.5 色板面板

色板面板用于存储用户经常使用的颜色。用户可以在该面板中添加或删除颜色，或者为不同的项目显示不同的颜色库，如图6-22所示。

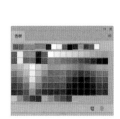

色板面板　　　　　选择ANPA颜色

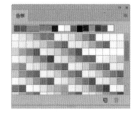

ANPA颜色

图6-22 色板面板

专家提示 色板面板可以保存颜色。设置了前景色后，单击"创建前景色的新色板"按钮 ，可将前景色保存到色板面板中。选择面板中的一个颜色样本后，单击"删除色板"按钮 ，可将其从色板中删除。

6.2 画笔面板

画笔面板是非常重要的面板，主要包括"画笔预设"和"画笔笔尖形状"选项。单击某个选项可以切换至相应的选项面板，选中选项组左侧的复选框可在不查看选项的情况下启用或停用选项。

6.2.1 优化的画笔管理模式

Photoshop CC2018对画笔工具进行了优化，首先是画笔的管理模式，改变为类似于计算机中文件夹的模式，支持新建和删除。还包括通过拖放重新排序、创建文件夹和子文件夹、扩展笔触预览、切换新视图模式，以及保存包含不透明度、流动、混合模式和颜色的画笔预设，如图6-23所示。

拖动左下角的滑块可调整笔触预览图大小，如图6-24所示。

图 6-23 画笔管理模式　　图 6-24 调整笔触预览图

6.2.2 画笔工具设置面板

执行"窗口"→"画笔"命令，或按〈F5〉键打开"画笔"面板，如图6-25所示。

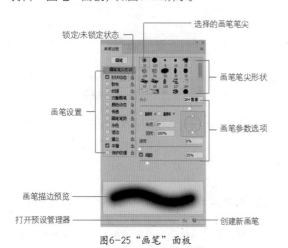

图6-25 "画笔"面板

（标注：锁定/未锁定状态、选择的画笔笔尖、画笔笔尖形状、画笔设置、画笔参数选项、画笔描边预览、打开预设管理器、创建新画笔）

- 画笔：单击该选项，进入"画笔"面板，可以浏览、选择Photoshop提供的预设画笔。单击"画笔"中的

- 📝按钮，可切换至"画笔设置"面板。
- 锁定状态/未锁定状态：显示为图标🔓时，表示该选项处于可用状态。图标🔒表示锁定该选项，单击该标志可取消锁定。
- 画笔设置：可以定义画笔笔尖形状以及形状动态、散布、纹理等预设。
- 选择的画笔笔尖：显示当前选择的画笔笔尖。
- 画笔笔尖形状：显示了Photoshop提供的预设画笔笔尖，选择某一笔尖后，在画笔描边预览选项中可预览该笔尖的形状。
- 画笔选项：用来设置画笔的参数。
- 画笔参数选项：可以用来调整画笔的各项参数。
- 画笔描边预览：可预览当前设置的画笔效果。
- 打开预设管理器：单击该按钮，可以打开"预设管理器"。
- 创建新画笔：如果某一画笔样本进行了调整，可单击该按钮，打开画笔名称对话框，为画笔设置一个新的名称。单击"确定"按钮，可将当前设置的画笔创建为一个新的画笔样本。

6.2.3 "形状动态"选项

选择尖角画笔，"画笔"面板如图6-26所示，画笔"形状动态"用于设置绘画过程中画笔笔迹的变化，包括大小抖动、最小直径、角度抖动、圆点抖动以及翻转抖动，使笔尖形状产生规则的变换，如图6-27所示。

- 大小抖动：拖动滑块或输入数值，以控制绘制过程中画笔笔迹大小的波动幅度。数值越大，变化幅度就越大。
- 控制：用于选择大小抖动变化产生的方式。选择"关"，则在绘图过程中画笔笔迹大小始终波动，不予另外控制；选择"渐隐"，然后在其右侧文本框输入数值可控制抖动变化的渐隐步长，数值越大，画笔消失的距离越长，变化越慢，反之则距离越短，变化越快。
- 最小直径：用来控制画笔尺寸在发生波动时画笔的最小尺寸，数值越大，直径能够变化的范围也就越小。
- 角度抖动：用来控制画笔角度波动的幅度，数值越大，抖动的范围也就越大。
- 圆度抖动：用来控制在绘画时画笔圆度的波动幅度，数值越大，圆度变化的幅度也就越大。
- 最小圆度：用来控制画笔在圆度发生波动时画笔的最小圆度尺寸值。该值越大，发生波动的范围越小，波动的幅度也会相应变小。

图6-26 "画笔"面板　　　　图6-27 形状动态

6.2.4 "散布"选项

"散布"用于控制画笔的散布方式和散布数量，以产生随机性的散布变化，如图6-28所示。

- 散布：用来控制画笔偏离绘画路线的程度，数值越大，偏离的距离越大，若选中"两轴"复选框，则画笔将在X、Y两个方向分散，否则仅在一个方向上发生分散。
- 数量：用来控制画笔点的数量，数值越大，画笔点越多，变化范围为1～16。
- 数量抖动：用来控制每个空间间隔中画笔点的数量变化。

6.2.5 "纹理"选项

"纹理"用于在画笔上添加纹理效果，可控制纹理的叠加模式、缩放比例和深度，如图6-29所示。

图6-28 散布　　　　　图6-29 纹理动态设置

- 选择纹理：单击纹理下拉列表按钮，从纹理列表中可选择所需的纹理。选中"反相"复选框，相当于对纹理执行了"反相"命令。
- 缩放：可以设置纹理的缩放比例。
- 为每个笔尖设置纹理：用来确定是否对每个画笔点都分别进行渲染。若不选择此项，则"深度"、"最小深度"及"深度抖动"参数无效。

- 模式：用于选择画笔和图案之间的混合模式。
- 深度：用来设置图案的混合程度，数值越大，纹理越明显。
- 最小深度：控制图案的最小混合程度。
- 深度抖动：控制纹理显示浓淡的抖动程度。

6.2.6 "双重画笔"选项

"双重画笔"指的是使用两种笔尖形状创建的画笔。首先在"模式"列表中选择两种笔尖的混合模式，接着在下面的笔尖形状列表框中选择一种笔尖作为画笔的第二个笔尖形状，如图6-30所示。

6.2.7 "颜色动态"选项

"颜色动态"用于控制画笔的颜色变化，包括前景色/背景色抖动、色相和饱和度等颜色基本组成要素的随机性设置，如图6-31所示。

- 前景/背景抖动：设置画笔颜色在前景色和背景色之间变化。例如在使用草形画笔绘制草地时，可设置前景色为浅绿色，背景色为深绿色，这样就可以得到颜色深浅不一的草丛效果。
- 色相抖动：指定画笔绘制过程中画笔颜色色相的动态变化范围。
- 饱和度抖动：指定画笔绘制过程中画笔颜色饱和度的动态变化范围。
- 亮度抖动：指定画笔绘制过程画笔亮度的动态变化范围。
- 纯度：设置绘画颜色的纯度变化范围。

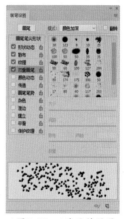

图6-30 双重画笔设置　　　图6-31 颜色动态设置

6.2.8 其他选项

附加选项包括杂色、湿边、喷枪等，这些选项设置没有参数面板，只需用鼠标单击前面的复选框选择即可。

- 杂色：在画笔的边缘添加杂点效果。
- 湿边：沿画笔描边的边缘增大油彩量，从而创建水彩效果。

- 喷枪：模拟传统的喷枪效果。
- 平滑：可以使绘制的线条产生更顺畅的曲线。
- 保护纹理：对所有的画笔使用相同的纹理图案和缩放比例，选择该选项后，当使用多个画笔时，可模拟一致的画布纹理效果。

> **专家提示** 设置颜色动态属性时，画笔面板下方的预览框并不会显示出相应的效果。颜色动态效果只有在图像窗口绘画时才会看到。

6.2.9 边讲边练——为糕点添加可爱表情

Before　　　　After

本实例主要介绍如何载入画笔和应用"画笔"面板创建动态的自定义画笔，绘制出可爱表情。

文件路径：源文件\第06章\6.2.9

视频文件：视频\第06章\6.2.9.MP4

01》 按〈Ctrl+O〉快捷键打开素材文件，如图6-32所示。

02》 单击图层面板中的"创建新图层"按钮，新建一个图层。

03》 选择画笔工具 ，设置前景色为（#f12b15），在工具选项栏设置画笔大小为50像素，硬度为0，绘制腮红，如图6-33所示。

图6-32 打开素材文件　　　图6-33 绘制腮红

04》 创建新图层，选择画笔工具 ，设置前景色为黑色，在工具选项栏设置画笔大小为28像素，硬度为100%，绘制眼睛，如图6-34所示。

05》 创建新图层，选择画笔工具 ，前景色设为白色，在工具选项栏设置画笔大小为8像素，硬

度为100%，绘制眼珠图6-35所示。

图6-34 绘制眼睛　　　图6-35 制作眼珠

06》 继续使用画笔绘制图形，效果如图6-36所示。

07》 最后绘制嘴巴，效果如图6-37所示。

图6-36 画笔面板　　　图6-37 最终效果

6.3 绘画工具

Photoshop中的绘画工具提供了从手绘笔触到自动复制图像的全色域画笔功能，可以逼真地模拟各种绘画材质和技巧，同时结合各种画笔选项实现对画笔的动态控制，创建具有丰富变化和随机性的绘画效果。

绘画工具主要包括画笔工具 、铅笔工具 、颜色替换工具 和混合器画笔工具 。

6.3.1 画笔工具

如图6-38所示为画笔工具 ✏ 选项栏，画笔工具使用前景色绘制线条，不仅能够绘制图画，还可以修改蒙版和通道。在开始绘图之前，应选择所需的画笔笔尖形状和大小，并设置不透明度、流量等画笔属性。

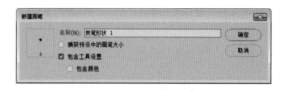

图6-38 画笔工具选项栏

Photoshop CC2018引入了"绘画对称"功能，默认状态为关闭。要启用此功能，则需要执行"首选项"→"技术预览"命令，并勾选"启用绘画对称"复选框。启用此功能后，用户在使用画笔、铅笔或橡皮擦工具时，单击选项栏中的蝴蝶 ⬚ 图标，可从几种可用的对称类型中选择所需要的功能，如图6-39所示，从而更加轻松地绘制人脸、汽车、动物等对称图案。

单击画笔选项栏右侧的按钮 ⌄，可以打开画笔下拉面板，如图6-40所示。在面板中可以选择画笔笔尖，设置画笔的大小和硬度。

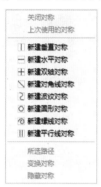 

图 6-39 对称选项　　　图6-40 画笔下拉面板

- ▶ 大小：拖动滑块或者在数值栏中输入数值可以调整画笔的大小。
- ▶ 硬度：用来设置画笔笔尖的硬度。
- ▶ 画笔列表：在列表中可以选择画笔样本。

- ▶ 创建新的预设：单击面板中的"从此画笔创建新的预设"按钮 ⬚，可以打开"画笔名称"对话框，设置画笔的名称后，单击"确定"按钮，可以将当前画笔保存为新的画笔预设样本。

单击"画笔"面板右上方的按钮 ≡，在弹出的快捷菜单中单击"新建画笔预设"命令，打开"新建画笔"对话框，如图 6-41所示；单击"预设管理器"命令，打开"预设管理器"对话框，如图6-42所示；单击"预设管理器"对话框右上角的按钮 ⚙，打开快捷面板菜单，如图6-43所示。

图 6-41 "新建画笔"对话框

图6-42 "预设管理器"对话框　　图6-43 面板菜单

- ▶ 载入画笔：使用该命令可将保存在文件中的画笔载入至当前画笔列表中。
- ▶ 存储画笔：若建立了新画笔，或更改了画笔的设置，可选择该命令保存面板中当前所有画笔样式，可以在弹出的"保存"对话框中设置画笔文件的名称和确定保存位置。
- ▶ 新建组：Photoshop CC2018支持新建画笔组，通过拖放排序、创建文件夹和子文件管理画笔预设。

专家提示 快捷面板菜单中可选择缩览图的预览形式，包括"仅文本""小缩览图""大缩览图"等选项。

6.3.2 边讲边练——运用画笔工具为黑白照片上色

Before　　　After

本练习通过使用"画笔工具"、图层"混合模式"和图层"不透明度"，为黑白照片上色，展现人物的靓丽风采。

📀 文件路径：源文件\第06章\6.3.2

📹 视频文件：视频\第06章\6.3.2.MP4

01▷ 执行"文件"→"打开"命令，在"打开"对话框中选择人物素材图像，单击"打开"按钮，如图6-44所示。

02▷ 单击图层面板中的"创建新图层"按钮，新建一个图层，选择画笔工具，设置前景色为粉色（R236，G217，B210），按〈[〉或〈]〉键调整合适的画笔大小，在人物皮肤上涂抹，效果如图6-45所示。

图6-44 打开人物素材　　图6-45 涂抹颜色

03▷ 设置图层的"混合模式"为"颜色"，图像效果如图6-46所示。

04▷ 单击图层面板中的"创建新图层"按钮，新建一个图层，设置前景色为粉红色（RGB参考值分别为R252、G172、B183），选择工具箱中的画笔工具，调整画笔大小，设置"硬度"为0%，移动鼠标至图像窗口中人物脸部单击，为人物添加腮红，绘制效果如图6-47所示。

图6-46 设置图层模式效果　　图6-47 绘制腮红

05▷ 选择工具箱中的橡皮擦工具，擦除多余的腮红部分，并设置图层的"不透明度"为40%，图像效果如图6-48所示。

06▷ 单击工具箱中的"设置前景色"色块，弹出"拾色器（前景色）"对话框，设置RGB参考值分别为R230、G160、B174。单击图层面板中的"创建新图层"按钮，新建一个图层，选择工具箱中的画笔工具，在书本和头饰上涂抹，绘制效果图6-49所示。

图6-48 腮红效果　　图6-49 涂抹书本和头饰

07▷ 设置图层的"混合模式"为"颜色"、"不透明度"为50%，图像效果如图6-50所示。

08▷ 参照前面的操作方法，运用画笔工具涂抹颜色并设置图层"混合模式"和"不透明度"，完成后得到如图6-51所示效果。

图6-50 书本和头饰上色效果　　图6-51 最终效果

6.3.3 铅笔工具

铅笔工具使用方法与画笔工具类似，也是使用前景色来绘制线条的，但画笔工具可以绘制带有柔边效果的线条，而铅笔工具只能绘制硬边线条或图形。铅笔工具选项栏如图6-52所示，除了"自动涂抹"选项外，其他选项均与画笔工具相同。

图6-52 铅笔工具选项栏

"自动抹除"选项是铅笔工具特有的选项。当选中此选项，可将铅笔工具当作橡皮擦来使用。一般情况下，铅笔工具以前景色绘画，选中该选项后，在与前景色颜色相同的图像区域绘图时，会自动擦除前景色而填入背景色，如图6-53所示。

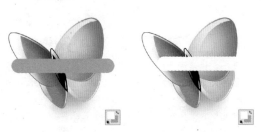

未选中"自动涂抹"选项　　选中"自动涂抹"选项

图6-53 自动涂抹

6.3.4 颜色替换工具

颜色替换工具可以用背景色替换图像中的颜色。但是颜色替换工具不能用于位图、索引或多通道颜色模式的图像，如图6-54所示为颜色替换工具选项栏。

图6-54 颜色替换工具选项栏

手把手 6-3 运用颜色替换工具挑染发色

视频文件：视频\第6章\手把手6-3.MP4

01≫ 执行"文件"→"打开"命令，在"打开"对话框中选择人物素材图像，将其打开，按〈Ctrl+J〉快捷键复制背景图层，如图6-55所示。

图6-55 打开图像并复制图层

02≫ 执行"窗口"→"颜色"命令，打开"颜色"面板并在"颜色"面板调整前景色，如图6-56所示。

03≫ 使用颜色替换工具，在工具选项栏设置"模式"为色相，再单击连续按钮，将"限制"设置为"连续"，"容差"设置为30%，如图6-57所示。

图6-56 "颜色"面板

图6-57 在工具选项栏中设置参数

04≫ 在人物的头发上涂抹，即可替换颜色，如图6-58所示。按〈[〉或〈]〉键可调整画笔的大小。

05≫ 在"颜色"面板中拖动RGB滑块调整前景色，如图6-59所示。

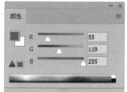

图6-58 涂抹替换发色   图6-59 调整前景色

06≫ 继续使用颜色替换工具，在人物的头发上涂抹制作挑染发色效果，如图6-60所示。

图6-60 挑染发色效果

6.3.5 边讲边练——为物体添加夸张表情

下面通过一个小练习来介绍如何使用画笔工具为物体添加夸张表情。

文件路径：源文件\第06章\6.3.5

视频文件：视频\第06章\6.3.5.MP4

01≫ 按〈Ctrl+O〉快捷键，打开素材文件，如图6-61所示。

图6-61 打开素材

02≫ 单击"图层"面板下方的"新建图层"按钮，新建"图层1"。单击工具箱中的"前景色"色块，在弹出的"拾色器（前景色）"对话框中设置前景色为黑色。

03≫ 选择画笔工具，单击画笔选项栏中的"对称选项"蝴蝶按钮，在弹出的快捷菜单中选择"新建垂直对称"命令，选择一只鸡蛋，调整对称轴，如图6-62所示。

04≫ 按〈Enter〉键确认新建对称，在鸡蛋的一侧绘制眉毛和眼睛，Photoshop会自动绘制出对称的一侧，如图6-63所。再次单击蝴蝶按钮，在弹出的快捷菜单中选择"关闭对称"命令，关闭对称轴，如图6-64所示。

图6-62 对称轴　　图6-63 绘制对称图案　　图6-64 关闭对称轴

图 6-65 绘制其他部分　　　　图6-66 绘制嘴巴

05》继续使用画笔工具 ✎ ，绘制鼻子、嘴巴、头发和脚，如图 6-65所示。

06》单击"图层"面板下方的"新建图层"按钮 ⊡ ，在"嘴巴"下方新建图层。设置前景色为白色，绘制嘴巴，如图6-66所示。

07》参照以上方式，给另外两个鸡蛋加上表情，并对图层进行编组，按〈Ctrl+T〉快捷键调整组的大小和位置，完成后效果如图6-67所示。

> **专家提示** 在使用画笔、铅笔或橡皮擦工具绘制图形时，按〈[〉和〈]〉键可更改画笔的大小。

图6-67 完成效果

6.3.6 混合器画笔工具

混合器画笔工具 ✎ 可以混合像素，创建类似于传统画笔绘画时颜料之间相互混合的效果，如图6-68所示为混合器画笔的工具选项栏。

选择混合画笔工具 ✎ ，在"有用的混合画笔组合"下拉列表中有系统提供的混合画笔。当选择某一种混合画笔时，右边的4个选择数值会自动改变为预设值，如图6-69所示。设置完成后在画面中涂抹即可混合颜色，如图6-70所示。

图6-68 混合器画笔工具选项栏1

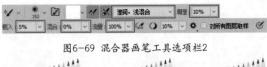

图6-69 混合器画笔工具选项栏2

原图　　　　湿润，深混合　　非常潮湿，浅混合

图6-70 混合器画笔工具示例

6.3.7 设置绘画光标显示方式

为了方便绘画操作，Photoshop可以自由设置绘画时光标显示的方式和形状。选择"编辑"→"首选项"→"光标"命令，在打开的对话框中可以设置绘图光标和其他工具光标的外观，如图6-71所示。

绘画光标有4种显示方式，显示效果如图6-72所示。

- ⯈ 标准：使用工具箱中各工具图标的形状作为光标形状。
- ⯈ 精确：使用十字形光标作为绘画光标，该光标形状可便于精确绘图和编辑。
- ⯈ 正常画笔笔尖：光标形状使用画笔的一半大小，其形状为画笔的形状。
- ⯈ 全尺寸画笔笔尖：光标形状使用全尺寸画笔大小，其形状为画笔的形状。这样可以精确看到画笔所覆盖的范围和当前选择的画笔形状。
- ⯈ 在画笔笔尖中显示十字线：该选项只有在选择"正常画笔笔尖"和"全尺寸画笔笔尖"显示方式才有效。选中该选项，可在画笔笔尖的中间位置显示十字形，以方便绘画操作。

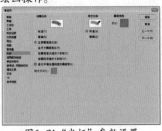

图6-71 "光标"参数设置

标准　　精确　　正常笔尖　全尺寸笔尖　显示十字线

图6-72 各种设置下绘画光标的显示方式

技巧点拨　按〈Caps Lock〉键可以在绘画时快速切换光标显示方式。

6.3.8 边讲边练——制作爱心云朵

本实例主要介绍如何载入画笔和应用"画笔"面板创建动态的自定义画笔，绘制出心形的云朵效果。

文件路径：源文件\第06章\6.3.8

视频文件：视频\第06章\6.3.8.MP4

01≫ 按〈Ctrl+O〉快捷键，打开素材照片，如图6-73所示。选择画笔工具 ，按〈F5〉键，进入"画笔设置"面板，设置画笔笔尖形状，如图6-74所示。

图6-73 打开素材 图6-74 画笔笔尖形状

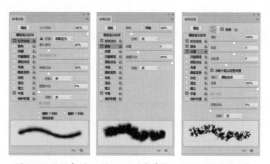

图6-75 "形态动态"参数　　图6-76 "散布"参数　　图6-77 "纹理"参数

02≫ 选择"形状动态"，切换到"形状动态"选项面板，设置参数如图6-75所示。

03≫ 设置散布参数，如图6-76所示。

04≫ 设置纹理参数，如图6-77所示。

05≫ 单击图层面板中的"创建新图层"按钮 ，新建一个图层。

06≫ 前景色设为白色，绘制心形云朵，如图6-78所示。

图6-78 完成效果

6.4 渐变、填充与描边

渐变是指在整个文档或选区内填充渐变颜色；填充是指在图像或选区内填充颜色；描边是指为选区描绘可见的边缘。常用的填充和描边工具包括：油漆桶工具、"填充"命令和"描边"命令。

6.4.1 渐变工具

渐变工具 不仅可以填充图像，还可以用来填充图层蒙版、快速蒙版和通道。渐变工具 可以阶段性地对图像进行任意方向的填充，以表现图像颜色的自然过渡。

选择渐变工具 ，在工具选项栏中选择一种渐变类型，再设置渐变颜色和混合模式等选项，如图6-79所示。

图6-79 渐变工具选项栏

- ▶ 模式：打开此下拉列表可以选择渐变填充的色彩与底图的混合模式。
- ▶ 不透明度：输入1%~100%的数值以控制渐变填充的不透明度。
- ▶ 反向：选择此选项，所得到的渐变效果与所设置渐变颜色相反。
- ▶ 仿色：选择此选项，可使渐变效果过渡更为平滑。
- ▶ 透明区域：选择此项，即可启用编辑渐变时设置的透明效果，填充渐变时得到透明效果。

如图6-80所示为5种不同类型的渐变效果。

线性渐变　径向渐变　角度渐变　对称渐变　菱形渐变

图6-80 5种渐变效果

专家提示 Photoshop可创建5种形式的渐变：线性渐变、径向渐变、角度渐变、对称渐变和菱形渐变，按下选项栏中的相应按钮即可选择相应的渐变类型。

- ▶ 线性渐变：从起点到终点线性渐变。
- ▶ 径向渐变：从起点到终点以圆形图案逐渐改变。
- ▶ 角度渐变：围绕起点以逆时针环绕逐渐改变。
- ▶ 对称渐变：在起点两侧对称线性渐变。
- ▶ 菱形渐变：从起点向外以菱形图案逐渐改变，用终点定义菱形的一角。

单击选项栏渐变条，打开如图6-81所示"渐变编辑器"，在此对话框中可以创建新渐变并修改当前渐变的颜色设置。

调整色标位置的方法如下：

- ▶ 选中渐变色标，按住鼠标左键拖动。
- ▶ 选中渐变色标，在"位置"文本框中输入一个数值（1%~100%），可以定位色标的位置。
- ▶ 若需要删除某色标，可在选中该色标后，按〈Delete〉键删除，或直接将色标拖出渐变条。

图6-81 渐变编辑器

技巧点拨 在渐变条上选中一个色标，然后再在渐变条下方单击添加色标，可使添加色标的颜色与当前所选色标的颜色相同。

专家提示 选中需设置颜色的色标，然后移动光标至"色板"面板、渐变条或图像窗口中时，光标将显示为吸管形状，此时单击鼠标即可将光标位置的颜色设置为色标的颜色。

6.4.2 边讲边练——绘制彩虹

下面通过一个小练习来介绍使用渐变工具为风景图像添加彩虹的操作方法。

📀 文件路径：源文件\第06章\6.4.2

🎬 视频文件：视频\第06章\6.4.2.MP4

01≫ 启动Photoshop CC2018，打开如图6-82所示素材。

02≫ 新建"图层1"，选择渐变工具 ，在工具选项栏中单击渐变条，打开"渐变编辑器"对话框，选择透明彩虹渐变预设，如图6-83所示。

图6-82 打开素材　　图6-83 选择透明彩虹渐变

专家提示 拖动两色标间的中点◇可改变两色标颜色在渐变中所占的比例。只有当选中两色标中的其中一个时，其中点标记才会显示出来。

03▷ 单击色标并拖动鼠标，调整其位置，如图6-84所示。

04▷ 运用同样的操作方法调整其他色标的位置，如图6-85所示，单击"确定"按钮，关闭"渐变编辑器"对话框。

图6-84 调整色板位置1　　图6-85 调整色板位置2

专家提示 渐变编辑完成后，在"名称"框输入渐变名称，然后单击对话框中的"新建"按钮，即可将当前渐变添加到渐变列表框中。单击"确定"按钮退出渐变编辑器。单击"渐变编辑器"对话框中的"保存"按钮，可将列表框中的所有渐变以指定的文件名保存至磁盘中，以后需要时单击"载入"按钮载入该文件。

05▷ 按下工具选项栏中的"径向渐变"按钮◐，在图像中由下至上拖动鼠标，绘制填充渐变，如图6-86所示。

06▷ 按〈Ctrl+T〉快捷键进行自由变换，适当缩放，调整位置，如图6-87所示。

07▷ 在"图层"面板中设置图层混合模式为

"滤色"，不透明度为80%，如图6-88所示。

08▷ 给图层添加蒙版，前景色默认为黑色，使用渐变工具填充，渐变隐藏多余的部分，如图6-89所示。

09▷ 最终效果如图6-90所示。

图6-86 填充径向渐变　　图6-87 调整彩虹位置和大小

图6-88 自由变换　　　图6-89 编辑图层蒙版

图6-90 最终效果

6.4.3 油漆桶工具

油漆桶工具◇用于在图像或选区中填充颜色或图案，油漆桶工具在填充前会对鼠标单击位置的颜色进行取样，从而只填充颜色相同或相似的图像区域；若创建了选区，则会填充所选区域。

如图6-91所示为油漆桶工具选项栏，用户可在该选项栏中设置填充的内容、模式、不透明度、容差等。

图6-91 油漆桶工具选项栏

选择油漆桶工具◇，在"填充"列表框中选择填充的内容。当选择"图案"作为填充内容时，"图案"列表框被激活，单击其右侧的下拉列表按钮，可打开图案下拉面板，从中选择所需的填充图案。设置实色或图案填充的模式，在画面上单击进行填充。

手把手 6-4 油漆桶工具

视频文件：视频\第6章\手把手6-4.MP4

01▷ 执行"文件"|"打开"命令，选择本书配套资源中"源文件\第6章\6.4\6.4.3\花纹.jpg"，单击"打开"按钮，打开一张素材图像，如图6-92所示。

02▷ 选择背景图层，按〈Ctrl+J〉快捷键复制一层，单击油漆桶工具◇，在属性栏中选择相应的图案花纹，在画面中单击填充图案，如图6-93所示。

03▷ 将混合模式改为"滤色"，效果如图6-94所示。

图6-92 原图　　图6-93 正片叠底　　图6-94 滤色

油漆桶工具选项栏各参数含义如下：

▶ "填充"列表框：可选择填充的内容。当选择"图案"作为填充内容时，"图案"列表框被激活，单击其右侧的下拉列表按钮∨，可打开图案下拉面板，从中选择所需的填充图案。

▶ "图案"列表框：通过图案列表定义填充的图案，并通过拾色器的快捷菜单进行图案的载入、复位、替换等操作。

▶ 模式：设置实色或图案填充的模式。

▶ 不透明度：设置填充的不透明度，其中100%为完全不透明，0%为完全透明。

▶ 容差：控制填充颜色的范围为0~255。数值越大，选择类似颜色的选区就越大。低容差填充颜色值范围内与所单击像素非常相似的像素；高容差则填充更大范围内的像素，如图6-95所示。

▶ 连续的：选中此复选框，连续的像素都将被填充；未选中此该复选框，像素相似的连续和不连续区域都将被填充。

▶ 所有图层：基于所有可见图层中的合并颜色数据填充像素。

▶ 消除锯齿：用于消除填充像素之间的锯齿，平滑边缘。

原图　　　　　容差为10　　　　　容差为60

图6-95 容差示例

技巧点拨 在使用油漆桶工具时，直接按键盘上的数字键可以快速定义不透明度值，例如输入1表示10%，输入2表示20%，输入0表示100%。

6.4.4 边讲边练——为卡通人物填色

Before　　　　　　　After

下面通过一个小练习来介绍如何运用油漆桶工具为一幅黑白图画填色。

💿 文件路径：源文件\第06章\6.4.4

📹 视频文件：视频\第06章\6.4.4.MP4

01▶ 按〈Ctrl+O〉快捷键，打开卡通人物素材图像，如图6-96所示。按〈Ctrl+J〉快捷键，复制"素材"图层，得到"背景 拷贝"。

02▶ 选择魔棒工具 ✎ ，在画面中单击，选择主体之外的空白区域，按〈Delete〉键删除，隐藏背景图层如图6-97所示。

图6-96 打开卡通人物素材　　　图6-97 隐藏背景图层

03▶ 按〈Alt+S+I〉快捷键反选，选中画面主体。在"背景 拷贝"图层下方新建空白图层并选中，如图6-98所示。

04▶ 选择油漆桶工具 ◇ ，在工具选项栏中设置"填充"为"前景"（R:189,G:190.B:190），"模式"为"正常"，"容差"为32。在选区内单击填充阴影，选择移动工具 ✛ 调整位置，如图6-99所示。

图6-98 新建空白图层　　　图6-99 填充阴影
并选中

05▶ 选择"魔棒工具"，在"背景 拷贝"图层中单击人物头发，建立选区，按〈Ctrl+J〉快捷键复制至自动生成的图层上，使用油漆桶 ◇ 上色，如图6-100所示。

06▶ 参照上述方法完成其他的颜色填充，如图6-101所示。

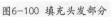

图6-100 填充头发部分　　　图6-101 填充其他部分

6.4.5 "填充"命令

除了使用油漆桶工具  对图像进行实色或图案的填充外，还可以执行"填充"命令进行填充，"填充"命令的一项重要功能是可以有效地保护图像中的透明区域，有针对性地填充图像。

执行"编辑"→"填充"命令，或按〈Shift+F5〉快捷键，打开"填充"对话框，如图6-102所示，选择使用不同的内容和混合模式，可以实现不同的填充效果。

图6-102 "填充"对话框

在"使用"下拉列表中的"内容识别"选项时，可智能修复图像，删除任何图像细节或对象，删除内容看上去似乎本来就不存在，如图6-103所示。

原图　　　　　　修复图像

图6-103 内容识别示例

6.4.6 "描边"命令

在Photoshop中，可以执行"描边"命令在选区、路径或图层周围绘制实色边框。执行"编辑"→"描边"命令，弹出"描边"对话框，如图6-104所示，可以设置描边的宽度、位置以及混合方式。

在"描边"选项组中可以定义描边的"宽度"，即边框的宽度，以及通过单击颜色缩览图和拾色器指定描边的颜色，如图6-105所示。

图6-104 "描边"对话框

建立选区　　　宽度为5像素　　　宽度为20像素

图6-105 描边

在"位置"选项组中可以定义描边的位置，可以选择在选区或图层边界的内部、外部或者沿选区或图层边界居中描边，如图6-106所示。

内部　　　　　居中　　　　　外部

图6-106 位置

在"混合"选项组中，可以指定描边的混合模式和不透明度，以及只对具有像素的区域描边，保留图像中的透明区域不被描边，如图6-107所示。

图6-107 混合模式"溶解"不透明度70%

不同位置的描边，除了位置的具体差别外，在描边效果细节上也有一些差别。例如，内部的描边效果在转折位置更加尖锐，居中描边效果在转折位置更加平滑，外部描边的效果在转折位置表现出最平滑的过渡效果。

6.5 实战演练——合成动感效果

本实例介绍使用钢笔工具和画笔工具等合成一副绚丽背景。

📀 文件路径：源文件\第06章\6.5

📀 视频文件：视频\第06章\6.5.MP4

01≫ 启用Photoshop后，执行"文件"→"新建"命令，弹出"新建"对话框，在对话框中设置参数如图6-108所示，单击"确定"按钮，新建一个空白文件。

02≫ 设置前景色为黑色，按〈Alt+Delete〉快捷键填充，按〈Ctrl+O〉快捷键弹出"打开"对话框，选择人物素材，将人物素材添加至图像中，调整好位置和大小，效果如图6-109所示，图层面板自动生成"图层1"。

图6-108 "新建"对话框　　图6-109 添加人物素材

03≫ 按〈Ctrl+J〉快捷键复制"图层1"，并得到"图层1副本1"，执行"滤镜"→"模糊"→"高斯模糊"命令，设置半径为70像素，单击"确定"按钮。按〈Ctrl+J〉快捷键复制"图层1副本1"，得到"图层1副本2"，并调整位置，如图6-110所示。

04≫ 将"图层1"移动至"图层1副本2"上方，如图6-111所示。

图6-110 高斯模糊　　图6-111 调整图层顺序

05≫ 按〈Ctrl+O〉快捷键弹出"打开"对话框，选择光芒素材，单击"打开"按钮，将图案素材添加至图像中。按〈Ctrl+T〉快捷键自由变换，调整好位置和大小，添加图层蒙版，设置前背景色为黑/白色，

选择渐变工具▣，填充渐变制作渐隐效果，如图6-112所示。

06≫ 单击"图层"面板中的"创建新图层"按钮🔲，得到"图层3"，选择画笔工具，设置前景色为（#00f0ff），在图层中涂抹，完成后选择像皮擦工具擦除多余的部分，效果如图6-113所示。

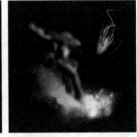

图6-112 添加光芒素材　　图6-113 画笔涂抹

07≫ 按〈Ctrl+J〉快捷键复制"图层3"，得到"图层3副本"，按〈Ctrl+T〉快捷键调整图层的位置和大小，效果如图6-114所示。

08≫ 单击"图层"面板中的"创建新图层"按钮🔲，得到图层4，选择椭圆选框工具绘制如图6-115所示椭圆。

图6-114 复制图层　　图6-115 绘制椭圆选框

09≫ 设置前景色为（#53e6ef），按下〈Shift+F6〉快捷键弹出"羽化选区"对话框，半径设为100像素，按〈Shift+F5〉快捷键填充前景色，按〈Ctrl+D〉快捷键取消选区，设置图层不透明度为65%，按〈Ctrl+T〉快捷键调整形态，效果如图6-116所示。

10》 单击"图层"面板中的"创建新图层"按钮
得到"图层5"，继续运用画笔工具在图像上绘制
其他的图案，效果如图6-117所示。
11》 选择"图层5"，单击图层缩览图，弹出"图层
样式"对话框，设置参数如图6-118所示。
12》 本实例最后效果如图6-119所示。

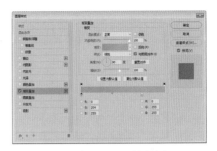

图6-118 设置图层样式参数

图6-116 绘制不规则椭圆　　图6-117 绘制其他形状

图6-119 最终效果

6.6 习题——干裂手掌上的世界

本实例主要运用画笔工具、图层蒙版、调整图层等进行操作，合成一幅干裂手掌上的世界。

文件路径：源文件\第06章\6.6

视频文件：视频\第06章\6.6.MP4

操作提示：

01》 新建一个空白文件。
02》 添加背景素材。
03》 添加手掌素材，添加图层蒙版，抠出手掌。
04》 添加"色相/饱和度"调整图层。
05》 定义画笔绘制雨水。
06》 添加其他素材。

第7章

修复与美化我的靓图
——照片的修复和修饰

熟练掌握Photoshop中各种修复工具和润饰工具的操作，掌握它们强大的图像处理功能，可以快速地将各种有缺陷的数码照片修复得美轮美奂。

本章将介绍各种修复工具和润饰工具的相关知识及使用方法，简单快速地修复有缺陷的数码照片和修饰图像中的颜色。

7.1 照片修复工具

使用修复工具可以对一些有缺损的图片和照片中的污点、杂点、红眼等瑕疵进行快速修复和修补，主要包括污点修复画笔工具 ✐、修复画笔工具 ✐、修补工具 ⬡、红眼工具 ✚ 和内容感知移动工具 ✄。此外，Photoshop 的绘画工具中有一组特别的绘画复制工具——仿制图章工具 ♨ 和图案图章工具 ♨，它们的基本作用是对图像进行仿制，结合画笔样式的设置，可以将普通的图像进行艺术化处理。

7.1.1 污点修复画笔工具

污点修复画笔工具 ✐ 可以用于去除照片中的杂色或污点。使用该工具在图像中有污点的地方单击，即可快速修复污点。Photoshop能够自动分析鼠标单击处及周围图像不透明度、颜色与质感，从而进行自动采样与修复操作。选择污点修复画笔工具 ✐，在工具选项栏中设置各选项，如图7-1所示，在图像中的污点部分单击去除污点。

图7-3 运用污点工具单击

03≫ 修复结果如图7-4所示。

专家提示 污点修复画笔工具可以自动根据近似图像颜色修复图像中的污点，从而与图像原有的纹理、颜色、明度匹配，该工具主要针对小面积污点。注意设置画笔的大小需要比污点略大。

图7-1 污点修复画笔工具选项栏

手把手 7-1 污点修复画笔工具
视频文件：视频\第7章\手把手7-1.MP4

01≫ 打开本书配套资源中"源文件\第7章\7.1\7.1.1\人物.jpg"文件，如图7-2所示。
02≫ 新建一个图层，单击工具箱中的污点修复画笔工具 ✐，选中工具选项栏"对所有图层取样"复选框，在图像黑色污点处单击，如图7-3所示。

疑难问答 如何调整污点修复画笔工具？
污点修复画笔工具的使用方法与画笔工具类似，可按〈[〉和〈]〉键缩放笔尖，也可以在工具选项栏中打开"画笔选项"进行调整，如图7-5所示。

图7-2 打开图片

图7-4 释放鼠标　　　　图7-5 画笔选项

7.1.2 边讲边练——去除人物身上的痣斑

很多照片上的人物脸部会有一些斑点，使整个照片显得美中不足，本实例主要介绍使用污点修复画笔工具去除人物脸部痣斑的方法。

📀 文件路径：源文件\第07章\7.1.2
📹 视频文件：视频\第07章\7.1.2.MP4

01≫ 开本书配套资源中"源文件\第7章\7.1\7.1.2\原图.jpg"文件，如图7-6所示。
02≫ 按〈Ctrl+J〉快捷键，复制图层，新建一个

图层，单击工具箱中的污点修复画笔工具 ✐，按住〈Ctrl+空格键〉快捷键框住需要放大的部分，如图7-7所示。

图7-6 打开图片　　　图7-7 放大图形

03≫ 在工具选项栏中设置"模式"为"滤色"，"类型"选择"内容识别"，勾选"对所有图层取样"复制框，在图像黑色污点处单击，如图7-8所示。

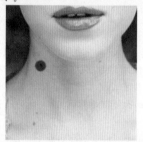

图7-8 运用污点工具单击

04≫ 释放鼠标后，效果如图7-9所示。

05≫ 参照此方法，继续单击其他小黑痣，效果如图7-10所示。

图7-9 释放鼠标效果　　　图7-10 修复黑痣效果

06≫ 继续修复脸上的斑点，直至将图形修复完美为止，如图7-11所示。

07≫ 最终效果如图7-12所示。

图7-11 修复斑点效果　　　图7-12 完成效果

7.1.3 修复画笔工具

修复画笔工具 ✐ 通过从图像中取样或用图案填充图像来修复图像。修复画笔工具选项栏如图7-13所示。

图7-13 修复画笔工具选项栏

在修复图像前应在"源"中选择取样的方式。
- 取样：选择"取样"方式，将通过从图像中取样来修复有缺陷图像。
- 图案：选择"图案"方式，将使用图案填充图像，但该工具在填充图案时，可根据周围的环境自动调整填充图案的色彩和色调。

手把手 7-2　去除人物脸部瑕疵

视频文件：视频\第7章\手把手7-2.MP4

01≫ 打开本书配套资源中"源文件\第7章\7.1\7.1.3\原图.jpg"文件，如图7-14所示。

02≫ 选择修复画笔工具 ✐，按〈Alt〉键，当光标显示为 ⊕ 形状时，在没有瑕疵的脸部皮肤位置单击鼠标进行取样，如图7-15所示。

03≫ 释放〈Alt〉键，在有瑕疵的部分依次单击，即可将刚才取样位置的图像覆盖到当前绘制的位置，如图7-16所示。

图7-14 打开图片　　图7-15 单击无瑕　　图7-16 去除瑕疵
　　　　　　　　　　　　 疵部分

专家提示　从Photoshop CS4版本起，修复画笔工具和仿制图章工具添加了一项智能化的改进，那就是在画笔区域内即时显示取样图像的具体部位，这有助于在修复和仿制图像时对新图像的位置进行准确定位。单击工具选项栏中的仿制源按钮 ▣，打开仿制源面板，在面板中勾选"显示叠加"复选框，如图7-17所示。

取样修复的源

画笔中显示取样的图像

图7-17 即时显示取样图像的具体部位

7.1.4 修补工具

修补工具 ⊙ 适用于对图像的某一块区域进行整体操作，修补时首先需要创建一个选区，然后使用选区图像作为"源"或"目标"，拖动到其他地方进行修补。

单击修补工具 ⊙，工具选项栏如图7-18所示。

图7-18 修补工具选项栏

▷ 透明：勾选该选项后，可以使修补的图像与原图像产生透明的叠加效果。

▷ 修补：用来设置修补方式。如果选择"源"，当将选取拖至要修补的区域以后，放开鼠标就会用当前选区中的图像修补原来选中的内容；如果选择"目标"，则会将选中的图像复制到目标区域。

7.1.5 边讲边练——去除黑眼圈

在日常生活中，人们受睡眠和精神状态等多方面的影响，可能产生难看的黑眼圈。本实例主要介绍使用修补工具去除人物黑眼圈的方法。

◎ 文件路径：源文件\第07章\7.1.5

◎ 视频文件：视频\第07章\7.1.5.MP4

01» 按〈Ctrl+O〉快捷键打开一张照片素材，如图7-19所示。

02» 在"图层"面板中单击选中"背景"图层，按住鼠标将其拖动至"创建新图层"按钮 ⬚ 上，复制得到"背景副本"图层。

03» 在工具箱中选择缩放工具 🔍，或按〈Z〉快捷键，然后移动光标至图像窗口，这时光标显示 ⊕ 形状，在人物脸部按住鼠标并拖动，释放鼠标后窗口放大显示人物脸部，如图7-20所示，便于后面的操作。

04» 选择工具箱中的修补工具 ⊙，在黑眼圈范围单击并拖动鼠标，选择需要修补的图像区域，如图7-21所示。

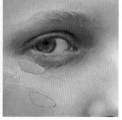

图7-21 选择要修补的区域　　图7-22 拖动至采样区域

06» 释放鼠标后，可以使用该区域的图像修补原选区内的图像，如图7-23所示。

07» 执行"选择"→"取消选择"命令，或按〈Ctrl+D〉快捷键取消选择，效果如图7-24所示。

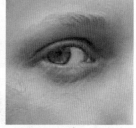

图7-23 修复黑眼圈　　图7-24 取消选区

图7-19 打开照片素材　　图7-20 放大图形

05» 设置修补方式，在工具选项栏中选择"内容识别"，移动光标至选区上，当光标显示为 ▷⊕ 形状时按住鼠标拖动至采样图像区域，如图7-22所示。

08» 继续去除右眼的黑眼圈，如图7-25所示。

09» 采取相同的方法去除人物左眼的黑眼圈，得到如图7-26所示效果。

图7-25 去除左眼黑眼圈　　　　图7-26 完成效果

修补工具选择图像的方法与套索工具 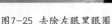 完全相同，当然也可使用其他选择工具制作更为精确的选择区域。

7.1.6 内容感知移动工具

用内容感知移动工具 ✂ 将选中的对象移动或扩展到图像的其他区域后，可以重组和混合对象，产生出色的视觉效果。如图7-27所示为内容感知移动工具选项栏。

图7-27 内容感知移动工具选项栏

▶ 模式：用来选择图像移动方式，包括"移动"和"扩展"。
▶ 适应：用来设置图像修复精度。
▶ 对所有图层取样：如果文档中包含多个图层，勾选该选项，可以对所有图层中的图像进行取样。

手把手 7-3 内容感知移动工具
视频文件：视频\第7章\手把手7-3.MP4

01>> 打开本书配套资源中"源文件\第7章\7.1\7.1.6\沙漠.jpg"文件，如图7-28所示。
02>> 选择工具箱中的内容感知移动工具 ✂，在工具选项栏中设置"模式"为"移动"，框选右边图形，拖动至需要放置图像的区域，原区域自动以周围色值填充，如图7-29所示。

03>> 设置"模式"为"扩展"，框选右边图形，拖动至需要放置图像的区域，则复制了一个图形，如图7-30所示。

图7-28 打开文件 　图7-29 "移动"模　图7-30 "扩展"模
　　　　　　　　　　式效果　　　　式效果

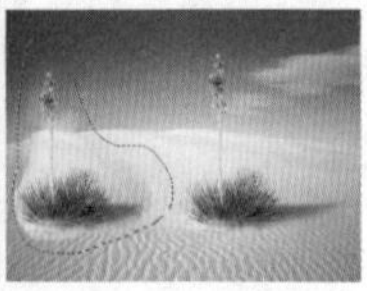

04>> 打开本书配套资源中"源文件\第7章\7.1\7.1.6\牛羊.jpg"文件，选择内容感知移动工具，框选左边的牛，如图7-31所示。
05>> 在工具选项栏中设置"适应"为"非常严格"，拖动选区至需要放置图像的区域，如图7-32所示。
06>> 在工具选项栏中设置"适应"为"非常松散"，拖动选区至需要放置图像的区域，如图7-33所示。

图7-31 打开文件 　图7-32 非常严　图7-33 非常松
　　　　　　　　　格效果　　　　散效果

7.1.7 红眼工具

红眼工具 ＋☉ 可以去除用闪光灯拍摄的人物照片中的红眼以及动物照片中的白色或绿色反光。

红眼工具的使用方法非常简单，只需要在设置参数后，在图像中红眼位置单击，即可校正红眼。如图7-34所示为红眼工具选项栏。

＋☉ ⌄　瞳孔大小：50% ⌄　变暗量：50% ⌄

图7-34 红眼工具选项栏

用户可在工具选项栏中设置瞳孔（眼睛暗色的中心）的大小和瞳孔的暗度。
▶ 瞳孔大小：设置瞳孔（眼睛暗色的中心）的大小。
▶ 变暗量：设置瞳孔的暗度。

7.1.8 边讲边练——去除红眼

Before　　　After

红眼是由于相机闪光灯在视网膜上反光引起的。为了避免红眼，用户可以使用相机的红眼消除功能。本实例介绍使用红眼工具进行操作，为照片中人物去除红眼。

📀 文件路径：源文件\第07章\7.1.8
🎬 视频文件：视频\第07章\7.1.8.MP4

01≫ 启动Photoshop，执行"文件"→"打开"命令，在"打开"对话框中选择素材照片，单击"打开"按钮，如图7-35所示。

02≫ 单击工具箱中的红眼工具 ，在其工具选项中设置参数如图7-36所示。

图7-35 素材照片　　　图7-36 参数设置

03≫ 设置完成后，在人物的右眼上单击，去除右眼红眼，效果如图7-37所示，再在左眼上单

击，去除左眼红眼效果。至此，本实例制作完成，最终效果如图7-38所示。

图7-37 去除右眼红眼　　　图7-38 最终效果

技巧点拨 除了使用专门的红眼修复工具，也可以使用画笔工具，设置前景色为黑色，设置混合模式为"颜色"，同样可以去除人物的红眼。

7.1.9 仿制图章工具

仿制图章工具 用于复制图像的内容，它可以使指定区域的图像仿制到同一图像的其他区域，仿制源区域和仿制目标区域的图像像素完全一致。

手把手 7-4 仿制图章工具

视频文件：视频\第7章\手把手7-4.MP4

01≫ 打开本书配套资源中"源文件\第7章\7.1\7.1.9\花.jpg"文件，新建一个图层，如图7-39所示。

图7-39 打开文件

02≫ 选择仿制图章工具 ，在选项栏中设置合适大小的画笔，在"样本"下拉框中选择"所有图层"，按住〈Alt〉键单击鼠标进行取样，松开〈Alt〉键，移动光标到当前图像或另一幅图像中，按住鼠标左键进行涂抹，图像被复制到当前位置，此时的图层面板如图7-40所示。按〈Ctrl+T〉快捷键水平翻转，调整位置如图7-41所示。

图7-40 面板显示　　　图7-41 复制图形

仿制图章工具选项栏如图7-42所示。

图7-42 仿制图章工具选项栏

▶ 对齐：选中"对齐"选项，在复制图像时，无论执行多少次操作，每次复制时都会以上次取样点的最终移动位置为起点开始复制，以保持图像的连续性。否则在每次复制图像时，都会以第一次按〈Alt〉键取样时的位置为起点进行复制，因而会造成图像的多重叠加效果。

▶ 样本：在"样本"下拉列表中可选择"当前图层""当前及下方图层"或者"所有图层"进行取样。

疑难问答 光标中心的十字线有什么用处？

使用仿制图章时，按住〈Alt〉键在图像中单击，定义要复制的内容（称为"取样"），然后将光标放在其他位置，放开〈Alt〉键拖动鼠标涂抹，即可将复制的图像应用到当前位置。与此同时，画面中会出现一个圆形光标和一个十字形光标，圆形光标是正在涂抹的取样，而该取样的内容则是从十字光标所在位置的图像上复制的。在操作时，两个光标始终保持相同的距离，只需要观察十字形光标位置的图像，便知道将要涂抹出什么样的图像内容。

7.1.10 边学边练——去除照片上的日期

Before   After

用户可以通过本实例介绍的操作方法去除照片上的日期，完善照片的整体效果。

文件路径：源文件\第07章\7.1.10

视频文件：视频\第07章\7.1.10.MP4

01》 启动Photoshop，选择"文件"→"打开"命令，在"打开"对话框中选择素材照片，单击"打开"按钮，如图7-43所示。

02》 在工具箱中选择缩放工具 🔍，或按〈Z〉键，然后移动光标至图像窗口，这时光标显示 🔍 形状，在日期部分单击鼠标，如图7-44所示，窗口放大显示日期部分，方便于后面的操作。

图7-45 取样   图7-46 去除日期

05》 至此，本实例制作完成，最终效果如图7-47所示。

图7-43 打开文件   图7-44 放大显示图像

03》 选择工具箱中的仿制图章工具 🔖，在工具选项栏中设置参数大小，按住〈Alt〉键，待鼠标指针变为 ⊕ 形状时在日期周围的图像部分单击作为仿制源，释放〈Alt〉键，在日期的位置单击去除日期，如图7-45所示。

04》 继续使用仿制图章工具 🔖，去除所有日期区域，如图7-46所示。

图7-47 最终效果

7.1.11 图案图章工具

图案图章工具 🔖 可以将特定区域指定为图案纹理并进行仿制，复制的图案可以选择Photoshop提供的预设图案，也可以是自定义的图案。

如图7-48所示为图案图章的工具选项栏，在工具选项栏中可以通过"图案"拾取器选择和载入各种图案，并将其仿制到图像中。

手把手 7-5 图案图章工具

视频文件：视频\第7章\手把手7-5.MP4

01》 执行"编辑"→"预设"→"预设管理器"命令，打开"预设管理器"对话框，选择"预设类型"为"图案"，单击"载入"按钮，在"载入"对话框中选择本书配套资源中"附赠资源\填充图案"文件夹，选中"girls.pat"文件，单击"载入"按钮，确认载入填充图案，如图 7-49所示。

图7-48 图案图章工具选项栏

- 对齐：选中此选项时，无论执行多少次操作，每次复制时都会以上次取样点的最终移动位置为起点开始复制，以保持图像的连续性。未选中此选项时，多次复制时会得到图像的重叠效果。
- 印象派效果：选中此选项会得到经过艺术处理的图案效果。

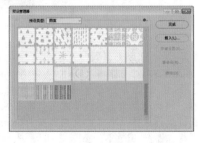

图 7-49 "预设管理器"载入填充图案

02》 打开本书配套资源中"源文件＼第7章＼7.1＼7.1.11.jpg"文件，如图7-50所示。

03》 选择工具箱中的图案图章工具，在工具选项栏中选择笔尖，单击图案下拉按钮，在弹出的图案定义面板中选中刚刚载入的图案，在工具选项栏中设置"模式"为"正常"，勾选"对齐"选项，在人物衣服上绘制图案，效果如图7-51所示。

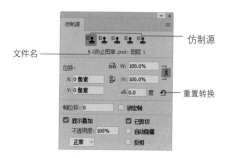

图7-54 "仿制源"面板

图7-50 原图　　　图7-51 "正常"模式效果

04》 在工具选项栏中设置"模式"为"颜色"，在画面中绘制图案，如图7-52所示。

05》 在工具选项栏中勾选"印象派效果"选项，在画面中绘制图案，如图7-53所示。

图7-52 "颜色"模式效果　　图7-53 印象派效果

7.1.12 仿制源面板

"仿制源"面板主要用于仿制图章工具或修复画笔工具，让这些工具使用起来更加方便、快捷，从而提高工作效率。在对图像进行修饰时，若需要确定多个仿制源，可以使用"仿制源"面板进行设置，即可在多个仿制源中进行切换，并可对克隆源区域的大小、缩放比例、方向进行动态调整。

执行"窗口"→"仿制源"命令，即可打开"仿制源"面板，如图7-54所示。

"仿制源"面板中各选项含义如下。

- 仿制源：单击"仿制源"按钮，然后设置取样点，即可设置5个不同的取样源。通过设置不同的取样点，可以更改仿制源按钮的取样源。"仿制源"面板将自动存储本源，直到关闭文件。
- 文件名：显示当前选择源的文件名称。
- 位移：输入W（宽度）或H（高度），可缩放所仿制的源，默认情况下将约束比例。要单独调整尺寸或恢复约束选项，可单击"保持长宽比"按钮；指定X和Y像素位移后，可在相对于取样点的精确位置进行绘制；输入旋转角度时，可旋转仿制源，如图7-55所示。
- 显示叠加：选中"显示叠加"并设置叠加选项，即可显示仿制源的叠加。在"不透明度"选项中可以设置叠加的不透明度；选中"自动隐藏"复选框，可在应用绘画描边时隐藏叠加；在仿制源调整底部的下拉菜单中可以选择"正常""变暗""变亮"或"差值"混合模式，用来设置叠加的外观；选中"反相"复选框，可反相叠加仿制源的颜色。

专家提示 单击"重置转换"按钮，可将本源复位到其初始大小和方向。

图7-55 位移

专家提示 在仿制源面板中，对图像设置了仿制源后，可以切换到其他图像中，将刚才设置的仿制源应用到当前图像中。

7.2 照片润饰工具

照片润饰工具包括模糊工具、锐化工具、涂抹工具、减淡工具、加深工具和海绵工具，它们主要用于修饰图像中的现有颜色，改善图像的曝光度、色调、色彩饱和度等，并对绘制的颜色进行修复和润饰。

7.2.1 模糊工具

模糊工具 △.可以柔化图像，减少图像细节。使用模糊工具在某个区域中进行绘制，该区域的图像即可变为模糊的效果。模糊工具选项栏如图7-56所示。

图7-56 模糊工具选项栏

"模糊工具选项栏"中各选项含义如下。

▶ 模式：在"模式"下拉列表中可以设置绘画模式，包括"正常""变暗""变亮""色相""饱和度""颜色"和"亮度"。

▶ 强度：数值的大小可以控制模糊的程度。

▶ 对所有图层取样：选中"对所有图层取样"复选框，即可使用所有可见图层中的数据进行模糊或锐化；未选中"对所有图层取样"复选框，则只使用现有图层中的数据进行模糊。

手把手 7-6 | 模糊工具

视频文件：视频\第7章\手把手7-6.MP4

01≫ 打开本书配套资源中"源文件\第7章\7.2\7.2.1.jpg"文件，如图7-57所示。

02≫ 选择工具箱中的模糊工具 △.，在图像周边涂抹，模糊周边环境，效果如图7-58所示。

图7-57 原图像   图7-58 模糊背景

03≫ 在选项栏中设置"强度"为30%，涂抹周边，效果如图7-59所示。

04≫ 设置"强度"为100%，涂抹花朵主体，效果如图7-60所示。

图7-59 强度为30%   图7-60 强度为100%

7.2.2 锐化工具

锐化工具 △.可以增强图像中相邻像素之间的对比，从而使图像变得更清晰。选择锐化工具 △.，在图像中单击并拖动鼠标即可进行锐化处理。

手把手 7-7 | 锐化工具

视频文件：视频\第7章\手把手7-7.MP4

01≫ 打开本书配套资源中"源文件\第7章\7.2\7.2.2.jpg"文件，如图7-61所示。

02≫ 选择工具箱中的锐化工具 △.，在图像花朵处涂抹，锐化花朵，效果如图7-62所示。

图7-61 原图像   图7-62 锐化效果

7.2.3 涂抹工具

涂抹工具 ❨.通过混合各种色调颜色，使图像中相邻颜色互相混合而产生模糊感。如图7-63所示为涂抹工具选项栏，选中"手指绘画"复选框，可指定一个前景色，并使用鼠标或者压感笔在图像上创建绘画效果。

图7-63 涂抹工具选项栏

手把手 7-8 | 涂抹工具

视频文件：视频\第7章\手把手7-8.MP4

01≫ 打开本书配套资源中"源文件\第7章\7.2\7.2.3.jpg"文件，如图7-64所示。

图7-64 原图像

02≫ 选择工具箱中的涂抹工具 ❨.，涂抹白纱，效果如图7-65所示。

03≫ 设置前景色为红色，勾选工具选项栏中的"手指绘画"复选框，涂抹白纱，效果如图7-66所示。

图7-65 白纱飘扬效果   图7-66 手指绘画效果

涂抹工具不能在位图和索引颜色模式上使用。

7.2.4 减淡工具

减淡工具  用于增强图像部分区域的颜色亮度。它和加深工具是一组效果相反的工具，两者都常用来调整图像的对比度、亮度和细节。

如图7-67所示为减淡工具选项栏，通过在该选项栏中指定图像减淡范围、曝光度，可以对不同的区域进行不同程度的减淡。

图7-67 减淡工具选项栏

"减淡工具选项栏"中各选项含义如下。

▶ 阴影：修改图像的低色调区域。
▶ 高光：修改图像高亮区域。
▶ 中间调：修改图像的中间色调区域，即介于阴影和高光之间的色调区域。
▶ 曝光度：定义曝光的强度，值越大，曝光度越大，图像变亮的程度越明显。

▶ 保护色调：选中"保护色调"复选框，可以在操作的过程中保护画面的亮部和暗部尽量不受影响，保护图像原始的色调和饱和度。

手把手 7-9 减淡工具

视频文件：视频\第7章\手把手7-9.MP4

01》 打开本书配套资源中"源文件\第7章\7.2\7.2.4.jpg"文件，如图7-68所示。
02》 选择工具箱中的减淡工具 ，在工具选项栏中选中"保护色调"复选框，涂抹图片，效果如图7-69所示。
03》 取消"保护色调"复选框勾选，涂抹图片，效果如图7-70所示。

图7-68 原图像 　图7-69 保护色　图7-70 未保护
　　　　　　　　调效果　　　　色调效果

7.2.5 边讲边练——增白人物眼白

Before　　　　　After

本实例通过减淡工具进行操作，为照片中人物增白眼白，让人物的眼睛亮起来。

文件路径：源文件\第07章\7.2.5

视频文件：视频\第07章\7.2.5.MP4

01》 启动Photoshop后，执行"文件"→"打开"命令，在"打开"对话框中选择人物素材，单击"打开"按钮，如图7-71所示。
02》 在"图层"面板中单击选中背景图层，按住鼠标将其拖动至"创建新图层"按钮 上，复制得到背景副本图层。
03》 在工具箱中选择缩放工具 ，移动光标至图像窗口，这时光标显示 形状，在人物右眼部分按住鼠标并拖动，绘制一个虚线框，释放鼠标后，窗口放大显示人物眼睛部分。
04》 选择工具箱中的减淡工具 ，将鼠标移动至眼白部分，单击并拖动鼠标，使眼白部分更加清晰白净，如图7-72所示。
05》 重复操作调整人物左眼的眼白部分，完成后效果如图7-73所示。
06》 运用同样的操作方法，继续使用减淡工具 调整人物的右眼眼白部分。至此，本实例制作

完成，最终效果如图7-74所示。

图7-71 原图　　　　图7-72 减淡右眼

图7-73 减淡左眼　　　图7-74 完成效果

7.2.6 加深工具

加深工具 ◔用于调整图像的部分区域颜色，以降低图像颜色的亮度，如图7-75所示为加深工具选项栏。加深工具和减淡工具的选项栏设置相同，在不同的范围内加深效果如图7-76和图7-77所示。

图7-75 加深工具选项栏

原图　　　　　　　　　　加深阴影

图7-76 不同范围内加深效果1

加深中间调　　　　　　　加深高光

图7-77 不同范围内加深效果2

7.2.7 海绵工具

海绵工具 ◔可以降低或提高图像色彩的饱和度。所谓饱和度指的是图像颜色的强度和纯度，用

0%～100%的数值来衡量，饱和度为0%的图像为灰度图像。

如图7-78所示为海绵工具选项栏，可以设置当前操作为降低或增强饱和度，并通过控制画笔流量和启用"自然饱和度"复选框，选择性地调整饱和度，创建自然饱和效果。

图7-78 海绵工具选项栏

"海绵工具选项栏"中各选项含义如下。

- ▶ 模式：通过下拉列表设置绘画模式，包括"降低饱和度"和"饱和"两个选项。
- ▶ 降低饱和度：选择"降低饱和度"工作模式时，使用海绵工具可以降低图像的饱和度，使图像中的灰度色调增加；若是灰度图像，则会增加中间灰度色调。
- ▶ 饱和：选择"饱和"工作模式时，使用海绵工具可以增加图像颜色的饱和度，使图像中的灰度色调减少；若是灰度图像，则会减少中间灰度色调颜色。
- ▶ 流量：可以设置饱和度的更改效率。
- ▶ 自然饱和度：选中"自然饱和度"复选框，可以在增加饱和度时，防止颜色过度饱和而出现溢色。

手把手 7-10 | 海绵工具

视频文件：视频\第7章\手把手7-10.MP4

01>> 打开本书配套资源中"源文件\第7章\7.2\7.2.7.jpg"文件，如图7-79所示。

02>> 选择工具箱中的海绵工具 ◔，在工具选项栏"模式"下拉列表框中选择"饱和"，涂抹图片，增加图像颜色饱和度，效果如图7-80所示。

03>> 在工具选项栏"模式"下拉列表框中选择"降低饱和度"，涂抹图片，效果如图7-81所示。

图7-79 原图

图7-80 饱和　　　　　　图7-81 降低饱和度

7.3 绘画修饰工具

Photoshop 提供了 3 种擦除工具，包括橡皮擦工具 ，、背景橡皮擦工具 和魔术橡皮擦工具 ，它们在绘画中起到修饰作用。另外，历史记录画笔工具 和历史记录艺术画笔工具 在修饰编辑图像过程中也会起到非常重要的作用。

7.3.1 橡皮擦工具

橡皮擦工具 用于擦除图像像素。如果在背景图层上使用橡皮擦，Photoshop会在擦除的位置填入背景色；如果当前图层为非背景图层，那么擦除的位置就会变为透明，如图7-82所示。

原图　　擦除背景图层图像　擦除非背景图层图像

图7-82 橡皮擦工具擦除图像

如图7-83所示为橡皮擦工具选项栏，在该选项栏中可设置模式、不透明度、流量和抹到历史记录等选项。在"模式"下拉列表中可设置橡皮擦的笔触特性，包括画笔、铅笔和块3种方式，在不同方式下擦除所得到的效果与使用这些方式绘图的效果相同，如图7-84所示。

图7-83 橡皮擦工具选项栏

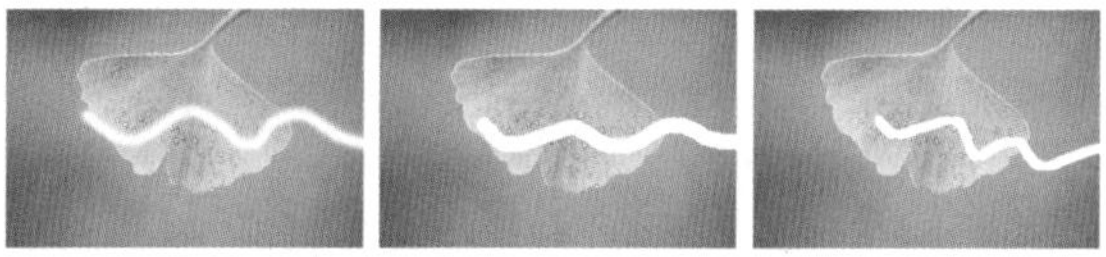

画笔　　　　　铅笔　　　　　块

图7-84 不同模式的效果

选中"抹到历史记录"复选框，橡皮擦工具就会具有历史记录画笔工具 的功能，能够有选择性地恢复图像至某一历史记录状态，其操作方法与历史记录画笔工具相同。

> **专家提示** 在擦除图像时，按〈Alt〉键，可激活"抹到历史记录"功能，相当于选中"抹到历史记录"复选框，这样可以快速恢复部分误擦除的图像。

7.3.2 背景橡皮擦工具

背景橡皮擦工具 可以将图层上的像素涂抹成透明，并且在抹除背景的同时在前景中保留对象的边缘，因而非常适合清除一些背景较为复杂的图像。如果当前图层是背景图层，那么使用背景橡皮擦工具擦除后，背景图层将转换为名为"图层0"的普通图层。

如图 7-85所示为背景橡皮擦工具选项栏。

图 7-85 背景橡皮擦工具选项栏

"背景橡皮擦工具选项栏"中各选项含义如下。

- ▸ 画笔预设管理器 ：单击将弹出画笔下拉面板，可以在该面板中设置画笔大小、硬度、间距、角度、圆度和容差等参数。
- ▸ 取样：分别单击3个图标，可以以3种不同的取样模式进行擦除操作。 模式：取样连续，在鼠标移动的过程中，随着取样点的移动而不断地取样，此时背景色板颜色会在操作过程中不断变化； 模式：取样一次，以第一次擦除操作的取样作为取样颜色，取样颜色不会随着鼠标的移动而发生改变； 模式：取样背景色板，以工具箱背景色板的颜色作为取样颜色，只擦除图像中有背景色的区域。
- ▸ 限制：用来选择擦除背景的限制类型，包含3种类型：连续、不连续和查找边缘。"不连续"定义所有取样颜色被擦除；"连续"定义与取样颜色相关联的区域被擦除；"查找边缘"定义与取样颜色相关的区域被擦除，保留区域边缘的锐利清晰。
- ▸ 容差：用于控制擦除颜色区域的大小。容差数值越大，擦除的范围也就越大。
- ▸ 保护前景色：选中"保护前景色"复选框，可以防止擦除与前景色颜色相同的区域，从而起到保护某部分图像区域的作用。

手把手 7-11 ▏背景橡皮擦工具

> 📹 视频文件：视频\第7章\手把手7-11.MP4

01》 打开本书配套资源"源文件\第7章\7.3\7.3.2.jpg"文件，如图7-86所示。

02>> 在工具箱中选择背景橡皮擦工具，在人物背景处沿着人物轮廓拖动鼠标，画笔大小范围内与画笔中心取样点颜色相同或相似的区域（根据容差大小确定）即被清除，如图7-87所示。

03>> 距离保留对象较远的背景图像则可直接使用选框工具或橡皮擦工具去除，效果如图7-88所示。

图7-86 原图　　图7-87 去除边　　图7-88 去除周
　　　　　　　　　缘背景　　　　　围背景

7.3.3 边讲边练——抠出动物毛发

本实例介绍使用魔术橡皮擦工具抠出动物图像，为其更换背景的操作方法。

📀 文件路径：源文件\第07章\7.3.3

🎬 视频文件：视频\第07章\7.3.3.MP4

01>> 启动Photoshop，执行"文件"→"打开"命令，打开"猫"素材图片，如图7-89所示。

02>> 选择背景橡皮擦工具，在工具选项栏中将"限制"设置为"连续"，如图7-90所示。

图7-89 打开"猫"图像　　图7-90 设置工具选项

03>> 将光标放在图像上，单击并拖拽鼠标，即可擦除黑色背景，如图7-91所示。

04>> 单击"图层"面板底部的"创建新图层"按钮，新建图层，填充任意反差较大的颜色，将其拖至图层面板最下方，如图7-92所示。如此便能更加方便地查看背景是否已经擦干净，如图7-93所示。

图7-91 擦除黑色背景　　图7-92 新建辅助查看图层

05>> 继续使用背景橡皮擦工具，将背景擦除干净，如图7-94所示。

图7-93 查看效果　　图7-94 将背景擦除干净

06>> 将"图层 1"隐藏，如图7-95所示。在工具选项栏单击"背景色板"按钮，设置"限制"为"不连续"，并勾选"保护前景色"选项，如图7-96所示。

图7-95 隐藏"图层1"效果　　图7-96 设置工具选项

07>> 使用吸管工具，在猫的白色毛发上单击设置为前景色，再按住〈Alt〉键在残留的背景颜色上单击，将其设置为背景色，如图7-97、图7-98所示。

图7-97 吸取前景色

图7-98 按住〈Alt〉键吸
取背景色

08≫ 继续使用背景橡皮擦工具 ，在猫边缘的毛发上涂抹，将残留的背景擦除，即可抠出图像，如图7-99所示。

图7-99 抠出"猫"图像

09≫ 选择"文件"→"打开"命令，打开"船"素材图片，如图7-100所示。

10≫ 使用移动工具 ，将抠取的"猫"图像拖至"船"文件中，调整大小及位置，如图7-101所示。

图7-100 打开"船"文件

图7-101 将"猫"图像拖入"船"文件中

11≫ 单击"图层"面板底部的"添加图层蒙版"按钮 ，为"猫"图层添加图层蒙版，设置前景色为黑色，使用画笔工具在蒙版中涂抹猫的底部，显示船的边缘，最终效果如图7-102所示。

图7-102 最终效果

7.3.4 魔术橡皮擦工具

魔术橡皮擦工具 是魔棒工具与背景橡皮擦工具功能的结合，它可以自动分析图像的边缘，将一定容差范围内的背景颜色全部清除而得到透明区域，如图7-103所示。如果当前图层是背景图层，那么将转换为普通图层。

图7-103 使用魔术橡皮擦工具清除图像背景

如图7-104所示为魔术橡皮擦工具选项栏，可在该选项栏中设置容差、消除锯齿等参数。

容差：32 ☑消除锯齿 ☑连续 □对所有图层取样 不透明度：100%

图7-104 魔术橡皮擦工具选项栏

"魔术橡皮擦工具选项栏"中各选项含义如下。

- ▸ 容差：用来设置可擦除的颜色范围。
- ▸ 消除锯齿：选中该项可使擦除区域的边缘变得平滑。
- ▸ 连续：选中该项，将只擦除与单击区域像素邻近的像素；若未选中该选项，则可清除图像中所有相似的像素。
- ▸ 对所有图层取样：选中该复选框，可对所有可见图层中的组合数据采集擦除色样。
- ▸ 不透明度：可以设置擦除强度。

7.3.5 边讲边练——运用魔术橡皮擦工具抠图

Before　　　　　After

本实例介绍使用魔术橡皮擦工具抠出人物图像，为其更换背景的操作方法。

文件路径：源文件\第07章\7.3.5

视频文件：视频\第07章\7.3.5.MP4

01≫ 启动Photoshop，执行"文件"→"打开"命令，在"打开"对话框中选择素材照片，单击"打开"按钮，如图7-105所示。

02≫ 选择魔术橡皮擦工具 ，在人物的周围单击鼠标，即可将所有相似的像素更改为透明，如图7-106所示，背景图层转换为"图层0"图层，如图7-107所示。

图7-105 素材照片　　　　图7-106 擦除人物周围部分

03≫ 选择橡皮擦工具 ，擦除其他多余部分，完成后效果如图7-108所示。

图7-107 图层面板　　　　图7-108 擦除多余部分

04≫ 按〈Ctrl+O〉快捷键打开背景素材，如图7-109所示。

05≫ 选择移动工具 ，将人物添加至背景素材图像中，适当调整大小和位置，效果如图7-110所示。

图7-109 打开背景素材　　　图7-110 效果

06≫ 在图层面板中单击"添加图层样式"按钮 ，在弹出的快捷菜单中选择"投影"选项，弹出"图层样式"对话框，设置参数如图7-111所示，单击"确定"按钮，为人物添加投影效果。

07≫ 至此，本实例制作完成，最终效果如图7-112所示。

图7-111 "投影"参数　　　图7-112 最终效果

7.3.6 历史记录画笔工具

历史记录画笔工具 可以将图像恢复到编辑过程中的某一步骤状态，或者将部分图像恢复为原样。历史

记录画笔工具需要配合"历史记录"面板一同使用。如图7-113所示为历史记录画笔工具选项栏。

图7-113 历史记录画笔工具选项栏

7.3.7 边讲边练——制作颜色对比效果

Before　　　　　After

本实例介绍使用历史记录面板、历史记录画笔工具恢复局部色彩的操作方法，突出照片的主体。

文件路径：源文件\第07章\7.3.7

视频文件：视频\第07章\7.3.7.MP4

01》 按〈Ctrl+O〉快捷键打开素材照片，如图7-114所示。

02》 选择"背景"图层，按住鼠标左键并拖动至"创建新图层"按钮 上，释放鼠标即可得到"背景副本"图层。

03》 执行"图像"→"调整"→"去色"命令，对照片进行去色处理，此时图层面板如图7-115所示，效果如图7-116所示。

图7-116 去色效果　　图7-117 图层面板

 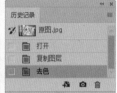

图7-114 打开文件　　图7-115 图层面板

图7-118 完成效果

04》 执行"窗口"→"历史记录"命令，打开历史记录面板。选择历史记录画笔工具 ，在"复制图层"步骤前单击，如图7-117所示。

05》 在工具选项栏中适当调整画笔大小，在图像中涂抹人物部分，将其恢复至"复制图层"时的状态，完成后效果如图7-118所示。

> **专家提示** 用户在编辑图像以后，想要将部分内容恢复到哪一个操作阶段的效果（或者恢复为原始图像），就在"历史记录"面板中该操作步骤前单击，步骤前面会显示历史记录画笔的源图标 ，用历史记录画笔工具涂抹图像，即可将其恢复到该步骤的状态。

7.3.8 历史记录艺术画笔工具

历史记录艺术画笔工具 可用来对图像进行艺术化效果的处理，将普通的图像处理为特殊笔触效果的图像。通过不同笔触的选择，可以模拟出水彩画、油画等效果。

如图7-119所示为历史记录艺术画笔工具选项栏。在选项栏中设置不同的参数，可绘制出不同效果的图像。

图7-120 原图

图7-119 历史记录艺术画笔工具选项栏

在历史记录艺术画笔工具选项栏中的"样式"下拉列表中提供了多个样式，选择不同的样式类型，可以绘制出不同艺术风格的图像。

手把手7-12 历史记录艺术画笔工具

视频文件：视频\第7章\手把手7-12.MP4

01》 打开本书配套资源中"源文件\第7章\7.3\7.3.8.jpg"文件，如图7-120所示。

02》 在工具箱中选择历史记录艺术画笔工具 ，在工具选项栏中的"样式"下拉列表中选择"轻涂"，在画面中涂抹，如图7-121所示。

03》 在工具选项栏中的"样式"下拉列表中选择"绷紧长"，在画面中涂抹，如图7-122所示。

图7-121 轻涂

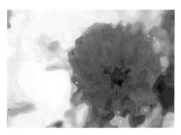

图7-122 绷紧长

7.4 实战演练——花瓣雨

本实例主要通过介绍使用背景橡皮擦工具、魔术橡皮擦工具、涂抹工具等进行操作，制作唯美花瓣雨。

文件路径：源文件\第07章\7.4

视频文件：视频\第07章\7.4.MP4

01≫ 启用Photoshop后，执行"文件"→"新建"命令，弹出"新建"对话框，在对话框中设置参数如图7-123所示，单击"确定"按钮，新建一个空白文件。

02≫ 按〈Ctrl+O〉快捷键，打开背景素材图像，如图7-124所示。

03≫ 运用同样的操作方法添加云朵素材图像至文件中，如图7-125所示，图层面板自动生成"图层2"。

图7-123 "新建"对话框

图7-124 打开背景素材　　图7-125 添加云朵素材图像

04≫ 选择涂抹工具 ，在工具选项栏中选择一个大小合适的画笔，在云朵上涂抹，绘制出爱心形状的云朵效果，如图7-126所示。选择移动工具 ，将背景素材图像添加至文件中，图层面板自动生成"图层1"。

> **专家提示** 涂抹工具创建的模糊效果使颜色混合且具有一定的方向性。使用涂抹工具进行涂抹时，涂抹的方向决定了涂抹效果。

05≫ 打开草原素材照片，如图7-127所示。选择背景橡皮擦工具 ，沿着草地周围拖动鼠标，画笔大小范

围内与画笔中心取样点颜色相同或相似的区域（根据容差大小确定）即被清除，完成后效果如图7-128所示，背景图层转换为名为"图层0"的普通图层，如图7-129所示。

图7-126 涂抹出心形云朵　　图7-127 打开草原素材图像
　　　　效果

图7-128 擦除天空部分　　图7-129 图层面板

06≫ 选择移动工具 ，将草地添加至文件中，"图层"面板自动生成"图层3"，将草地图像放置在适当位置，效果如图7-130所示。

图7-130 添加草地素材图像

07≫ 打开人物素材照片，如图7-131所示。

08≫ 选择魔术橡皮擦工具 ，在除人物以外的背景上涂抹，将背景部分擦除，完成后效果如图7-132所示。

图7-131 打开人物照片　　　图7-132 擦除背景部分

09≫ 选择移动工具 ，将人物添加至文件中，图层面板自动生成"图层4"，适当调整人物大小和位置，效果如图7-133所示。

图7-133 添加人物图像

10≫ 选择橡皮擦工具 ，擦除人物腿部多余的部分，完成后效果如图7-134所示。

图7-134 擦除多余部分

11≫ 双击"图层4"，弹出"图层样式"对话框，选择"外发光"选项，设置参数如图7-135所示，设置完成后单击"确定"按钮，为人物添加外发光效果，如图7-136所示。

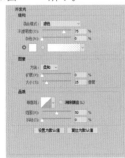 

图7-135 "外发光"参数　　　图7-136 外发光效果

12≫ 打开樱花素材照片，如图7-137所示。运用魔术橡皮擦工具 擦除背景部分，完成后效果如图7-138所示。

图7-137 打开樱花素材图像　　　图7-138 擦除背景部分

13≫ 选择移动工具 ，将樱花添加至文件中，图层面板自动生成"图层5"，将樱花放置在图像的右上角，效果如图7-139所示。

图7-139 添加樱花至文件中

14≫ 运用同样的操作方法添加蝴蝶素材图像至文件中，图层面板自动生成"图层6"，放置在适当位置，如图7-140所示。

图7-140 添加蝴蝶素材

15≫ 按〈Ctrl+J〉快捷键，将"图层6"复制一层，得到"图层6副本"，选择移动工具 将蝴蝶移动到左下角位置，效果如图7-141所示。

图7-141 移动蝴蝶素材效果

16》 按〈Ctrl+O〉快捷键打开图案素材图像，并将其添加至文件中，效果如图7-142所示。

图7-142 添加图案素材

图7-143 "滤色"效果

17》 更改图层"混合模式"为"滤色"，效果如图7-143所示。

18》 添加其他素材图像至文件中，并放置在"图层6"的下方，完成效果如图7-144所示。

图7-144 完成效果

 7.5 **习题——为人物去除眼袋**

Before   After

本实例主要使用修补工具为人物去除眼袋。

文件路径：源文件\第07章\7.5

视频文件：视频\第07章\7.5.MP4

操作提示：

01》 打开人物照片素材。

02》 使用修补工具围绕人物眼袋建立选区。

03》 拖移选区至取样区域，去除眼袋。

04》 运用同样的操作方法去除另一只眼睛的眼袋。

第8章

图层的魔力
——图层的操作

图层是Photoshop最为重要的概念，它承载着几乎所有的编辑操作。每个图层都保存着特定的图像信息，根据功能的不同分成各种不同的图层，如文字图层、形状图层、填充或调整图层等。本章将对图层的相关知识进行详细讲解，学习如何创建图层、编辑图层和管理图层，以及图层样式的运用等。

8.1 认识图层

图层就像一层层透明的玻璃纸，每一个图层上都保存着不同的图像。图层可以将页面上的元素精确定位，每个图层上的对象都可以单独处理，而不会影响其他图层中的内容。

8.1.1 图层的特性

总地来说，Photoshop的图层都具有以下3个特性。

- 独立：图像中的每个图层都是独立的，因而当移动、调整或删除某个图层时，其他的图层不会受到影响。
- 透明：图层可看作是透明的胶片，将多个图层按一定次序叠加在一起，空白图层和未绘制图像的区域可以看见下方图层的内容。
- 叠加：图层从上至下叠加在一起，但并不是简单地堆积，通过控制各图层的混合模式和透明度，可得到千变万化的图像合成效果。

8.1.2 图层面板

"图层"面板是图层管理的主要场所，图层的大部分操作都是通过对"图层"面板的操作来实现的，例如选择图层、新建图层、删除图层、隐藏图层等。执行"窗口"→"图层"命令，或直接按〈F7〉键，即可打开"图层"面板。

"图层"面板主要由以下几个部分组成。

- 正常 ∨ ：从下拉列表框中可以选择图层的混合模式。
- 选取滤镜类型 类型 ：当图层数量较多时，单击此按钮在下拉选项列表中选择一种图层类型（包括名称、效果、模式、属性、颜色、智能对象、选定和画板），让"图层"面板只显示所选类型的图层，并隐藏其他类型的图层。
- 打开/关闭图层过滤：单击此按钮，可以打开或关闭图层过滤功能。
- 不透明度：在该文本框中输入数值，可以设置当前图层的不透明度。
- 图层锁定按钮 ：单击各个按钮，可以设置图层的各种锁定状态。
- 填充：输入数值可以设置图层填充的不透明度。
- 指示图层可见性按钮 ：用于控制图层的显示或隐藏。当该图标显示为 时，表示图层处于显示状态；当该图标显示为 时，表示图层处于隐藏状态。处于隐藏状态的图层，将不能被编辑。
- 图层名称：可定义图层名称。
- 图层缩览图：图层缩览图是图层图像的缩小图，以便于查看和识别图层。
- 当前图层：在Photoshop中，可以选择一个或多个图层进行操作。对于某些操作，一次只能在一个图层上工作。单个选定的图层称为当前图层，当前图层的名称将出现在文档窗口的标题栏中。

- 图层面板按钮组：共7个按钮，分别用于完成相应的图层操作。
- 面板菜单：单击面板右上角的 按钮，可以打开图层面板菜单，从中可以选择控制图层和设置图层面板的命令，如图8-1所示。

8.1.3 图层的类型

在Photoshop中可以创建多种类型的图层，每种类型的图层都有不同的功能和用途，它们在"图层"面板中的显示状态也各不相同，如图8-2所示。

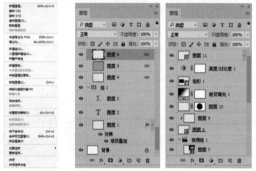

图8-1 面板菜单　　　　图8-2 图层类型

- 中性色图层：填充了黑色、白色、灰色的特殊图层，结合特定图层混合模式可用于承载滤镜或在上面绘画。
- 链接图层：保持链接状态的图层。
- 剪贴蒙版：蒙版的一种，下面图层中的图像可以控制上面图层的显示范围，常用于合成图像。
- 智能对象图层：包含嵌入的智能对象的图层。
- 调整图层：可以调整图像的色彩，但不会永久更改像素值。
- 填充图层：通过填充"纯色""渐变"或"图案"而创建的特殊效果的图层。
- 图层蒙版图层：添加了图层蒙版的图层，通过对图层蒙版的编辑可以控制图层中图像的显示范围和显示方式，是合成图像的重要方法。
- 矢量蒙版图层：带有矢量形状的蒙版图层。
- 图层样式：添加了图层样式的图层，通过图层样式可以快速创建特效。
- 图层组：用来组织和管理图层，以便于查找和编辑图层。
- 变形文字图层：进行了变形处理的文字图层。与普通的文字图层不同，变形文字图层的缩览图上有一个弧线形的标志。
- 文字图层：使用文字工具输入文字时，创建的是文字图层。

 3D图层：包含有置入的3D文件的图层。3D可以是由Adobe Acrobat 3D Version 8、3D Studio Max、Alias、

Maya和Google Earth等程序创建的文件。

视频图层：包含有视频文件帧的图层。

背景图层：图层面板中最下面的图层。

8.2 图层的基本操作

在 Photoshop 中，编辑图层的基本操作包括创建图层、复制图层、栅格化图层等，下面将对相关操作和知识进行介绍。

8.2.1 创建新图层

1. 用"图层"面板新建图层

单击"图层"面板中的"创建新图层"按钮，可新建一个图层，如图8-3所示。

图8-3 新建图层

> **专家提示** 默认情况下，新建图层会置于当前图层的上方，并自动成为当前图层。按下〈Ctrl〉键单击创建新图层按钮，则在当前图层下方创建新图层。

2. 用"新建"命令新建图层

选择"图层"→"新建"→"图层"命令或按〈Ctrl+Shift+N〉快捷键，弹出如图8-4所示的"新建图层"对话框，单击"确定"按钮，即可得到新建图层。如果要在创建图层的同时设置图层的属性，可以在对话框中设置图层的名称、显示颜色和混合模式等选项，如图8-5所示，创建自定义的新图层。

图8-4 "新建图层"对话框

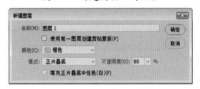

图8-5 更改图层属性

> **专家提示** 在"颜色"下拉列表中选择一个颜色后，可以使用颜色标记图层。用颜色标记图层在Photoshop中称为颜色编码，用户可以为某些图层或者图层组设置一个可以区别其他图层或图层组的颜色，以便于有效地进行区分，如图8-6所示。

图8-6 使用蓝色标记图层

8.2.2 边讲边练—为照片添加旁白

本实例通过运用自定形状工具，为图片添加趣味旁白。

文件路径：源文件\第08章\8.2.2

01>> 执行"文件"→"打开"命令，打开一张素材文件，如图8-7所示。

图8-7 素材文件

02>> 选择自定形状工具 ⬡，在工具选项栏中选择工具模式为"形状"，选择如图8-8所示的图形。

03>> 设置前景色为玫红色（RGB参考值分别为233、93、221），在画面中按下鼠标并拖动，绘制形状，图层面板自动生成"形状1"图层，调整

图层顺序，如图8-9所示，在图像窗口中也可以看到绘制的图形，如图8-10所示。

图8-8 选择图形

图8-9 "图层"面板　　图8-10 绘制形状

8.2.3 选择图层

若想编辑某个图层，首先应选择该图层，使该图层成为当前图层；还可以同时选择多个图层进行操作，当前选择的图层以加色显示。

1. 选择一个图层

在图层面板中，每个图层都有相应的图层名称和缩览图，因而可以轻松区分各个图层。如果需要选择某个图层，单击该图层即可。

处于选择状态的图层与未选择的图层有一定区别，选择的图层将以蓝底反白显示，如图8-11所示。

处于选择状态的图层
未选择的图层

图8-11 选择"图层1"

"选择工具" ⊕ 选项栏如图8-12所示，单击 ∨ 下拉按钮，从下拉列表中可以设置是选择图层组还是选择图层。当选择"组"方式时，无论是使用何种选择方式，只能选择该图层所在的图层组，而不能选择该图层。

图8-12 "选择工具"选项栏

2. 选择多个图层

在Photoshop中，可以同时选择多个图层。

▷ 如果要选择连续的多个图层，在选择一个图层后，按住〈Shift〉键在"图层"面板中单击另一个图层的图层名称，则两个图层之间的所有图层都会被选中，如图8-13所示。

▷ 如果要选择不连续的多个图层，在选择一个图层后，按住〈Ctrl〉键在"图层"面板中单击另一个图层的图层名称，如图8-14所示。

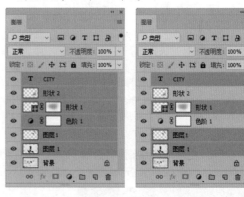

图8-13 选择多个连续　　图8-14 选择多个不连续
　　图层　　　　　　　　　　的图层

▷ 如果只选择同一类型的图层，可以单击图层过滤组中的相应按钮，进行筛选，如图8-15所示。依次单击面板中的"文字图层过滤器"按钮 T 和"调整图层过滤器" ◐ ，将文字图层和调整图层筛选出来。若要结束筛选，单击右边的红色小圆圈即可。

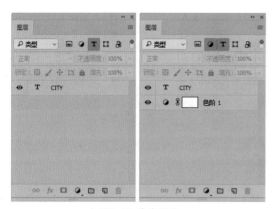

图8-15 筛选图层

8.2.4 取消选择图层

如果不想选择任何图层,可在"图层"面板中的背景图层下方空白处单击,如图8-16所示,也可执行"选择"→"取消选择图层"命令进行操作。

图8-16 取消选择图层

技术专题 **快速切换当前图层**

选择一个图层后,按〈Alt+]〉快捷键可以将当前图层切换为与之相邻的上一个图层;按〈Alt+[〉快捷键则可以将当前图层切换为与之相邻的下一个图层。

8.2.5 更改图层名称

Photoshop默认以"图层1""图层2"……命名图层,当图像的图层比较多时,用户可以为每个图层定义相应的名称,以便于图层的识别和管理。

在"图层"面板中双击图层的名称,在出现的文本框中直接输入新的名称即可,如图8-17所示;或执行"图层"→"重命名图层"命令,更改图层名称。

图8-17 更改图层名称

8.2.6 更改图层的颜色

如果要更改图层的颜色,可以选择该图层后,单击右键,在弹出的快捷菜单中选择当前图层需更换的颜色,如图8-18所示。

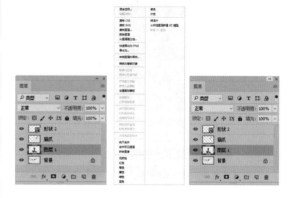

图8-18 更改图层的颜色

8.2.7 背景图层与普通图层的转换

新建文档时,使用白色、黑色、背景色或者自定义颜色作为背景内容时,"图层"面板最下面的图层为背景图层,而使用透明色作为背景内容时,是没有背景图层的。背景图层和普通图层之间是可以相互转换的,但一个图像只能拥有一个背景图层。

1. 背景图层转换为普通图层

"背景"图层是较为特殊的图层,不能对其进行更改混合模式、不透明度等操作。要进行这些操作时,需要先将"背景"图层转换为普通图层。

双击"背景"图层,打开"新建图层"对话框,如图8-19所示,在该对话框中可以为它设置名称、颜色、模式和不透明度,设置完成后单击"确定"按钮,即可将其转换为普通图层,如图8-20所示。

图8-19 "新建图层"对话框

图8-20 背景图层转换为普通图层

2. 普通图层转换为背景图层

如果当前文件中没有"背景"图层，可选择一个图层，然后执行"图层"→"新建"→"背景图层"命令，即可将该图层转换为背景图层，如图8-21所示。

图8-21 普通图层转换为背景图层

技术专题 编辑图像时创建图层

创建选区后，按〈Ctrl+C〉快捷键选中的图像，粘贴（按〈Ctrl+V〉快捷键）时可以创建一个新的图层；如果打开了多个文件，则使用移动工具将一个图层拖至另外的图像中，可将其复制到目标图像，同时创建一个新的图层。

需要注意的是，在图像间复制图层时，如果两个文件的打印尺寸和分辨率不同，则图像在两个文件间的视觉大小会有变化。例如，在相同打印尺寸的情况下，源图像的分辨率小于目标图像的分辨率，则图像复制到目标图像后会显得比原来小。

8.2.8 显示与隐藏图层

"图层"面板中的眼睛图标 不仅可指示图层的可见性，也可用于图层的显示/隐藏切换。通过设置图层的显示/隐藏，可控制一幅图像的最终效果。

单击图层前的 图标，该图层即由可见状态转换为隐藏状态，同时眼睛图标也显示为 ，如图8-22所示。当图层处于隐藏状态时，单击该图层的 图标，该图层即由不可见状态转换为可见状态，图标也显示为眼睛形状 。

技巧点拨 按住〈Alt〉键单击图层的眼睛图标 ，可显示/隐藏除本图层外的所有其他图层。

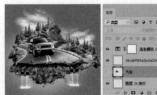

图8-22 隐藏图层

8.2.9 控制图层缩览图大小

单击图层面板右上角的 按钮，在弹出的快捷菜单中选择"面板选项"命令，可以打开"图层面板选项"对话框，如图8-23所示。在该对话框中可以控制图层缩览图显示的内容和大小。

图8-23 "图层面板选项"对话框

▶ 缩览图大小："缩览图大小"选项用于控制缩览图显示大小，当选择"无"选项时，即在"图层"面板中不显示缩览图，这样可以在有限的空间下显示更多的图层列表。

▶ 缩览图内容："缩览图内容"选项组可以控制图层缩览图是仅显示当前图层图像的缩览图，还是包括当前图层图像在整个图像中的位置。

8.2.10 复制图层

在"图层"面板中，将需要复制的图层拖动至"创建新图层"按钮 上，释放鼠标即可复制该图层，如图8-24所示。

执行"图层"→"复制图层"命令，在弹出的"复制图层"对话框中输入图层名称并设置选项，如图8-25所示。单击"确定"按钮即可复制该图层。

另外，按〈Ctrl+J〉快捷键，可以快速复制当前图层。

图8-24 复制图层　　　图8-25 "复制图层"对话框

8.2.11 锁定图层

Photoshop提供了图层锁定功能，以限制图层编辑的内容和范围，避免误操作。按下"图层"面板4个锁定按钮即可实现相应的图层锁定，如图8-26所示。

图8-26 锁定图层

- 锁定透明像素 ⊠：在"图层"面板中选择图层或图层组，然后按 ⊠ 按钮，则图层或图层组中的透明像素被锁定。当使用绘图工具绘图时，将只能编辑图层非透明区域（即有图像像素的部分）。
- 锁定图像像素 ✓：按下此按钮，则任何绘图、编辑工具和命令都不能在该图层上进行编辑，绘图工具在图像窗口上操作时将显示禁止光标 ⊘。
- 锁定位置 ✛：按下此按钮，图层将不能进行移动、旋转和自由变换等操作，但可以正常使用绘图和编辑工具进行图像编辑。
- 防止在画板内外嵌套 ⊠：单击该按钮后，图层不能在画板内外自动嵌套。
- 锁定全部 🔒：按下此按钮，图层被全部锁定，不能移动位置，不能执行任何图像编辑操作，也不能更改

图层的不透明度和混合模式。"背景"图层即默认为全部锁定。

- 如果多个图层需要同时被锁定，首先选择这些图层，执行"图层"→"锁定图层"命令，在随即弹出的如图8-27所示的对话框中设置锁定的内容即可。

图8-27 "锁定图层"对话框

疑难问答 ▶ 为什么锁有空心的也有实心的？

当图层只有部分属性被锁定时，图层右侧会出现一个空心的锁状图标 🔓；当所有属性都被锁定时，锁状图标 🔒 是实心的。

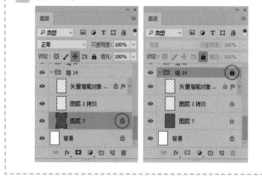

8.2.12 边讲边练——链接图层

Photoshop允许将多个图层进行链接，以便可以同时进行移动、旋转、缩放等操作。下面通过一个小练习介绍链接图层与解除链接的方法。

文件路径：源文件\第08章\8.2.12

01▷ 打开随书光盘提供的素材文件，其"图层"面板如图8-28所示。

02▷ 按住〈Ctrl〉键选择需要链接的4个图层，如图8-29所示。

03▷ 单击图层面板底端的链接图层按钮 ⊖，或在图层上单击鼠标右键，在弹出的快捷菜单中选择"链接图层"，选择的4个图层即建立链接关系，每个链接图层的右侧都会显示一个链接标记 ⊖，如图8-30所示。链接图层后，对其中任何一个图层执行变换操作，其他链接图层也会发生相应的变化。

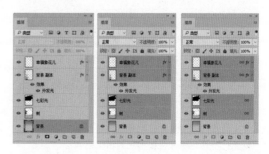

图8-28 "图层" 图8-29 选择多个 图8-30 链接图层
面板　　　　图层

04》当需要解除某个图层的链接时，可以选择该图层，如图8-31所示。然后单击图层面板底端的链接图层按钮 <code>∞</code>，该图层即与其他3个图层解除链接关系，如图8-32所示。

05》某一个图层的链接解除后，并不会影响其他图层之间的链接关系，因此当选择其他链接图层中的某一个图层时，其右侧仍然会显示出链接标记，如图8-33所示。

图8-31 选择图层　图8-32 解除链接　图8-33 其他图层
仍保持链接

8.2.13 栅格化图层内容

如果要在文字图层、形状图层、矢量蒙版或智能对象等包含矢量数据的图层，以及填充图层上进行编辑，必须先将图层栅格化。执行"图层"→"栅格化"下拉菜单中的命令可以栅格化图层中的内容。

▷ 文字：栅格化文字图层，被栅格化的文字将变成光栅图像，不能再修改文字的内容，如图8-34所示。

图8-34 栅格化文字图层

▷ 形状/填充内容/矢量蒙版：执行"图层"→"栅格化"→"形状"命令，可栅格化形状图层，如图8-35所示；执行"填充内容"命令，可栅格化形状图层的填充内容，但保留矢量蒙版；执行"矢量蒙版"命令，可栅格化形状图层的矢量蒙版，同时将其转换为图层蒙版。

图8-35 栅格化形状图层

▷ 智能对象：可栅格化智能对象图层，如图8-36所示。
▷ 视频：将当前视频帧栅格化为图像图层。
▷ 3D：栅格化3D图层。
▷ 图层/所有图层：执行"图层"命令，可以栅格化当前选择的图层；执行"所有图层"命令，可格式化包

含矢量数据、智能对象和生成数据的所有图层。

图8-36 栅格化智能对象图层

8.2.14 删除图层

在实际工作中，用户可以根据具体情况选择最快捷的删除图层的方法：

▷ 如果需要删除的图层为当前图层，可以按〈Delete〉键删除，或按图层面板底端的"删除图层"按钮 <code>🗑</code>，或选择"图层"→"删除"→"图层"命令，在弹出的如图8-37所示的提示信息框中单击"是"按钮即可。

▷ 如果需要删除的图层不是当前图层，则可以移动光标至该图层上方，然后按下鼠标并拖动至 <code>🗑</code> 按钮上，当该按钮呈按下状态时释放鼠标即可。

▷ 如果需要同时删除多个图层，则可以首先选择这些图层，然后按 <code>🗑</code> 按钮删除。

▷ 如果需要删除所有处于隐藏状态的图层，可选择"图层"→"删除"→"隐藏图层"命令。

▷ 如果当前选择的工具是移动工具 <code>✛</code>，则可以通过直接按〈Delete〉键删除当前图层（一个或多个）。

图8-37 确认图层删除提示框

专家提示 按住〈Alt〉键单击删除按钮 <code>🗑</code> 可以快速删除图层，而无须确认。

8.3 排列与分布图层

图层面板中的图层是按照从上到下的顺序堆叠排列的，上面图层中的不透明部分会遮盖下面图层中的图像，因此，如果改变面板中图层的堆叠顺序，图像的效果也会发生改变。

8.3.1 改变图层的顺序

在图层面板中，将一个图层的名称拖至另外一个图层的上方或者下方，当突出显示的线条出现在要放置图层的位置时，释放鼠标即可将图层放置在指定位置，如图8-38所示，图像效果如图8-39所示。

图8-38 改变图层的顺序

原图　　　　　　　　调整图层顺序后效果

图8-39 图像效果

执行"图层"→"排列"子菜单中的命令，也可以调整图层的排列顺序，如图8-40所示。

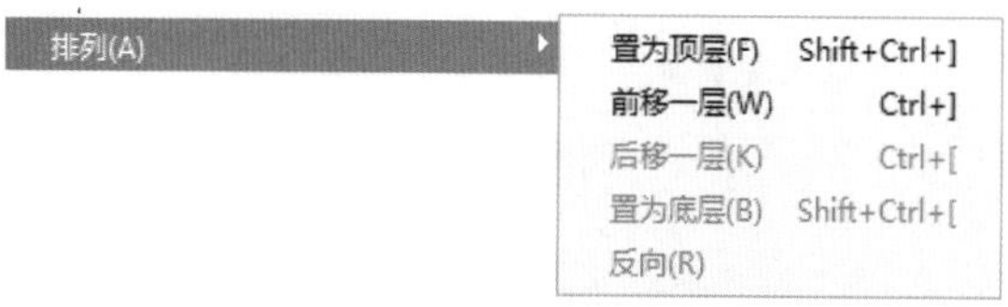

图8-40 "图层"→"排列"子菜单

- ▶ 置为顶层：将选择的图层调整到最顶层。
- ▶ 前移一层：将选择的图层向上移动一层。
- ▶ 后移一层：将选择的图层向下移动一层。
- ▶ 置为底层：将选择的图层调整到最底层。
- ▶ 反向：如果在图层面板中选择了多个图层，则执行该命令可以反转被选择图层的排列顺序。

8.3.2 对齐和分布图层

Photoshop的对齐和分布功能用于准确定位图层

的位置。在进行对齐和分布操作之前，首先需要选择这些图层，或者将这些图层设置为链接图层，然后使用"图层"→"对齐"和"图层"→"分布"级联菜单命令，或者选择移动工具，在其选项栏中单击相应按钮，如图8-41所示，进行对齐和分布操作。

对齐按钮　　　　分布按钮

图8-41 移动工具选项栏

专家提示 使用"对齐"命令，要求是两个或两个以上的图层；使用"分布"命令，要求是3个或3个以上的图层。

1. 对齐图层

对齐图层有以下3种情况：
- ▶ 如果当前图像中存在选区，系统自动移动当前选择图层，与选区进行对齐。
- ▶ 如果当前选择图层与其他图层存在链接关系，则当前选择图层保持不动，其他链接图层与当前选择图层对齐。
- ▶ 如果当前选择了多个图层，则根据对齐方式决定移动的图层。

2. 分布图层

"分布"命令用于将当前选择的多个图层或链接图层进行等距排列。
- ▶ 按顶分布 ：平均分布各图层，使各图层的顶边间隔相同的距离。
- ▶ 垂直居中分布 ：平均分布各图层，使各图层的垂直中心间隔相同的距离。
- ▶ 按底分布 ：平均分布各图层，使各图层的底边间隔相同的距离。
- ▶ 按左分布 ：平均分布各图层，使各图层的左边间隔相同的距离。
- ▶ 水平居中分布 ：平均分布各图层，使各图层的水平中心间隔相同的距离。
- ▶ 按右分布 ：平均分布各图层，使各图层的右边间隔相同的距离。

在进行图层对齐操作之前，必须先选择需要进行对齐的图层，然后选择工具箱中的移动工具 ，在工具选项栏中选择相应的对齐方式。

手把手 8-1 | 分布图层

🎬 视频文件：视频\第8章\手把手8-1.MP4

01≫ 执行 "文件" → "打开" 命令，打开本书配套资源中 "源文件\第8章\8.3.2\花朵.psd" 文件，选中背景图层以上所有的图层，如图8-42所示。

图8-42 示例图像

02≫ 单击选项栏中的水平居中对齐 ▮ 按钮，效果如图8-43所示。

03≫ 按〈Ctrl+Z〉快捷键返回一步，单击选项栏中的垂直居中对齐 ▮ 按钮，效果如图8-44所示。

图8-43 水平居中对齐　　　图8-44 垂直居中对齐

04≫ 按〈Ctrl+Z〉快捷键返回一步，选中背景以上的所有图层，单击图层面板下面的链接图层按钮 ▮ ，链接图层，如图8-45所示。选中图层面板中的

"形状1" 图层，单击选项栏中的不同的对齐方式按钮，效果如图8-46所示。

图8-45 链接图层

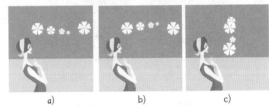

a)　　　　　　b)　　　　　　c)

图8-46 多个选择图层对齐
a) 底对齐　b) 顶对齐　c) 右对齐

05≫ 单击选项栏中的 "垂直居中分布" ▮ 按钮，效果如图8-47所示。

分布排列前　　　　　分布排列后

图8-47 使用分布功能排列图层

8.4 合并与盖印图层

在 Photoshop 中，用户可以新建任意数量的图层，但一幅图像的图层越多，打开和处理时所占用的内存和保存时所占用的磁盘空间也就越大。因此，及时将一些不需要修改的图层合并，减少图层数量，就显得非常必要。

8.4.1 合并图层

合并图层的4种方法如下。

▷ 向下合并：选择此命令，可将当前选择图层与图层面

板的下一图层进行合并，合并时下一图层必须为可见，否则该命令无效，快捷键为〈Ctrl+E〉。

▷ 合并可见图层：选择此命令，可将图像中所有可见图层全部合并。

- 拼合图像：合并图像中的所有图层。如果合并时图像有隐藏图层，系统将弹出一个提示对话框，单击其中的"确定"按钮，隐藏图层将被删除，单击"取消"按钮则取消合并操作。
- 如果需要合并多个图层，可以先选择这些图层，然后执行"图层"→"合并图层"命令，快捷键为〈Ctrl+E〉。

8.4.2 盖印图层

使用Photoshop的盖印功能，可以将多个图层的内容合并至一个新的图层，同时保持其他图层完好无损。Photoshop没有提供盖印图层的相关命令，只能通过快捷键进行操作。

首先选择需要盖印的多个图层，然后按〈Ctrl+Alt+E〉快捷键，即可得到包含当前所有选中图层内容的新图层，如图8-48所示。

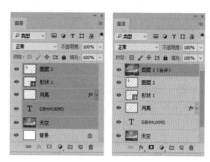

图8-48 盖印图层选择多个图层和盖印图层结果

技巧点拨 按〈Ctrl+Shift+Alt+E〉快捷键，自动盖印所有可见图层。

技巧点拨 合并图层会减少图层的数量，而盖印图层则会增加图层的数量。

8.5 使用图层组管理图层

当图层数量过多时，"图层"面板就会显得非常杂乱。为此，Photoshop 提供了图层组的功能，以方便图层管理。图层组可以展开或折叠，也可以像图层一样设置混合模式、透明度，添加图层蒙版，进行整体选择、复制或移动等操作。

8.5.1 创建图层组

1. 创建空图层组

在"图层"面板中单击"创建新组"按钮 □，或执行"图层"→"新建"→"组"命令，即可在当前选择图层的上方创建一个图层组，如图8-49所示。双击图层组名称位置，在出现的文本框中可以输入新的图层组名称。

通过这种方式创建的图层组不包含任何图层，需要通过拖动的方法将图层移动至图层组中。在需要移动的图层上按下鼠标，然后拖动至图层组名称或 □ 图标上释放鼠标即可，如图8-50所示，结果如图8-51所示。

若要将图层移出图层组，可将图层拖出图层组区域，或者将图层拖动至图层组的上方或下方释放鼠标即可。

2. 从图层创建组

用户可以直接从当前选择图层创建得到组，这样新建的图层组将包含当前选择的所有图层。按住〈Shift〉或〈Ctrl〉键，选择需要添加到同一图层组中的所有图层，如图8-52所示，然后执行"图层"→"新建"→"从图层建立组"命令，或按〈Ctrl+G〉快捷键，完成后"图层"面板如图8-53所示。

图8-49 新建组　　图8-50 创建组　　图8-51 添加到
　　　　　　　　　 并拖动图层　　　　 组中

图8-52 选择多个图层　　图8-53 从图层创建组

8.5.2 使用图层组

当图层组中的图层比较多时，可以折叠图层组以节省图层面板空间。折叠时只需单击图层组三角形图标 ∨ 即可，如图8-54所示。当需要查看图层组中的图层时，再次单击该三角形图标又可展开图层组各图层。

图层组也可以像图层一样，设置属性、移动位置、更改透明度、复制或删除，操作方法与图层完全相同。

单击图层组左侧的眼睛图标 👁 ，可隐藏图层组中的所有图层，再次单击又可重新显示。

图8-54 折叠图层组

拖动图层组至"图层"面板底端的 ▢ 按钮可复制当前图层组。选择图层组后单击 🗑 按钮，弹出如图8-55所示的对话框，单击"组和内容"按钮，将删除图层组和图层组中的所有图层；若单击"仅组"按钮，将只删除图层组，图层组中的图层将被移出图层组。

图8-55 提示信息框

8.5.3 使用嵌套组

嵌套组是指包含图层组的图层组，使用嵌套组来管理组，可以获得更多对组的控制。要创建具有嵌套关系的组，首先需要创建这些组，然后通过拖动操作将需要嵌套的组置入即可。

8.5.4 边讲边练——全球气候变暖公益广告

本实例主要介绍如何灵活地创建、复制图层，并通过创建图层组对图层进行有效的管理和调整。

💿 文件路径：源文件\第08章\8.5.4

💿 视频文件：视频\第08章\8.5.4.MP4

01》 执行"文件"→"新建"命令，弹出"新建"对话框，在对话框中设置参数如图8-56所示，单击"确定"按钮或按〈Ctrl+N〉快捷键，新建一个空白文件。

02》 单击"图层"面板中的"创建新图层组"按钮 ▢ ，新建"组1"图层组。

图8-56 "新建"对话框

03》 执行"文件"→"打开"命令，打开"岩

石"素材，单击图层缩览图，弹出"图层样式"对话框，设置投影参数如图8-57所示。

04》 按〈Ctrl+J〉快捷键复制3层，执行"编辑"→"变换"→"变形"命令，依次更改形状，如图8-58所示。

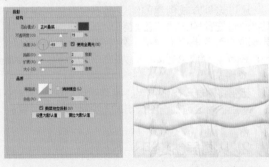

图8-57 添加图层样式　　图8-58 复制图形并变形

05》 执行"文件"→"打开"命令，打开3D文字素材，如图8-59所示。

06≫ 执行"编辑"→"变换"命令，调整文字的大小和形状，图像效果如图8-60所示。

图8-59 打开3D文字　　图8-60 变换文字形状

07≫ 依次调整文字图层的顺序，如图8-61所示。

08≫ 选择背景层，按〈Ctrl+O〉快捷键，打开天空素材，放置到背景图层之上，如图8-62所示。

图8-61 调整图层的顺序　　图8-62 打开天空素材

09≫ 按〈Ctrl+O〉快捷键打开冰山素材，按〈Ctrl+T〉快捷键调整图层，添加图层蒙版，设置前景色为黑色，使用画笔工具涂抹冰山周边，隐藏图像，效果如图8-63所示。

10≫ 运用同样的操作方法打开并修改其他素材，如图8-64所示。

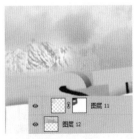

图8-63 添加蒙版　　图8-64 添加其他素材

11≫ 选择天空图层，按住〈Shift〉键并单击"图层22"，移动至组，如图8-65所示。

12≫ 执行"文件"→"打开"命令，打开3张素材，更改图层的顺序，将其移动至适当位置，如图8-66所示。

13≫ 运用同样的操作方法依次打开素材，使用自由变换工具调整素材的大小和位置，并对每一排的素材进行编组，如图8-67所示。

14≫ 运用同样的操作方法依次打开素材，使用自由变换命令，调整素材的大小和位置，如图8-68所示。

图8-65 移动图层至组　　图8-66 打开素材并调整顺序

图8-67 打开素材并调整顺序1　　图8-68 打开素材并调整顺序2

15≫ 选择"图层25"，添加图层蒙版，使用画笔涂抹蒙版，隐藏图像，如图8-69所示。

16≫ 按〈Ctrl+O〉快捷键打开鸟素材，按〈Ctrl+J〉快捷键复制两层，调整复制层的大小和位置，如图8-70所示。

图8-69 添加蒙版　　图8-70 添加鸟素材

17≫ 由于图层较多，可以通过创建图层组将多个图层放置在统一的组中，对其进行命名区分，方便进行有效的管理，如图8-71所示。

专家提示　图层组中的所有图层都看作一幅单独的图像，可以进行统一的移动、链接和对齐等操作。

18≫ 选择"NOW"图层，单击"图层"面板中的"创建新图层"按钮 ⬜，选择矩形选框工具 ▣ 绘制矩形，设前景色为白色，按〈Alt+

Delete〉快捷键进行填充，不透明度设为18%，按〈Alt+Ctrl+G〉快捷键创建剪贴蒙版，如图8-72所示。

图8-71 新建
图层组

图8-72 创建剪贴蒙版

专家提示 选择移动工具 ⊕ ，调整图层的顺序与位置，能更灵活地运用图层。

19≫ 新建组"电线"，单击"图层"面板中的

"创建新图层"按钮 ⊡ ，选择钢笔工具绘制一条曲线，单击画笔工具 ✎ ，设置前景色为黑色，大小为1像素，硬度为100%，进入路径面板，选择工作路径层，单击右键，选择"描边路径"选项，弹出的"描边路径"对话框，在"工具"下拉列表中，选择"画笔"，不勾选"模拟压力"复选框，单击"确定"按钮，按〈Ctrl+J〉快捷键复制3条电线，分别调整至合适的位置，选中最上层电线，按〈Ctrl+E〉快捷键，向下合并电线图层，效果如图8-73所示。

20≫ 运用同样的操作方法完成其他电线的绘制，按〈Ctrl+O〉快捷键打开灯笼素材至图像中，并放置在适当位置，完成后图像效果如图8-74所示。

图8-73 描边路径   图8-74 完成效果

8.6 图层的不透明度

在"图层"面板中有两个控制图层不透明度的选项："不透明度"和"填充"，如图8-75所示。

图8-75 "图层"面板

"不透明度"选项控制着当前图层、图层组中绘制的像素和形状的不透明度，如果对图层应用了图层样式，则图层样式的不透明度也会受到该值的影响。"填充"选项只影响到图层中绘制的像素和形状的不透明度，不会影响图层样式的不透明度。

手把手 8-2 图层的不透明度

视频文件：视频\第8章\手把手8-2.MP4

01≫ 打开本书配套资源中"源文件\第8章\8.6\城市花园.psd"文件，如图8-76所示。

02≫ 选中"图层1"，在"图层"面板中设置"不透明度"为60%，如图8-77所示。

03≫ 设置"填充"为60%，效果如图8-78所示。

图8-76 原图   图8-77 不透明度为60%

图8-78 填充为60%

8.7 图层的混合模式

混合模式是一项非常重要的功能，它决定了像素的混合方式，可用于创建各种特殊的图像合成效果，但不会对图像内容造成任何破坏。

一幅图像中的各个图层由上到下叠加在一起，并不仅仅是简单的图像堆积，通过设置各个图层的不透明度和混合模式，可控制各个图层图像之间的相互影响和作用，从而将图像完美融合在一起。混合模式控制图层之间像素颜色的相互作用。Photoshop可使用的图层混合模式有正常、溶解、叠加、正片叠底等20多种，不同的混合模式会得到不同的效果。

在"图层"面板中选择一个图层，单击面板顶部的 正常 ▾ 按钮，展开下拉列表即可选择混合模式，如图8-79所示。为图像添加一个渐变填充的图层，调整其混合模式，演示它与下面背景图层是如何混合的。

- ▶ 默认的混合模式，图层的不透明度为100%时，完全遮盖下面的图像，如图8-80所示。降低不透明度可以使其与下面的图层混合。
- ▶ 溶解模式：设置该模式并降低图层的不透明度时，可以使半透明区域上的像素离散，产生点状颗粒，如图8-81所示。
- ▶ 变暗模式：比较两个图层，当前图层中较亮的像素会被底层较暗的像素替换，亮度值比底层像素低的像素保持不变，如图8-82所示。

图8-79 混合模式选项 　　图8-80 打开文件

图8-81 "溶解"混合效果 　　图8-82 "变暗"混合效果

- ▶ 正片叠底模式：当前图层中的像素与底层的白色混合时保持不变，与底层的黑色混合时则被其替换，混合结果通常会使图像变暗，如图8-83所示。
- ▶ 颜色加深模式：通过增加对比度来加强深色区域，底层图像的白色保持不变，如图8-84所示。

图8-83 "正片叠底"混合效果 　　图8-84 "颜色加深"混合效果

- ▶ 线性加深模式：通过减小亮度使像素变暗，它与"正片叠底"模式的效果相似，但可以保留下面图像更多的颜色信息，如图8-85所示。
- ▶ 深色模式：比较两个图层的所有通道的总和并显示值较小的颜色，不会生成第三种颜色，如图8-86所示。

图8-85 "线性加深"混合效果 　　图8-86 "深色"混合效果

- ▶ 变亮模式：与"变暗"模式的效果相反，当前图层中较亮的像素会替换底层较暗的像素，而较暗的像素则被底层较亮的像素替换，如图8-87所示。
- ▶ 滤色模式：与"正片叠底"模式相反，它可以使图像产生漂白的效果，类似于多个摄影幻灯片在彼此之上的投影，如图8-88所示。

▷ 颜色减淡模式：与"颜色加深"模式的效果相反，它通过减小对比度来加亮底层的图像，并使颜色变得更加饱和，如图8-89所示。

▷ 线性减淡（添加）模式：与"线性加深"模式的效果相反。通过增加亮度来减淡颜色，亮化效果比"滤色"和"颜色减淡"模式都强烈，如图8-90所示。

图8-87 "变亮"混合效果　　图8-88 "滤色"混合效果

图8-89 "颜色减淡"混合　　图8-90 "线性减淡（添
　　　效果　　　　　　　　加）"混合效果

▷ 浅色模式：比较两个图层的所有通道值的总和并显示值较大的颜色，不会生成第三种颜色，如图8-91所示。

▷ 叠加模式：可增强图像的颜色，并保持底层图像的高光和暗调，如图8-92所示。

图8-91 "浅色"混合效果　　图8-92 "叠加"混合效果

▷ 柔光模式：当前图层中的颜色决定了图像变亮或是变暗。如果当前图层中的像素比50%灰色亮，则图像亮；如果像素比50%灰色暗，则图像变暗。产生的效果与发散的聚光灯照在图像上相似，如图8-93所示。

▷ 强光模式：当前图层中的像素比50%灰色亮，则图像亮；如果像素比50%灰色暗，则图像变暗。产生的效果与耀眼的聚光灯照在图像上相似，如图8-94所示。

图8-93 "柔光"混合效果　　图8-94 "强光"混合效果

▷ 亮光模式：如果当前图层中的像素比50%灰色亮，则通过减小对比度的方式使图像变亮；如果当前图层中的像素比50%灰色暗，则通过增加对比度的方式使图像变暗。"亮光模式"可以使混合后的颜色更加饱和，如图8-95所示。

▷ 线性光模式：如果当前图层中的像素比50%灰色亮，则通过减小对比度的方式使图像变亮；如果当前图层中的像素比50%灰色暗，则通过增加对比度的方式使图像变暗。"线性光模式"可以使图像产生更高的对比度，如图8-96所示。

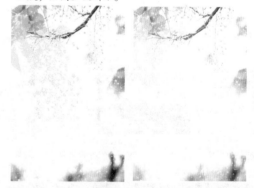

图8-95 "亮光"混合效果　　图8-96 "线性光"混合效果

▷ 点光模式：如果当前图层中的像素比50%灰色亮，则替换暗的像素；如果当前图层中的像素比50%灰色暗，则替换亮的像素，如图8-97所示。

▷ 实色混合模式：如果当前图层中的像素比50%灰色亮，会使底层图像变亮；如果当前图层中的像素比50%灰色暗，会使底层图像变暗。该模式通常会使图像产生色调分离效果，如图8-98所示。

▷ 差值模式：当前图层的白色区域会使底层图像产生反相效果，而黑色则不会对底层图像产生影响，如图8-99所示。

☞ 排除模式：与"差值"模式的原理基本相似，但该模式可以创建对比更低的混合效果，如图8-100所示。

图8-101 "减去"混合效果　图8-102 "划分"混合效果

图8-97 "点光"混合效果　图8-98 "实色混合"混合效果

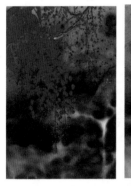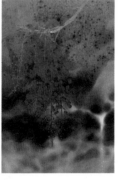

图8-103 "色相"混合效果　图8-104 "饱和度"混合效果

图8-99 "差值"混合效果　图8-100 "排除"混合效果

☞ 颜色模式：将当前图层的色相与饱和度应用到底层图像中，但保持底层图像的亮度不变。

☞ 减去模式：可以从目标通道中相应的像素上减去源通道中的像素值，如图8-101所示。

☞ 明度模式：将当前图层的亮度应用于底层图像的颜色中，可以改变底层图像的亮度，但不会对其色相与饱和度产生影响，如图8-105所示。

☞ 划分模式：查看每个通道中的颜色信息，从基色中划分混合色，如图8-102所示。

☞ 色相模式：将当前图层的色相应用到底层图像的亮度和饱和度中，可以改变底层图像的色相，但不会影响其亮度和饱和度。对于黑色、白色和灰色区域，该模式不起作用，如图8-103所示。

☞ 饱和度模式：将当前图层的饱和度应用到底层图像的亮度和色相中，可以改变底层图像的饱和度，但不会影响其亮度和色相，如图8-104所示。

图8-105 "颜色"和"明度"混合效果

8.8 创建调整图层

　　执行"窗口"→"调整"命令，打开"调整"面板。"调整"面板中包含了用于调整颜色和色调的工具，并提供了常规图像校正的一系列调整预设，如图 8-106 所示。单击一个调整图层按钮，或单击一个预设，可以显示相应的参数设置选项，如图 8-107 所示，同时创建调整图层。也可以单击"图层"面板下方的"创建新的填充或调整图层"按钮，在弹出的快捷菜单中选择各项命令，创建填充或调整图层。

图8-106 "调整"面板　　图8-107 "色阶"调整面板

8.8.1 了解调整图层

▶ 调整图层不破坏原图像。可以尝试不同的设置并随时重新编辑调整图层，也可以通过降低调整图层的不透明度来减轻调整的效果。

▶ 编辑具有选择性。在调整图层的图像蒙版上绘画可将调整应用于图像的一部分。通过使用不同的灰度色调在蒙版上绘画，可以改变调整。

▶ 能够将调整应用于多个图像。在图像之间复制和粘贴调整图层，以便快速应用相同的颜色和色调调整。

8.8.2 边讲边练——运用调整图层调色

本实例介绍利用调色命令为照片调色，为鲜艳色彩照片调出复古色调。

文件路径：源文件\第08章\8.8.2

视频文件：视频\第08章\8.8.2.MP4

01》 按〈Ctrl+O〉快捷键，打开如图8-108所示的素材照片，按〈Ctrl+J〉快捷键复制素材图层。

02》 选择矩形选框工具，框选图像，按〈Ctrl+J〉快捷键复制生成新图层，如图8-109所示。

03》 选中背景层为当前图层，单击图层面板底端的"添加新的填充或调整图层"按钮，在弹出的菜单中选择"黑白"选项，参数值为默认，效果如图8-110所示。

04》 单击"图层"面板底端的"添加新的填充或调整图层"按钮，在弹出的菜单中选择"照片滤镜"选项，设置"浓度"为44%，效果如图8-111所示。

05》 单击"图层"面板底端的"添加新的填充或调整图层"按钮，在弹出的菜单中选择"可选颜色"选项，参数如图8-112和图8-113所示。

图8-112 "选取颜色"参数1

图8-113 "选取颜色"参数2

图8-108 打开素材　　　图8-109 框选图像

06》 添加可选颜色调整效果如图8-114所示。

07》 执行"文件"→"打开"命令，打开本案例"图案"素材，移至合适的位置，最终效果图8-115所示。

图8-110 调整图层黑白　　　图8-111 调整图层照片
滤镜

图8-114 选取颜色调整效果　　图8-115 最终效果

专家提示 调整图层可以随时修改参数，而通过执行"图像"→"调整"菜单中的调整命令，一旦确定应用以后就无法再做修改，将文档关闭之后，图像就不能恢复了。

8.9 创建图层样式

图层样式是由投影、内阴影、外发光、内发光、斜面和浮雕、光泽、颜色叠加、图案叠加、渐变叠加、描边等图层效果组成的集合，它能够快速更改图层内容的外观，制作丰富的图层效果。

8.9.1 添加图层样式

如果要为图层添加样式，可以选择这一图层，然后采用下面任意一种方式打开"图层样式"对话框，在该对话框左侧可以选择不同的图层样式，单击对话框左侧列出的样式名称前面的复选框，就可以添加该效果。

▷ 执行"图层"→"图层样式"子菜单中的样式命令，可打开"图层样式"对话框，并进入到相应的样式设置面板，如图8-116所示。

▷ 在图层面板中单击"添加图层样式"按钮 fx，在打开的快捷菜单中选择一个样式命令，如图8-117所示，也可以打开"图层样式"对话框，并进入到相应的样式面板。

▷ 双击需要添加样式的图层，可打开"图层样式"对话框，如图8-118所示。

疑难问答 **"背景"图层能使用图层样式吗？**

图层样式不能用于"背景"图层。可以按住〈Alt〉键双击"背景"图层，将其转换为普通图层，然后再添加图层样式效果。

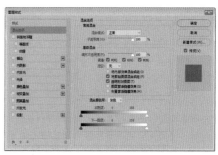

图8-118 "图层样式"对话框

8.9.2 混合选项

打开"图层样式"对话框，默认为"混合选项"面板，在该面板中，"常规混合"与"图层"面板中的不透明度和混合模式相同，"高级混合"选项组中的"填充不透明度"与"图层"面板中的"填充"选项作用相同。

▷ "通道"复选框："通道"选项与"通道"面板中的各个通道一一对应。RGB图像包含红(R)、绿(G)和蓝（B）3个颜色通道，它们混合生成RGB复合通道。

▷ "挖空"选项：挖空是指下面的图像穿透上面的图层显示出来。在"挖空"下拉列表中选择一个选项，选择"无"表示不创建挖空，选择"浅"或"深"，都会挖空到"背景"图层，若无"背景"则会挖空到透明区域。

▷ "混合颜色带"选项：既可以隐藏当前图层中的图像，也可以让下面层中的图像穿透当前层显示出来，或者同时隐藏当前图层和下面层中的部分图像，这是其他任何一种蒙版都无法实现的。混合颜色带用来抠火焰、烟花、彩、闪电等深色背景中的对象。"混合颜色带"包含"混合颜色带"下拉列表、"本图层"和"下一图层"两组滑块。

图8-116 "图层样式"子菜单　　图8-117 快捷菜单

8.9.3 斜面和浮雕

"斜面和浮雕"是一个非常实用的图层效果，可用于制作各种凹陷或凸出的浮雕图像或文字。选择"图层样式"对话框的左侧样式列表中的"斜面和浮雕"复选框，并单击该选项，即可切换至"斜面和浮雕"面板。在该面板中，对图层添加与阴影的各种组合，如图8-119所示，使图层内容呈现立体的浮雕效果。

疑难问答 为什么我的描边浮雕看不到效果？

如果要使用"描边浮雕"样式，需要先为图层添加"描边"效果才行。

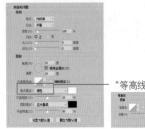

"等高线"拾色器

"斜面和浮雕"面板　　"等高线"面板　　"纹理"面板

图8-119 "斜面和浮雕"面板

▶ "光泽等高线"面板：单击右侧的下拉按钮，打开下拉面板，该面板中显示所有软件自带的光泽等高线效果，通过单击该面板中的选项，可自动设置其光泽等高线效果。

▶ 等高线"图案"选项组：在该选项组中，可对当前图层对象中所应用的等高线效果进行设置。其中包括等高线类型、等高线范围等。

▶ 纹理"图案"选项组：在该选项组中，可对当前图层对象中所应用的图案效果进行设置，其中包括图案的类型、大小和深度等效果。

8.9.4 描边

"描边"效果用于在图层边缘产生描边效果，选择"图层样式"对话框的左侧样式列表中的"描边"复选框，并单击该选项，即可切换至"描边"面板，如图8-120所示。

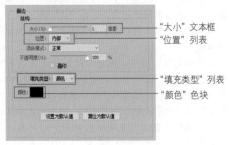

"大小"文本框
"位置"列表
"填充类型"列表
"颜色"色块

图8-120 描边参数

▶ "大小"文本框：通过拖拽滑块或直接在文本框中输入数值，设置描边的大小。

▶ "位置"列表：单击右侧的下拉按钮，打开下拉列表，在该下拉列表中有3个选项，分别是"外部""内部"和"居中"，分别表现出描边效果的不同位置，如图8-121所示。

原图　　　外部　　　内部　　　居中

图8-121 描边不同的位置

▶ "填充类型"列表：单击右侧的下拉按钮，打开下拉列表，在该下拉列表中有3个选项，分别是"颜色"、"渐变"和"图案"，通过选择不同的选项确定描边效果以何种方式显示。

▶ "颜色"色块：单击该色块，可对描边的颜色进行设置。

专家提示 选择不同的填充类型时，"填充类型"选项组就会发生相应的变化。

8.9.5 内阴影

与"投影"效果从图层背后产生阴影不同，"内阴影"效果在图层前面内部边缘位置产生柔化的阴影效果，常用于立体图形的制作。

选择"图层样式"对话框的左侧样式列表中的"内阴影"复选框，并单击该选项，即可切换至"内阴影"面板，如图8-122所示。

"距离"文本框
"阻塞"文本框
"大小"文本框

图8-122 内阴影效果参数

▶ "距离"文本框：通过拖拽滑块或直接在文本框中输入数值，设置内阴影与当前图层边缘的距离。

▶ "阻塞"文本框：通过拖拽滑块或直接在文本框中输入数值，模糊之前收缩"内阴影"的杂边边界。

▶ "大小"文本框：通过拖拽滑块或直接在文本框中输入数值，设置内阴影的大小。

8.9.6 内发光

"内发光"是在文本或图像的内部产生光晕的效果。选择"图层样式"对话框的左侧样式列表中的"内发光"复选框，并单击该选项，即可切换至"内发光"面板，如图8-123所示。在该面板中，可对当前图层中对象的内发光效果进行设置，其参数选项与外发光基本相同，其中外发光"图案"选项组中的"扩展"选项变成了内发光中"阻塞"选项，这是两个相反的参数。

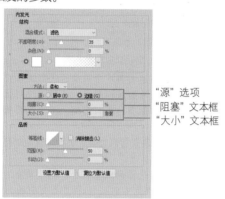

"源"选项

"阻塞"文本框

"大小"文本框

图8-123 内发光效果

- "源"选项：该选项组中包含两个选项，分别是"居中"和"边缘"，选中"居中"单选按钮，可使内发光效果从图层对象中间部分开始，使整个对象内部变亮；选中"边缘"单选按钮，可使内发光效果从图层对象边缘部分开始，使对象边缘变亮。
- "阻塞"文本框：通过拖拽滑块或直接在文本框中输入数值，模糊之前收缩"内发光"的杂边边界。
- "大小"文本框：通过拖拽滑块或直接在文本框中输入数值，设置内发光的大小。

8.9.7 光泽

"光泽"效果可以用来模拟物体的内反射或者类似于绸缎的表面。选择"图层样式"对话框的左侧样式列表中的"光泽"复选框，并单击该选项，即可切换至"光泽"面板，如图8-124所示。

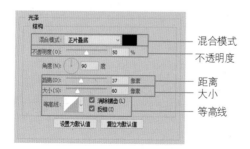

混合模式

不透明度

距离

大小

等高线

图8-124 光泽参数

- 混合模式：用于选择颜色的混合样式。
- 不透明度：用于设置效果的不透明度。

- 距离：设置光照的距离。
- 大小：设置光泽边缘效果范围。
- 等高线：用于产生光环形状的光泽效果。

8.9.8 颜色叠加

颜色叠加命令用于使图像产生一种颜色叠加效果。选择"图层样式"对话框的左侧样式列表中的"颜色叠加"复选框，并单击该选项，即可切换至"颜色叠加"面板，如图8-125所示。

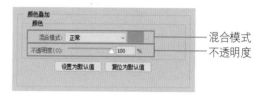

混合模式

不透明度

图8-125 颜色叠加参数

- 混合模式：用于选择颜色的混合样式。
- 不透明度：用于设置效果的不透明度。

8.9.9 渐变叠加

渐变叠加命令用于使图像产生一种渐变叠加效果。选择"图层样式"对话框的左侧样式列表中的"渐变叠加"复选框，并单击该选项，即可切换至"渐变叠加"面板，如图8-126所示。

不透明度

样式

缩放

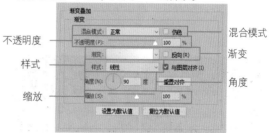

混合模式

渐变

角度

图8-126 渐变叠加参数

- 混合模式：用于选择混合样式。
- 不透明度：用于设置效果的不透明度。
- 渐变：用于设置渐变的颜色，如图8-127所示为设置"混合模式"为"正片叠底"后选择不同的渐变预设效果。其中"反向"复选框用于设置渐变的方向。

原图   橙，黄，橙渐变   色谱渐变

图8-127 不同的渐变颜色

- 样式：用于设置渐变的形式。
- 角度：用于设置光照的角度。
- 缩放：用于设置效果影响的范围。

8.9.10 图案叠加

图案叠加命令用于在图像上添加图案效果。选择"图层样式"对话框的左侧样式列表中的"图案叠加"复选框，并单击该选项，即可切换至"图案叠加"面板，如图8-128所示。

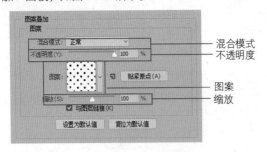

图8-128 图案叠加参数

- ▷ 混合模式：用于选择混合模式。
- ▷ 不透明度：用于设置效果的不透明度。
- ▷ 图案：用于设置图案效果。
- ▷ 缩放：用于设置效果影响的范围。

8.9.11 外发光

"外发光"效果可以在图像边缘产生光晕，从而将对象从背景中分离出来，以达到醒目、突出主题的作用，如图8-129所示。在设置发光颜色时，应选择与发光文字或图形反差较大的颜色，这样才能得到较好的发光效果，系统默认发光的颜色为黄色。

图8-129 外发光效果

8.9.12 投影

选择"图层样式"对话框的左侧样式列表中的

"投影"复选框，并单击该选项，即可切换至"投影"面板，如图8-130所示。在该面板中，用户可对当前图层中对象的投影效果进行设置。

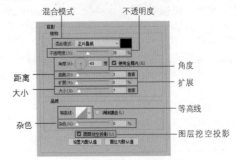

图8-130 投影效果参数

- ▷ 混合模式：设置阴影与下方图层的色彩混合模式，系统默认为"正片叠底"模式，这样可得到较暗的阴影颜色。其右侧有一个颜色块，用于设置阴影的颜色。
- ▷ 不透明度：用于设置阴影的不透明度，该数值越大，阴影颜色越深。
- ▷ 角度：用于设置光源的照射角度，光源角度不同，阴影的位置自然就不同。选中"使用全局光"选项，可使图像中所有图层的图层效果保持相同的光线照射角度。
- ▷ 距离：设置阴影与图层间的距离，取值范围为0～30000像素。
- ▷ 扩展：Photoshop预设的阴影大小与图层相当，增大扩展值可加粗阴影。
- ▷ 大小：设置阴影边缘软化程度。
- ▷ 等高线：用于产生光环形状的阴影效果。
- ▷ 杂色：通过拖拽滑块或直接在文本框中输入数值，设置当前图层对象中的杂色数量，数值越大，杂色越多；数值越小，杂色越小。
- ▷ 图层挖空投影：控制半透明图层中投影的可见或不可见效果。

> **技巧点拨** 添加"投影"效果时，移动光标至图像窗口，当光标显示为 ✛ 形状时拖动，可手动调整阴影的方向和距离。

8.10 编辑图层样式

图层样式作为一种图层特效，不仅可以在不同图层之间复制，还可以随时修改、隐藏或删除，具有非常强的灵活性。

8.10.1 修改、隐藏与删除样式

通过隐藏或删除图层样式，可以去除为图层添加

的图层样式效果，方法如下。

- ▷ 删除图层样式：添加图层样式的图层右侧会显示 图标，单击该图标可以展开所有添加的图层效果，

拖动该图标或"效果"栏至面板底端"删除"按钮 🗑，可以删除图层样式，如图8-131所示。

▶ 删除图层效果：拖动效果列表中的图层效果至"删除"按钮 🗑，可以删除该图层效果，如图8-132所示。

▶ 隐藏图层效果：单击图层效果左侧的眼睛图标 👁，可以隐藏该图层效果。

图8-131 删除图层样式　　图8-132 删除图层效果

8.10.2 复制与粘贴样式

快速复制图层样式，有鼠标拖动和菜单命令两种方法可供选用。

1. 鼠标拖动

拖动"效果"项或 fx 图标至另一图层上方，即可移动图层样式至另一个图层，此时光标显示为 🖐 形状，如图8-133所示。

在拖动时按住〈Alt〉键，则可以复制该图层样式至另一图层，此时光标显示为 ▸ 形状，如图8-134所示。

2. 菜单命令

在添加了图层样式的图层上单击右键，在弹出的菜单中选择"复制图层样式"选项，然后在需要粘贴样式的图层上单击右键，在弹出菜单中选择"粘贴图层样式"选项即可。

图8-133 移动图层样式　　图8-134 复制图层样式

8.10.3 缩放样式效果

执行"图层"→"图层样式"→"缩放效果"命令，可打开"缩放图层效果"对话框，如图8-135所示。

图8-135 "缩放图层效果"对话框

在"缩放"下拉列表中可选择缩放比例，或在文本框中输入缩放的数值，单击"确定"按钮即可。如图8-136所示为设置"缩放"为200%的效果。

图8-136 缩放图层样式

> **专家提示** "缩放效果"命令只缩放图层样式中的效果，而不会缩放应用了该样式的图层。

> **答疑解惑** **修改分辨率后的缩放效果**
>
> 使用"图像"→"图像大小"命令修改图像的分辨率时，如果文档中有图层添加了图层样式，单击 ⚙ 图标，在弹出的快捷菜单中勾选"缩放样式"选项，可以使效果与修改后的图像相匹配，否则效果会在视觉上与原来产生差异。

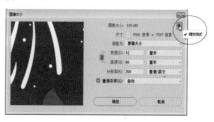

8.10.4 将图层样式创建为图层

选择添加了样式的图层，执行"图层"→"图层样式"→"创建图层"命令，样式便会从原图层中独立出来成为单独的图层，转换后的图像效果不会发生变化，如图8-137所示。

图8-137 转换图层样式为图层

8.11 中性色图层

中性色图层是一种填充了中性色的特殊图层，它通过混合模式对下面的图像产生影响，可以用来修饰图像以及创建滤镜。所有的操作都不会破坏其他图层上的像素。

8.11.1 了解中性色

在Photoshop中，对一幅单色图像与另外一幅图像以某种混合模式进行混合，混合后的结果色与另外一幅图像一致，这种单色图像就是混合模式的中性色。黑色、白色和50%灰色分别是"变亮"、"变暗"和"叠加"混合模式组的平衡点，Photoshop称之为中性色。

按住〈Alt〉键的同时单击"图层"面板底部的"创建新图层"按钮，打开"新建图层"对话框，在对话框中选择混合模式并勾选"填充中性色"选项即可创建中性色图层，如图8-138、图8-139 所示。

图8-138 选择混合模式1

图8-139 选择混合模式2

> **专家提示** "正常""溶解""实色混合""色相""饱和度""颜色""明度"模式下不存在中性色。

8.11.2 边讲边练——用中性色图层校正照片曝光

本实例介绍利用中性色图层为照片校正曝光，并为鲜艳色彩照片调出复古色调。

Before

After

文件路径：源文件\第08章\8.11.2

视频文件：视频\第08章\8.11.2.MP4

01≫ 按〈Ctrl+O〉快捷键打开素材图像，如图8-140所示。

02≫ 执行"图层"→"新建"→"图层"命令，在打开的"新建图层"对话框中，设置"模式"为"柔光"，勾选"填充柔光为中性色"复选框，如图8-141所示，单击"确定"按钮新建图层。

图8-142 在中性图层中涂抹高光部分

图8-140 打开素材　　图8-141 新建中性色图层

03≫ 设置前景色为黑色，使用用画笔工具涂抹曝光度过高的区域，如图8-142所示。

04≫ 单击"创建新的填充或调整图层"按钮，添加"曲线"调整图层，设置相应的参数，如图8-143所示。最终效果如图8-144所示。

图8-143 "曲线"　　图8-144 框选图像最终效果
参数

8.11.3 边讲边练——用中性色图层制作灯光效果

Before

After

本实例介绍利用中性色图层为汽车照片添加光照效果。

文件路径：源文件\第08章\8.11.3

视频文件：视频\第08章\8.11.3.MP4

01≫ 按〈Ctrl+O〉快捷键打开素材图像，如图8-145所示。

图8-145 打开图片

02≫ 执行"图层"→"新建"→"图层"命令，在打开的"新建图层"对话框中，设置"模式"为"叠加"，勾选"填充柔光为中性色"复选框，如图8-146所示，单击"确定"按钮新建图层，如图8-147所示。

图8-146 "新建图层"对话框　　图8-147 新建图层

03≫ 执行"滤镜"→"渲染"→"光照效果"命令，切换到"光照效果"编辑界面，在工具选项栏中的"预设"下拉列表中选择"五处下射光"，效果如图8-148所示。

图8-148 "五处下射光"效果

04≫ 在"属性"面板中，设置"聚光灯 1"和"聚光灯 5"的"聚光度"为20%，如图8-149所示；设置"聚光灯 2"和"聚光灯 4"的"聚光度"为40%，如图8-150所示。

技术专题　**为中性色图层添加效果的好处**

应用在中性色图层上的滤镜、图层样式等可以进行编辑和修改。例如，可以移动滤镜或效果的位置，也可以通过不透明度来控制效果的强度，或者用蒙版遮盖部分效果。而普通图层则无法进行这样的操作。

图8-149 "聚光灯1、5"　　图8-150 "聚光灯2、4"
参数　　　　　　　　　参数

05≫ 调整后的灯光效果如图8-151所示。

图8-151 调整后的灯光效果

06≫ 单击工具选项栏中的"确定"按钮，或按〈Enter〉键确认加入光照效果，最终效果如图8-152所示。

图8-152 最终效果

8.11.4 边讲边练——用中性色图层制作金属按钮

本实例介绍利用中性色图层制作金属按钮。

🔘 文件路径：源文件\第08章\8.11.4

📹 视频文件：视频\第08章\8.11.4.MP4

01≫ 按〈Ctrl+O〉快捷键打开素材图像，如图8-153所示。

图8-153 打开图片

02≫ 执行"图层"→"新建"→"图层"命令，在打开的"新建图层"对话框中，设置"模式"为"减去"，勾选"填充柔光为中性色"复选框，如图8-154所示，单击"确定"按钮新建图层，如图8-155所示。

图8-154 "新建图层"对话框

图8-155 新建图层

03≫ 双击"图层1"，打开"图层样式"对话框，添加"斜面与浮雕"和"内发光"样式，参数如图8-156、图8-157所示。

图8-156 "斜面与浮雕"　　图8-157 "内发光"参数
参数

04≫ 单击"确定"按钮，关闭"图层样式"对话框，确认添加图层样式，效果如图8-158所示。

图8-158 最终效果

8.12 实战演练——打造玉石质感图标

本实例主要通过添加图层样式和应用图层混合模式等操作制作玉石质感图标。

🔘 文件路径：源文件\第08章\8.12

📹 视频文件：视频\第08章\8.12.MP4

01≫ 启用Photoshop后，执行"文件"→"打开"命令，弹出"打开"对话框，在对话框中找到本案例背景素材，单击"确定"按钮，如图8-159所示。

图8-159 打开素材文件

02≫ 选择圆角矩形工具 □，在画面中单击，在弹出的"创建圆角矩形"对话框中设置参数，绘制圆角矩形，填充颜色为（R202，G204，B183），如图8-160所示。

图8-160 绘制圆角矩形

03≫ 按〈Ctrl+T〉快捷键，进入自由变换状态，在工具选项栏中单击按钮，进入变形模式，选择"变形"模式为"膨胀"，并调整参数，如图8-161所示。

04≫ 按〈Enter〉键或单击工具选项栏中的按钮，确认变形，如图8-162所示。

图8-161 变形圆角矩形　　图8-162 确认变形

05≫ 双击圆角矩形图层缩览图，弹出"图层样式"对话框，添加投影效果，如图8-163所示，单击"图层样式"面板中"投影"复选框后面的按钮 ✚，添加一层投影效果，参数设置如图8-164所示。

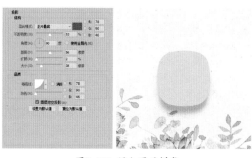

图8-163 添加图层样式

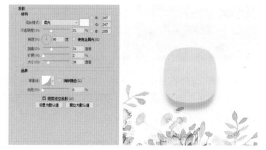

图8-164 添加图层样式

06≫ 运用同样的操作方法添加3层内阴影效果，如图8-165所示。

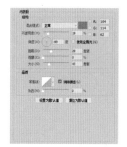

图8-165 添加内阴影

07≫ 继续添加斜面和浮雕、内发光效果，如图8-166所示。

图8-166 添加图层样式

08≫ 新建一个图层，命名为"纹理"，将前景色设置为默认，执行"滤镜"→"渲染"→"云彩"命令，如图8-167所示。在图层面板中设置"图层混合模式"为"颜色加深"，在图层上单击鼠标右键，选择"创建剪贴蒙版"命令，创建图层剪贴蒙版，效果如图8-168所示。

图8-167 编辑云彩　　　图8-168 删除多余的云彩

09≫ 单击图层面板底部的"添加调整图层"按钮，添加"曲线"调整图层，并创建剪贴蒙版，如图8-169所示。

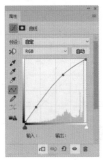

图8-169 添加玉石纹理

10≫ 选择自定形状工具，在工具选项栏中选择蝴

蝶形状，在"纹理"图层下方绘制形状，如图8-170所示。

11≫ 在图层面板中设置填充为0，添加斜面和浮雕、内阴影、投影图层效果，添加文字装饰，最终效果如图8-171所示。

图8-170 绘制蝴蝶形状

图8-171 添加图层效果及最终效果

8.13 习题——中国龙

本实例主要通过添加素材文件、添加图层样式和应用图层混合模式等操作，制作出有质感的材质效果。

🔘 文件路径：源文件\第08章\8.13

📀 视频文件：视频\第08章\8.13.mp4

操作提示：

01≫ 新建一个空白文件。
02≫ 添加图片素材。
03≫ 添加图层蒙版。
04≫ 添加图层样式。
05≫ 添加"色阶"调整层。

第9章

特殊的选区——蒙版

蒙版是一种特殊的选区，它跟常规的选区颇为不同。常规的选区表现了一种操作趋向，即将对所选区域进行处理；而蒙版却相反，它是对所选区域进行保护，让其免于操作，而对非掩盖的地方应用操作。同时，不处于蒙版范围的地方则可以进行编辑与处理。

Photoshop提供了3种类型的蒙版：图层蒙版、矢量蒙版和剪贴蒙版。本章将详细介绍不同类型的蒙版的原理，读者可掌握各类蒙版的应用方法和技巧。

9.1 蒙版面板

9.1.1 认识蒙版面板

蒙版属性面板用于调整所选图层中的图层蒙版和矢量蒙版的不透明度和羽化范围,还可以对蒙版进行一系列操作,如添加蒙版、删除蒙版、应用蒙版等,如图9-1所示。

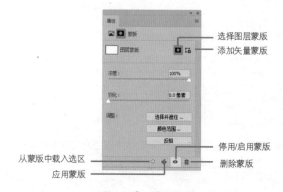

图9-1 蒙版属性面板

9.1.2 边讲边练——为人物更换背景

下面介绍如何运用蒙版面板快速为照片中人物更换背景。

文件路径:源文件\第09章\9.1.2
视频文件:视频\第09章\9.1.2.MP4

01 >> 单击"文件"→"打开"命令,打开背景素材和人物素材图像,如图9-2所示。

图9-2 素材图像

02 >> 使用移动工具 ✛ ,将人物素材添加至背景素材中,适当调整大小和位置,如图9-3所示。单击"图层"面板上的"添加图层蒙版"按钮 ▣ ,为"图层1"添加图层蒙版,如图9-4所示。

03 >> 在属性面板中,将浓度设置为0,单击属性面板中的"颜色范围"按钮,如图9-5所示,弹出"色彩范围"对话框,如图9-6所示。

04 >> 单击"取样颜色"按钮 🖋 ,在对话框中人物图层背景部分单击,如图9-7所示。

图9-3 将人物图像拖入
背景文件中

图9-4 添加图层蒙版

图9-5 单击"颜
色范围"按钮　　图9-6 "色彩范
围"对话框　　图9-7 取样

05》选中"反相"复选框，如图9-8所示。

06》单击"确定"按钮，回到属性面板，将浓度调为100%，图像效果如图9-9所示。

图9-8 反相　　　　　图9-9 图像效果

如果单击蒙版面板中的"反相"按钮，则会显示背景，而人物会隐藏起来，效果如图9-10所示。单击蒙版面板中的"选择并遮住"按钮，会弹出"选择并遮住"对话框，如图9-11所示，在该对话框中，可以对蒙版的边缘等进行调整。

图9-10 未选中"反相"效果　　图9-11 "选择并
　　　　　　　　　　　　　　　　遮住"对话框

"选择并遮住"对话框中各参数含义如下。

- 视图模式：可选择在不同的蒙版背景下观看蒙版。
- 半径：增强边缘区域的过渡效果，使边缘变得更加细腻。
- 平滑：如果蒙版边缘变得比较毛糙，可以通过这个选项变得更加光滑一些。
- 羽化：可以为边缘增加羽化效果。
- 对比度：可以加强对比度，使边缘过渡更加真实。
- 移动边缘：可以收缩或者扩大蒙版区域。

07》在"图层"面板中选择背景图层，然后单击底部的"创建新的填充"按钮，选择"纯色"选项，在弹出的"拾色器"对话框中设置颜色，如图9-12所示。

08》单击"确定"按钮，在"图层"面板中设置填充图层的"图层混合模式"为"正片叠底"，"不透明度"为"45%"，效果如图9-13所示。

图9-12 设置颜色　　　图9-13 "正片叠
　　　　　　　　　　　　　底"效果

09》在填充图层上方新建图层，设置前景色为（R161，G218，B244），使用渐变工具，绘制"前景色到透明渐变"，如图9-14所示，效果如图9-15所示。

10》在"图层"面板中选择人物图层，然后单击底部的"创建新的填充图层"按钮，选择"色相/饱和度"选项，设置参数如图9-16所示。然后按〈Alt+Ctrl+G〉快捷键创建剪贴蒙版。

11》按〈Ctrl+O〉快捷键打开雨素材，使用移动工具，将其拖入原文档中，调整大小和位置，然后在"图层"面板中设置"图层混合模式"为"滤色"，"不透明度"为"60%"，最终效果如图9-17所示。

图9-14 设置渐变　　　图9-15 渐变效果

图9-16 添加调整图层　　图9-17 最终效果

9.2 图层蒙版

图层蒙版可以理解为在当前图层上面覆盖的一层玻璃片，这种玻璃片分为透明的和黑色不透明两种，前者显示全部，后者隐藏部分。

通过运用各种绘图工具在蒙版上（即玻璃片上）涂色（只能涂黑、白、灰色），涂黑色的地方蒙版变为不透明，看不见当前图层的图像；涂白色则使涂色部分变为透明，可看到当前图层上的图像；涂灰色使蒙版变为半透明，透明的程度由涂色的灰度深浅决定。

9.2.1 添加图层蒙版

单击"图层"面板上的"添加图层蒙版"按钮 ▣ ，可为图层或基于图层的选区添加图层蒙版。在编辑图层蒙版时，必须掌握以下规律：

▷ 因为蒙版是灰度图像，因而可使用画笔工具、铅笔工

具或渐变填充等绘图工具进行编辑，也可以使用色调调整命令和滤镜。

▷ 使用黑色在蒙版中绘图，将隐藏图层图像，使用白色绘图将显示图层图像。

▷ 使用介于黑色与白色之间的灰色绘图，将得到若隐若现的效果。

9.2.2 边讲边练——合成海豚在天空遨游

下面介绍如何添加图层蒙版，制作趣味合成效果。

◎ 文件路径：源文件\第09章\9.2.2

🎬 视频文件：视频\第09章\9.2.2.MP4

01▷ 单击"文件"→"打开"命令，打开"云端"素材图像，如图9-18所示。

02▷ 按〈Ctrl+O〉快捷键打开"海豚"素材。使用移动工具 ✛ ，将海豚素材拖至云端素材中，系统自动生成"图层1"，将其复制两层，适当调整图像大小和位置，效果如图9-19所示。按住〈Shift〉键选择3个海豚图层，再按〈Ctrl+G〉快捷键合并成"海豚"组。

图9-20 复制"云端"图层　　图9-21 制作海豚与云朵融合效果

05▷ 按〈Alt〉键的同时单击图层蒙版缩览图，图像窗口会显示出蒙版图像，如图9-22所示。如果要恢复图像显示状态，再次按住〈Alt〉键单击蒙版缩览图即可。

06▷ 按〈Ctrl+O〉快捷键打开房屋和树的素材文件，使用移动工具 ✛ 将其插入云端文档中，调整大小和位置，如图9-23所示。

图9-18 打开"云端"素材　图9-19 添加"海豚"素材

03▷ 复制"云端"图层，并将其拖至海豚组的上方。单击图层面板底部的"添加图层蒙版"按钮 ▣ ，给云端图层添加蒙版，如图9-20所示。

04▷ 选中图层蒙版，设置前景色为黑色，选择画笔工具 ✐ ，在工具选项栏中选择"粉笔累积"画笔，在蒙版中涂抹，制作海豚与云朵融合的效果，如图9-21所示。

图9-22 蒙版图像　　　图9-23 添加房屋与树素材

07≫ 运用相同的方式，给图层添加图层蒙版，如图9-24所示。

08≫ 依次选中图层蒙版，选择画笔工具，按〈[〉或〈]〉键调整合适的画笔大小，在图像上涂抹不需要保留的部分，图像效果如图9-25所示。

图9-24 添加图层 图9-25 图像效果
蒙版

09≫ 在"图层"面板中依次调整房屋和树图层的"不透明度"为"51%"和"67%"，效果如图9-26所示。

图9-26 调整不透明度

10≫ 单击"图层"面板底部的"创建新的调整图层"按钮，依次添加"自然饱和度"、"曲线"和"色彩平衡"调整图层，设置参数，如图9-27所示。

11≫ 完成效果，如图9-28所示。

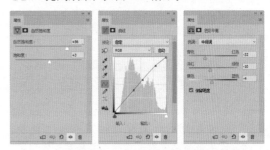

图9-27 调整图层参数

图9-28 最终效果

专家提示 图层蒙版常用来将多个图像合成为一个场景，制作丰富多彩的图像，如图9-29所示。

图9-29 蒙版在合成中的应用

9.2.3 从选区中生成图层蒙版

建立选区后，单击"图层"面板上的"添加图层蒙版"按钮，可以将选区转换为蒙版，选区内的图像是显示的，而选区外的图像则被蒙版隐藏。

手把手9-1 | 从选区中生成图层蒙版

视频文件：视频\第9章\手把手9-1.MP4

01≫ 执行"文件"→"打开"命令，选择本书配套资源中"源文件\第9章\9.2\9.2.3.psd"文件，单击"打开"按钮，打开一张素材图像，如图9-30所示。

02≫ 移动工具箱中的自定形状工具，在工具选项栏中选择"路径"选项，在形状下拉面板中选择形状，在画面中绘制形状，按〈Ctrl+Enter〉快捷键将路径转换为选区，保留选区，单击"图层"面板中的"添加蒙版"按钮，如图9-31所示，完成效果如

图9-32所示。

图9-30 原图

图9-31 图层结果 图9-32 图像效果

选择"图层"→"图层蒙版"→"显示选区"命令，可得到选区外图像被隐藏的效果；若选择"图层"→"图层蒙版"→"隐藏选区"命令，则会得到相反的结果，选区内的图像会被隐藏，与按住〈Alt〉键再单击 ◘ 按钮效果相同。

此外，在创建选区后，选择"编辑"→"贴入"命令，在新建图层的同时会添加相应的蒙版，默认选区外的图像被隐藏。

专家提示 选区与蒙版之间可以相互转换。按住〈Ctrl〉键单击图层蒙版，可载入图层蒙版作为选区，蒙版的白色区域为选择区域，蒙版中的黑色区域为非选择区域。

9.2.4 复制与转移蒙版

图层蒙版可以在不同图层之间移动或复制。

▷ 要将蒙版移动到另一个图层，将蒙版直接拖动到该图层上方。

▷ 要拷贝蒙版，按住〈Alt〉键的同时将蒙版拖动到该图层上方。

手把手 9-2 复制和转移图层蒙版

◈ 视频文件：视频\第9章\手把手9-2.MP4

01≫ 继续使用手把手9-1中的文档，按〈Ctrl+O〉快捷键打开素材文件，使用移动工具 ✛ 将其拖至"手把手9-1"的文档中，如图9-33所示。

图9-33 原图

02≫ 使用移动工具 ✛，将"图层1"的图层蒙版直接拖至"图层2"中，转移图层蒙版。单击"图层1"缩览图前面的隐藏按钮 ◉ 将其隐藏，如图9-34所示。

图9-34 转移图层蒙版

03≫ 使用移动工具 ✛，在按住〈Alt〉键的同时，

将"图层1"的图层蒙版拖至"图层2"中，复制图层蒙版，如图9-35所示。单击"图层2"的图层蒙版缩览图，在画面中移动图像，如图9-36所示。

图9-35 图层结果

图9-36 移动图像

技术专题 蒙版编辑注意事项

添加蒙版后，蒙版缩览图外侧有一个白色的边框，表示蒙版处于编辑状态，此时进行所有的操作都将应用于蒙版。如果要编辑图像，应单击图像缩览图，将边框转移到图像上。

蒙版处于编辑状态

图像处于编辑状态

9.2.5 启用与停用蒙版

按住〈Shift〉键单击图层蒙版缩览图，或右击图层蒙版缩览图，从弹出菜单中选择"停用图层蒙版"命令，可停用图层蒙版，此时在蒙版缩览图上会出现一个红色的叉，如图9-37所示。但是停用的图层蒙版并没有从图层上删除，按住〈Shift〉键或直接单击蒙版缩览图，或右击图层蒙版缩览图，从弹出菜单中选择"启用图层蒙版"命令，即可启用图层蒙版，如图9-38所示。

图9-37 停用图层蒙版

图9-38 启用图层蒙版

9.2.6 应用与删除蒙版

由于添加蒙版会增加文件大小，如果某些蒙版无须改动，则可以应用蒙版至图层，以减少图像文件大小。所谓应用蒙版，实际上就是将蒙版隐藏的图像清除，将蒙版显示的图像保留，然后删除图层蒙版。

要应用图层蒙版，只需在图层被选中的情况下，选择"图层"→"图层蒙版"→"应用"命令即可。此外，选中图层蒙版，将其拖至 按钮，将弹出提示框，如图9-39所示。

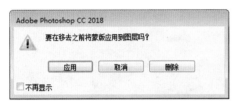

图9-39 提示框

若单击"应用"按钮，即可将图层蒙版应用于当前图层，图层中隐藏的图像将被清除；若单击"删除"按钮，则如同选择"图层"→"图层蒙版"→"删除"命令，不应用而直接删除蒙版。

9.2.7 链接与取消链接蒙版

系统默认图层与图层蒙版是相互链接的，图层与图层蒙版的缩览图之间会显示 标记，如图9-40所示。当对链接的其中一方进行移动、缩放或变形操作时，另一方也会发生相应的变化。

单击 标记，可取消链接状态，如图9-41所示，则可单独移动图层或图层蒙版。

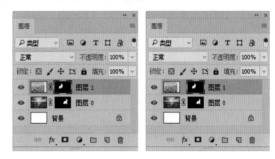

图9-40 链接图层　　图9-41 取消链接状态

如果要重新在图层与图层蒙版间建立链接，可以单击图层和图层蒙版之间的区域，重新显示链接标记 即可。

9.3 矢量蒙版

矢量蒙版是依靠路径图形来定义图层中图像的显示区域。它与分辨率无关，是由钢笔或形状工具创建的。使用矢量蒙版可以在图层上创建锐化、无锯齿的边缘形状。

9.3.1 创建矢量蒙版

1. "显示全部"命令

执行"图层"→"矢量蒙版"→"显示全部"命令，可以为图像创建一个空白的矢量蒙版，如图9-42所示，用户可以在蒙版中绘制路径，图层面板如图9-43所示。

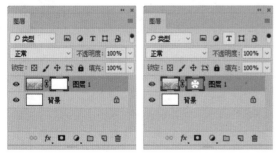

图9-42 添加矢量蒙版　　图9-43 绘制路径

2. "当前路径"命令

在绘制路径后，如图9-44所示，执行"图层"→"矢量蒙版"→"当前路径"命令，可以将当前路径创建为矢量蒙版，图层面板如图9-45所示。

图9-44 绘制路径　　图9-45 将当前路
径创建为矢量蒙版

9.3.2 边讲边练——制作宝宝相册

下面介绍如何使用矢量蒙版制作可爱宝宝日历。

文件路径：源文件\第09章\9.3.2

视频文件：视频\第09章\9.3.2.MP4

01》单击"文件"→"打开"命令，打开素材文件，如图9-46所示。

图9-46 打开素材文件

02》按〈Ctrl+O〉快捷键打开宝宝图片素材。使用移动工具 ，将图片素材添加至背景素材中，系统自动生成"图层1"，适当调整图像大小和位置，效果如图9-47所示。

图9-47 添加图片素材

03》选择自定义形状工具 ，在工具选项栏中选择工具模式为"路径"，在画面中拖动鼠标绘制云朵路径，如图9-48所示。

图 9-48 绘制路径

04》执行"图层"→"矢量蒙版"→"当前路径"命令，基于当前路径创建矢量蒙版，路径区域外的图像将被蒙版遮罩，效果如图 9-49所示。

05》双击蒙版图层，在弹出的"图层样式"对话框中依次设置"内阴影"和"投影"参数，如图9-50、图9-51所示。

图 9-49 添加矢量蒙版

图9-50 "内阴影"参数　　　　图9-51 "投影"参数

06》单击"确定"按钮，得到最终效果如图9-52所示。

图9-52 完成效果

技巧点拨　执行"图层"→"矢量蒙版"→"显示全部"命令，可以创建显示全部图像的矢量蒙版；执行"图层"→"矢量蒙版"→"隐藏全部"命令，可以创建隐藏全部图像的矢量蒙版。

9.3.3 变换矢量蒙版

单击"图层"面板中的矢量蒙版缩览图,选择矢量蒙版,执行"编辑"→"变换路径"子菜单中的命令,可以对矢量蒙版进行各种变换操作,如图9-53所示为缩放和旋转路径前后的对比效果。

图9-53 变换矢量蒙版

手把手9-3 | 为矢量蒙版添加样式

视频文件:视频\第9章\手把手9-3.MP4

01》 执行"文件"→"打开"命令,选择本书配套资源中"源文件\第9章\手把手9-3.psd"文件,将其打开,如图9-54所示。

图9-54 打开图像文件

02》 选择圆角矩形工具 ,在工具选项栏中选择工具模式为"路径",在画面中拖拽鼠标绘制圆角矩形路径,如图9-55所示。

03》 执行"图层"→"矢量蒙版"→"当前路径"命令,基于当前路径创建矢量蒙版,路径区域外的图像将被蒙版遮罩,效果如图9-56所示。

图9-55 绘制圆角矩形路径　　图9-56 创建矢量蒙版

04》 双击蒙版图层,在弹出的"图层样式"对话框中添加"描边"样式,如图9-57所示。

05》 单击"确定"按钮,关闭"图层样式"对话框,完成效果如图9-58所示。

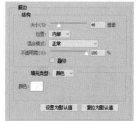

图9-57 添加"描边"样式

图9-58 完成效果

手把手9-4 | 为矢量蒙版添加形状

视频文件:视频\第9章\手把手9-4.MP4

01》 执行"文件"→"打开"命令,选择本书配套资源中"源文件\第9章\9.3\9.3.3.psd"文件,将其打开,并添加参考线,如图9-59所示。

图9-59 打开图像效果

02》 选择矩形工具 ,在工具选项栏中选择工具模式为"路径",在画面中拖拽鼠标绘制矩形路径,如图9-60所示。

03》 执行"图层"→"矢量蒙版"→"当前路径"命令,基于当前路径创建矢量蒙版,路径区域外的图像将被蒙版遮罩,效果如图9-61所示。

图9-60 绘制矩形路径　　图9-61 创建矢量蒙版

04≫ 双击蒙版图层，在弹出的"图层样式"对话框中添加"描边"和"投影"样式，参数如图9-62、图9-63所示。

图9-62 "描边"参数　　　图9-63 "投影"参数

05≫ 单击"确定"按钮，确认添加图层样式，效果如图9-64所示。

图9-64 样式效果

06≫ 单击图层蒙版，继续使用矩形工具 ▢，绘制矩形路径，如图9-65所示。

图9-65 在矢量蒙版中添加形状

07≫ 运用相同的方式，完成形状路径的添加，清除参考线，效果如图9-66所示。

图9-66 完成效果

9.3.4 转换矢量蒙版为图层蒙版

选择创建了矢量蒙版的图层，执行"图层"→"栅格化"→"矢量蒙版"命令，或者在矢量蒙版缩览图上单击右键，在弹出的快捷菜单中选择"栅格化矢量蒙版"选项，可栅格化矢量蒙版，并将其转换为图层蒙版，如图9-67所示。

图9-67 转换蒙版

9.3.5 启用与禁用矢量蒙版

创建矢量蒙版后，按住〈Shift〉键单击蒙版缩览图可暂时停用蒙版，蒙版缩览图上会显示出一个红色的叉，如图9-68所示，图像也会显示为停用图层蒙版的状态。按住〈Shift〉键再次单击蒙版缩览图可重新启用蒙版，恢复蒙版对图像的遮罩。

图9-68 停用蒙版

9.3.6 删除矢量蒙版

选择矢量蒙版所在的图层，执行"图层"→"矢量蒙版"→"删除"命令，可删除矢量蒙版；直接将矢量蒙版缩览图拖至"图层"面板中的删除图层按钮 🗑 上，将弹出提示框，单击"确定"按钮即可将其删除，如图9-69所示。

图9-69 删除矢量蒙版

9.4 剪贴蒙版

9.4.1 剪贴蒙版原理

图层蒙版和矢量蒙版只能控制一个图层，而剪贴蒙版可以通过一个图层来控制多个图层的可见内容，可以应用在两个或两个以上的图层，但是这些图层必须是相邻且连续的。

执行"图层"→"创建剪贴蒙版"命令，或者是按〈Alt+Ctrl+G〉快捷键创建剪贴蒙版。

在剪贴蒙版中，箭头 ↓ 指向的图层为基底图层，带有下画线，上面的图层为内容图层，如图9-70所示。

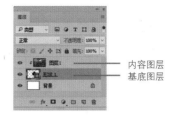

内容图层
基底图层

图9-70 创建剪贴蒙版

9.4.2 边讲边练——为人物衣服添加印花

下面介绍如何创建剪贴蒙版，为人物的衣服添加印花。

文件路径：源文件\第09章\9.4.2

视频文件：视频\第09章\9.4.2.MP4

01》 单击"文件"→"打开"命令，打开人物素材图像，如图9-71所示。
02》 选择魔棒工具，在工具选项栏中设置容差为20，勾选"连续"，单击人物衣服，按住〈Shift〉键加选选区，如图9-72所示。

图9-71 人物素材图像　图9-72 建立选区

03》 按〈Ctrl+J〉快捷键将选区图像复制至新图层，得到"图层1"。
04》 按〈Ctrl+O〉快捷键打开图片素材。运用移动工具将图片素材添加至图像中，适当调整图像大小和位置，效果如图9-73所示，系统自动生成"图层2"。
05》 执行"图层"→"创建剪贴蒙版"命令，或按〈Alt+Ctrl+G〉快捷键创建剪贴蒙版，"图层"面板如图9-74所示，效果如图9-75所示。
06》 设置"图层2"的"混合模式"为"变暗"，完成效果如图9-76所示。

图9-73 添加图片素材　图9-74 创建剪贴蒙版

图9-75 创建剪贴蒙版效果　图9-76 完成效果

专家提示 按〈Alt〉键移动光标至分隔两个图层之间的实线上，当光标显示为 ↓□ 形状时单击，也可创建剪贴蒙版。

9.5 快速蒙版

9.5.1 快速蒙版原理

快速蒙版可以将任何选区作为蒙版进行编辑，而无须使用通道面板。单击工具箱下方的按钮 [○] ，或按〈Q〉键可进入快速蒙版。当在快速蒙版模式中工作时，通道面板中会出现一个临时快速蒙版通道，如图9-77所示。

在快速蒙版状态下，用户可以使用各种绘画工具和滤镜来修改蒙版。退出蒙版时，蒙版会转换为选区。

在快速蒙版编辑模式下，系统默认未选择区域蒙上一层不透明度为50%的红色，无色的区域则表示选中的区域，如图9-78所示。用户也可以根据需要自由设置色彩指示，双击工具箱中的快速蒙版按钮 [○] 打开"快速蒙版选项"对话框，如图9-79所示，在该对话框中可以设置色彩指示的区域和颜色。

蒙版编辑完成后，再次单击蒙版按钮 [○] 或按〈Q〉键退出快速蒙版，当退出快速蒙版模式时，人物区域成为当前选择区域，如图9-80所示。

图9-77 通道面板

图9-78 选中区域

图9-79 "快速蒙版选项" 对话框

图9-80 选中人物区域

9.5.2 边讲边练——制作书中仙子

Before

After

下面通过一个小练习介绍在快速蒙版下使用画笔工具选取人物区域，并为其更换背景。

📀 文件路径：源文件\第09章\9.5.2

🎬 视频文件：视频\第09章\9.5.2.MP4

01》 启动Photoshop，执行"文件"→"打开"命令，在"打开"对话框中选择素材照片，单击"打开"按钮，如图9-81和图9-82所示。

图9-81 人物素材

图9-82 背景素材

02》 选择移动工具 [✛] 将人物拖至背景素材图像中，按〈Ctrl+T〉快捷键进入自由变换状态，旋转

至适当角度和位置，按〈Enter〉键确定变换，效果如图9-83所示。

03》 按〈Q〉键进入快速蒙版，以快速蒙版编辑，移动工具箱中的画笔工具 [✎] ，设置前景色为黑色，画笔硬度为100%，在图像中涂抹人物部分，创建蒙版区，如图9-84所示。

图9-83 拖移素材照片

图9-84 创建蒙版区

在编辑快速蒙版时，要注意前景色和背景色的颜色。当前景色为黑色时，使用画笔工具在图像窗口中涂抹，就会在蒙版上添加颜色（减少选区）；当前景色为白色时，涂抹时就会清除光标涂抹处的颜色（增加选区）。

作阴影效果，如图9-88所示。

图9-85 建立选区

图9-86 效果

04▷ 按〈Q〉键退出快速蒙版，得到如图9-85所示选区。

05▷ 按〈Ctrl+Shift+I〉快捷键反选选区，单击"图层"面板上的"添加图层蒙版"按钮 ◻，图像效果如图9-86所示。

06▷ 在"图层"面板中单击"添加图层样式"按钮 fx，在弹出的快捷菜单中选择"投影"选项，弹出"图层样式"对话框，设置参数如图9-87所示。

07▷ 设置完成后单击"确定"按钮，为人物制

图9-87 "投影"参数

图9-88 最终效果

9.6 实战演练——奇幻空间

本实例介绍如何使用图层蒙版、快速蒙版等，合成一幅带给人悠远、富有想象的奇幻境地。

💿 文件路径：源文件\第09章\9.6

🎬 视频文件：视频\第09章\9.6.MP4

01▷ 启用Photoshop后，执行"文件"→"新建"命令，弹出"新建"对话框，在对话框中设置参数如图9-89所示，单击"确定"按钮，新建一个空白文件。

图9-89 "新建"对话框

02▷ 单击工具箱中的渐变工具 ◼，设置前景色为蓝色（R12，G121，B187），背景色为（R144，G195，B234），在画面中从下往上拖出渐变色，如图9-90所示。

03▷ 打开云素材，拖入画面中，按〈Ctrl+T〉快捷键，调整好大小和位置，如图9-91所示。

图9-90 填充线性渐变

图9-91 添加云素材

04▷ 在图层面板中双击云图层缩览图，弹出"图层样式"对话框，按住〈Alt〉键拖动左边的黑色滑块，如图9-92所示。单击"确定"按钮，图像效果如图9-93所示。

05▷ 打开地球素材，去底后拖入画面中，如图9-94所示。

图9-92 图层样式参数

图9-93 图层样式效果　　图9-94 添加地球素材

06≫ 双击地球缩览图，弹出"图层样式"对话框，设置内阴影、内发光、渐变叠加和外发光参数，如图9-95所示。

图9-95 图层样式参数

07≫ 单击"确定"按钮，效果如图9-96所示。单击图层面板下面的"添加图层蒙版"按钮 ，选择蒙版层，设置前景色为黑色，选择画笔工具，沿地球周边和地球下边涂抹，渐隐地球，图层面板如图9-97所示。图像效果如图9-98所示。

图9-96 图层样式效果　　图9-97 图层面板

08≫ 新建一个图层，命名为"星星"，设置前景色为白色，选择画笔工具，按〈[〉或〈]〉调整画笔大小，在蓝天处绘制星光，如图9-99所示。

图9-98 添加蒙版效果　　图9-99 绘制星星

09≫ 创建"色相/饱和度"调整图层，设置参数如图9-100所示，回到图层面板，选项"色相/饱和度"的蒙版层，选择渐变工具，在工具选项栏中选择从黑色到白色的线性渐变，在画面中从下往上拖出渐变色，图层显示如图9-101所示。图像效果如图9-102所示。

图9-100 色相/饱和度参数　　图9-101 图层面板

10≫ 打开月球素材，按〈Q〉键切换到快速蒙版状态，选择画笔工具，在选项栏中选择"硬边圆"笔尖，不透明度为100%，大小为700像素，在月球上单击，效果如图9-103所示。

图9-102 色相/饱和度效果　　图9-103 建立快速蒙版区

11≫ 按〈Q〉键退出快速蒙版状态，按〈Ctrl+Shift+I〉快捷键反选图形，按〈Shift+F6〉快捷键，羽化10像素，如图9-104所示。按住〈Ctrl〉键，将月球拖入当前编辑画面中，设置图层混合模式为"强光"，调整好大小和位置，如图9-105所示。

图9-104 建立选区　　　图9-105 图层属性设置效果

12≫ 打开风车素材，拖入画面中，按〈Ctrl+T〉快捷键调整好大小和位置，如图9-106所示。
13≫ 添加图层蒙版，选择蒙版层，设置前景色为黑色，运用画笔工具涂抹风车下边部分，使之与地球融合，如图9-107所示。

图9-106 添加风车　　　图9-107 添加蒙版

14≫ 按住〈Ctrl〉键单击地球缩览图，载入选区，在风车图层下面新建一个图层，命名为"风车投影"，设置前景色为黑色，运用柔边画笔，在地球上边涂抹，设置图层混合模式为"正片叠底"，不透明度为81%，填充为83%，制作风车投影，如图9-108所示。

图9-108 制作投影

15≫ 创建"曲线"调整层，参数设置如图9-109所示。回到"图层"面板，按〈Ctrl+Alt+G〉快捷键创建剪切蒙版，图像效果如图9-110所示。
16≫ 打开气球和奶牛素材，拖入画面中，选择奶牛图层，添加图层蒙版，选择蒙版层，运用画笔工具涂抹牛脚，渐隐腿部，如图9-111所示。
17≫ 打开山素材，拖入画面中，调整好大小和位

置，如图9-112所示。

图9-109 曲线参数　　　图9-110 曲线效果

图9-111 添加牛和气球　　　图9-112 添加山素材

18≫ 添加图层蒙版，选择蒙版层，运用画笔工具涂抹山体左边和周边部分，如图9-113所示。创建"亮度/对比度"调整图层，参数如图9-114所示。按〈Ctrl+Alt+G〉快捷键建立剪切蒙版。

图9-113 添加蒙版　　　图9-114 亮度/对比度参数

19≫ 创建"色彩平衡"调整图层，参数设置如图9-115所示。按〈Ctrl+Alt+G〉快捷键建立剪切蒙版。图像效果如图9-116所示。

图9-115 色彩平衡参数　　　图9-116 图像效果

20≫ 创建"曲线"调整图层，参数设置如图9-117所示（其中第2个节点值为186和167），图像效果如图9-118所示。

图9-117 曲线
参数

图9-118 曲线效果

21≫ 创建"自然饱和度"调整图层，参数设置如图9-119所示，图像效果如图9-120所示。

图9-119 自然饱
和度参数

图9-120 自然饱和度效果

22≫ 创建"可选颜色"调整图层，参数设置如图9-121所示，图像效果如图9-122所示。

23≫ 创建"色相/饱和度"调整图层，参数设置如图9-123所示，图像效果如图9-124所示。

24≫ 新建一个图层，填充灰色(R128，G128，B128)，选择渐变工具，在工具选项栏中的渐变编辑器中设置颜色为黑色到灰色到灰白到透明的渐变色，选择径向

渐变按钮 ▣ ，在月球的地方拖出渐变色，运用减淡工具 🔍 涂抹山体位置部分，如图9-125所示。

25≫ 将图层混合模式改为"柔光"，得到最终效果如图9-126所示。

图9-121 可选颜
色参数

图9-122 可选颜色效果

图9-123 色相/
饱和度参数

图9-124 色相/饱和度效果

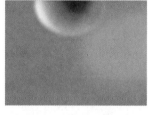

图9-125 渐变填充效果

图9-126 最终效果

9.7 习题——制作儿童写真模板

本实例主要使用蒙版和剪贴蒙版制作儿童写真模板。

💿 文件路径：源文件\第09章\9.7

🎬 视频文件：视频\第09章\9.7.MP4

操作提示：

01≫ 新建一个空白文件。
02≫ 添加背景素材。
03≫ 添加照片素材。
04≫ 添加图层蒙版。
05≫ 绘制矩形。
06≫ 添加其他照片素材，创建剪贴蒙版。

第10章

深入探讨——通道

在Photoshop中，每一幅图像都需要通过若干通道来存储图像中的色彩信息。它以灰度图像的形式存储不同类型的信息。通道主要包括3种类型，它们分别是颜色信息通道、Alpha通道和专色通道。

本章主要介绍通道的原理、操作方法，基于通道混合的应用图像和计算命令，以及如何将其运用到实际工作当中。

10.1 通道

在 Photoshop 中，通道是用来保存图像的颜色和选区信息的重要功能之一，它主要有两种用途：一种是存储和调整图像颜色，一种是存储选区或创建蒙版。

10.1.1 通道面板

通道面板是创建和编辑通道的主要场所。打开一张照片文件，执行"窗口"→"通道"命令，打开通道面板，如图10-1所示。

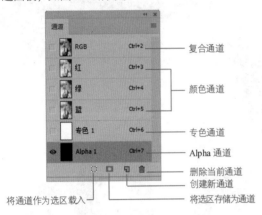

图10-1 通道面板

▶ 复合通道：面板中最先列出的通道是复合通道，在复合通道下可以同时预览和编辑所有颜色。
▶ 颜色通道：用于记录图像颜色信息的通道。
▶ 专色通道：用来保存专色油墨的通道。
▶ Alpha通道：用来保存选区的通道。
▶ 将通道作为选区载入 ⬚：单击该按钮，可以载入所选通道内的选区。
▶ 将选区存储为通道 ⬚：单击该按钮，可以将图像中的选区保存在通道内。
▶ 创建新通道 ⬚：单击该按钮，可创建Alpha通道。
▶ 删除当前通道 🗑：单击该按钮，可删除当前选择的通道，但复合通道不能删除。

10.1.2 颜色通道

颜色通道用于保存图像颜色的基本信息。不同颜色模式的图像显示不同的通道数量。例如，RGB图像有4个默认通道，红色、绿色和蓝色各有一个通道，以及一个用于编辑图像的复合通道，如图10-2所示。当所有颜色通道合成在一起，才会得到具有色彩效果的图像。如果图像缺少某一原色通道，则合成的图像将会偏色。

CMYK颜色模式图像则拥有青色、洋红、黄色、黑色4个单色通道和CMYK复合通道，如图10-3所示。

图10-2 RGB图像及通道面板

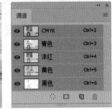

图10-3 CMYK图像及通道面板

Lab颜色模式图像包含明度、a、b和一个复合通道，如图10-4所示。

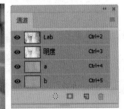

图10-4 Lab图像及通道面板

专家提示 位图、灰度、双色调和索引颜色图像都只有一个通道。

答疑解惑 通过快捷键选择通道

按〈Ctrl+数字键〉快捷键可以快速选择通道。例如，如果图像为RGB模式，按〈Ctrl+3〉快捷键可以选择红通道；按〈Ctrl+4〉快捷键可以选择绿通道；按〈Ctrl+5〉快捷键可以选择蓝通道；按〈Ctrl+6〉快捷键可以选择Alpha通道；如果要回到RGB复合通道，可以按〈Ctrl+2〉快捷键。

10.1.3 边讲边练——调出明亮色彩

Before　　　　　　After

下面介绍在Lab颜色模式下，使用通道并结合调整命令为照片调出明亮色彩。

文件路径：源文件\第10章\10.1.3

视频文件：视频\第10章\10.1.3.MP4

01≫ 执行"文件"→"打开"命令，打开素材照片，如图10-5所示。

02≫ 执行"图像"→"模式"→"Lab颜色"命令，将RGB模式转换为Lab模式，此时通道面板如图10-6所示。

图10-5 打开素材照片　　图10-6 通道面板

03≫ 按〈Ctrl+M〉快捷键打开"曲线"对话框。在"通道"下拉列表中选择a通道，然后将上面的控制点向左侧水平移动，将下面的控制点向右侧水平移动，如图10-7所示，此时图像效果如图10-8所示。

04≫ 选择b通道，适当调整控制点位置，如图10-9所示，此时图像效果如图10-10所示。

05≫ 选择"明度"通道，添加控制点，向上拖

动曲线，如图10-11所示，将画面调亮。单击"确定"按钮，完成效果如图10-12所示。

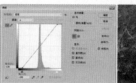 

图10-7 调整a通道　　　　图10-8 调整效果

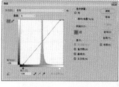 

图10-9 调整b通道　　　　图10-10 调整效果

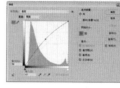 

图10-11 调整"明度"通道　　图10-12 完成效果

10.1.4 Alpha 通道

Alpha通道可以将选区存储为灰度图像，在Photoshop中，经常使用Alpha通道来创建和存储蒙版，这些蒙版用于处理或保护图像的某些部分，下面来介绍Alpha通道的相关知识和新建Alpha通道的操作方法。

1. 关于Alpha通道

在Alpha通道中，白色代表被选择的区域，黑色代表未被选择的区域，而灰色则代表了被部分选择的区域，即羽化的区域，如图10-13所示。Alpha通道与颜色通道不同，它不会直接影响图像的颜色。

2. 新建Alpha通道

单击通道面板中的"创建新通道"按钮，即可新建一个Alpha通道，如图10-14所示。如果在当前文档中创建了选区，如图10-15所示，则单击"将选区存储为通道"按钮，即可将选区储存为

Alpha通道，如图10-16所示。

图10-13 Alpha通道

图10-14 新建　　图10-15 创建　　图10-16 存储
通道　　　　选区　　　　选区

单击通道面板中右上角 ≡ 按钮，在弹出的快捷菜单中选择"新建通道"选项，打开"新建通道"对话框，如图10-17所示。用户可在对话框中设置新通道的名称、颜色等参数，单击"确定"按钮，可得到创建的Alpha通道，如图10-18所示。

图10-17 "新建通道"对话框　　图10-18 新建通道

10.1.5 专色通道

专色通道用于替代或补充普通的印刷色（CMYK）油墨，例如金色、银色、荧光油墨等。

单击通道面板中右上角 ≡ 按钮，在弹出的快捷菜单中选择"新建专色通道"选项，或者按住〈Ctrl〉键的同时单击"创建新通道"按钮 ◻，打开"新建专色通道"对话框，如图10-19所示。

图10-19 "新建专色通道"对话框

在"新建专色通道"对话框中各选项的含义如下。

- ▶ 名称：可以设置专色通道的名称。如果选取自定义颜色，通道将自动采用该颜色的名称，这有利于其他应用程序能够识别它们，如果修改了通道的名称，可能无法打印该文件。
- ▶ 颜色：单击该选项右侧的颜色图标可以打开"选择专色"对话框，单击"添加到色板"按钮可以打开"颜色库"对话框，如图10-20所示。

图10-20 "选择专色"和"颜色库"对话框

- ▶ 密度：可以在屏幕上模拟印刷后专色的密度。它的设置范围为0%～100%，当该值为100%时模拟完全覆盖下层油墨；当该值为0%时可模拟完全显示下层油墨的透明油墨。

在对话框中设置好专色通道的名称、颜色和密度之后，单击"确定"按钮，可得到创建的专色通道，如图10-21～图10-23所示。

图10-21 创建选区　　图10-22 创建专色通道　　图10-23 专色效果

10.2 编辑通道

运用通道面板和面板菜单中的命令，可以新建通道以及对通道进行复制、删除、分离与合并等操作，下面我们来了解如何在通道面板中对通道进行编辑。

10.2.1 选择通道

单击通道面板中的一个通道便可以选择该通道。选择通道后，画面中会显示该通道的灰度图像，如图10-24所示。

图10-24 选择通道

按住〈Shift〉键的同时单击可选择多个通道，选择多个通道后，画面中会显示这些通道的复合图像，如图10-25所示。

图10-25 选择多个通道

10.2.2 载入通道中的选区

在通道面板中，在按住〈Ctrl〉键的同时选择要载入选区的通道，如图10-26所示，可以载入通道中的选区，或者将通道拖至"将通道作为选区载入"按钮 上，也可以载入选区，如图10-27所示。

图10-26 选择 　　图10-27 载入通道中的选区
"绿"通道

10.2.3 复制通道

单击通道面板中右上角 按钮，在弹出的快捷菜单中选择"复制通道"命令，打开"复制通道"对话

框，如图10-28所示，可在该对话框中设置相关参数。

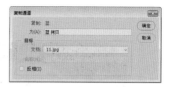

图10-28 "复制通道"对话框

另外一种复制通道的方法是选中需要复制的通道，然后拖动该通道至面板底端"创建新通道"按钮 ，即可得到复制通道，如图10-29所示。

图10-29 拖动复制通道

10.2.4 边讲边练——调出照片暖蓝色调

下面通过复制通道快速为照片调色，调出暖暖蓝色调。

文件路径：源文件\第10章\10.2.4

视频文件：视频\第10章\10.2.4.MP4

01》 执行"文件"→"打开"命令，打开一张人物素材图像，执行"图层"→"复制图层"命令，在弹出的对话框中单击"确定"按钮，复制"背景"图层，得到"图层1"，如图10-30所示。

图 10-30 复制背景图层

02》 在通道面板中选择绿色通道，按〈Ctrl+A〉键全选，按〈Ctrl+C〉键复制，在蓝通道上按〈Ctrl+V〉键粘贴，按〈Ctrl+D〉键取消选择，效果如图 10-31所示。

03》 单击图层面板下的"创建新的填充或调整图层"按钮 ，在弹出的快捷菜单中选择"可选

颜色"选项，设置参数如图10-32所示。

图 10-31 复制绿色通道效果

图10-32 可选颜色参数

04>> 创建"曲线"调整图层，调整RGB通道和蓝通道，设置参数如图10-33所示。图像效果如图10-34所示。

图10-33 曲线参数　　图10-34 图像调整效果

05>> 添加发光的心形，选择自定形状工具 ，在工具选项栏选项中选择"心形"形状，绘制并填充

为淡黄色，双击图层缩览图打开"图层样式"对话框，设置参数如图10-35所示。

06>> 按〈Ctrl+J〉键，复制多个心形，移动到合适位置，新建一个图层，选择画笔工具 ，大小设置为70像素，笔触选择"柔边圆"，调整大小绘制不同的光点，最终效果如图10-36所示。

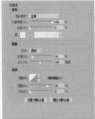 

图10-35 图层样　　图10-36 最终效果
式参数

10.2.5　边讲边练——运用通道抠出透明婚纱

下面我们在Alpha通道中结合使用画笔工具来抠取透明婚纱，然后结合调整图层调整图像的亮度和色彩，得到逼真的婚纱照效果。

　　文件路径：源文件\第10章\10.2.5

　　视频文件：视频\第10章\10.2.5.MP4

01>> 启用Photoshop后，执行"文件"→"打开"命令，打开一张婚纱照片。

02>> 选择钢笔工具 ，在工具选项栏中选择"路径"选项，围绕人物绘制路径，如图10-37所示。

03>> 单击图层面板中的"通道"按钮，把红色通道拖至创建新通道 ，复制一份。按〈Ctrl+Enter〉快捷键建立选区，按〈Ctrl+Shift+I〉快捷键反选填充为黑色，如图10-38所示。

键反选填充为黑色，如图10-40所示。

图10-39 绘制外路径　　图10-40 填充黑色

06>> 执行"图像"→"计算"命令，在弹出的"计算面板"中设置参数如图10-41所示。

图10-37 绘制路径　　图10-38 填充黑色

04>> 运用磁性套索工具 ，套出透明婚纱部分，如图10-39所示。

05>> 用同样的方法复制一个红色通道，按〈Ctrl+Enter〉快捷键建立选区，按〈Ctrl+Shift+I〉

图10-41 "计算"对话框

07≫ 单击确定后获得Alpha1通道，如图10-42所示。

08≫ 选择画笔工具 ✐，大小为35像素，颜色设置为白色，在红副本通道中将人物头发涂抹成白色，如图10-43所示。

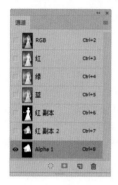 

图10-42 建立Alpha1
通道　　　　图10-43 涂抹头发

09≫ 打开一张背景素材。回到婚纱的Alpha1通道，按住〈Ctrl〉键的同时单击Alpha1通道获得选区，单击"RGB通道"，回到"图层"面板；按〈Ctrl+J〉快捷键复制透明婚纱层，回到通道面板；按住〈Ctrl〉键的同时单击红副本通道获得选区，回到"图层"面板；选中背景层，按〈Ctrl+J〉快捷键复制人物，选中婚纱和人物层，拖入背景素材中，如图10-44所示。

10≫ 选中人物层，单击"图层"面板下方的"添加图层蒙版"按钮 ◙，选择画笔工具 ✐，调整透明度为40%，大小80像素，笔触为"柔边圆"，隐藏人物多余部分，图10-45所示。

11≫ 选中婚纱层，设置颜色模式为"滤色"，单击"图层"面板下方的添加图层蒙版 ◙，选择

画笔工具 ✐，涂抹中间人物部分，如图10-46所示。

12≫ 新建一个图层，选择画笔工具 ✐，大小为20像素，颜色(R238,G246,B26)，透明度为70%，添加光点效果，改变透明度和颜色以及画笔大小绘制不同的光点，如图10-47所示。

图10-44 拖入背景　　　图10-45 擦除
多余部分

图10-46 涂抹人物　　　图10-47 添加光点

13≫ 最后添加"字体素材"完成实例，如图10-48所示。

图10-48 最终效果

10.2.6 重命名与删除通道

双击通道面板中一个通道的名称，在显示的文本输入框中输入新的名称即可重命名通道，如图10-49所示。

图10-49 修改通道名称

删除通道的方法也很简单，将要删除的通道拖动至 🗑 按钮上，或者选中通道后，单击通道面板中右上角 ☰ 按钮，在弹出的快捷菜单中选择"删除通道"命令即可。

如果删除的不是Alpha通道而是颜色通道，则图像将转为多通道颜色模式，图像颜色也将发生变化。如图10-50所示为删除了"蓝"通道后，图像变为了只有两个通道的多通道模式。

图10-50 删除通道

10.2.7 边讲边练——通道美白

下面介绍如何使用通道为照片中人物美白皮肤的操作方法。

文件路径：源文件\第10章\10.2.7

视频文件：视频\第10章\10.2.7.MP4

01》 启用Photoshop后，执行"文件"→"打开"命令，打开一张人物素材。进入通道面板，按住〈Ctrl〉键的同时单击红色通道，获得选区如图10-51所示。

图10-51 获得选区

02》 回到"图层"面板，新建一个图层，设置前景色为白色，按〈Alt+Delete〉键填充白色，设置图层不透明度为50%，如图10-52所示。

图10-52 填充白色

03》 单击选中背景图层，按〈Ctrl+J〉键复制一层，按〈Shift+Ctrl+]〉键放置到最顶层，执行"滤镜"→"风格化"→"油画"命令，设置参数如图10-53所示。

04》 单击"图层"面板下面的"添加图层蒙版"按钮，选中蒙版图层，按〈Ctrl+I〉键进行反相，设置前景色为白色，单击画笔工具，在工具选项栏中选择"柔边圆"笔尖，涂抹人物头发，恢复头发的油画效果，如图10-54所示。

05》 按〈Ctrl+Alt+2〉键载入高光选区，设置前景色为黄色（#fafcb4），新建一个图层，按〈Alt+Delete〉键填充黄色，设置图层不透明度为30%，按〈Ctrl+D〉键取消选择，如图10-55所示。

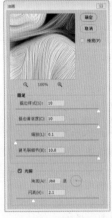

图10-53 油画参数　　　图10-54 油画效果

06》 新建一个图层，选择画笔工具，颜色为白色，大小为25像素，透明度80%，绘制光点。调整不透明度和画笔大小，绘制不同的光点，最终效果如图10-56所示。

图10-55 恢复部分　　　图10-56 最终效果

10.2.8 分离通道

单击通道面板中右上角▤按钮，在弹出的快捷菜单中选择"分离通道"选项，可以将各个通道分离为独立的灰度文件。如图10-57所示为将RGB颜色模式的图像分离通道，通道分离为3个独立的文件，分离的通道中分别存储了各自的颜色信息。

原图像

分离的R图像

分离的G图像

分离的B图像

图10-57 分离通道

10.2.9 合并通道

在分离的通道文件中，单击通道面板中右上角▤按钮，在弹出的快捷菜单中选择"合并通道"选项，可以将分离的通道重新合并为指定颜色模式的图像文件。

如图10-58所示为"合并通道"对话框，可在该对话框中设置颜色模式和通道数量，单击"确定"按钮，打开"合并RGB通道"对话框，如图10-59所示。

图10-58 "合并通道"对话框

图10-59 "合并RGB通道"对话框

10.2.10 边讲边练——合并分离通道制作独特效果

Before

After

下面我们结合合并和分离通道操作，制作图像的独特效果。

文件路径：源文件\第10章\10.2.10

视频文件：视频\第10章\10.2.10.MP4

01≫ 执行"文件"→"打开"命令，打开一张素材图像，如图10-60所示。

02≫ 切换到通道面板，单击通道面板右上角的▤按钮，在弹出的快捷菜单中选择"分离通道"选项，菜单面板如图10-61所示。

图10-60 素材图像

图10-61 分离通道

03≫ 这时会看到图像编辑窗口中的原图像消失，取而代之的是3个单独的灰度图像窗口，如图10-62所示，新窗口中的标题栏中会显示原文件保存的路径以及通道。

图10-62 分离的R、G、B图像

04≫ 选择其中一个图像文件，从通道面板菜单中选择"合并通道"命令，如图10-63所示。

图10-63 合并通道

图10-64 "合并通道"
对话框

图10-65 "合并RGB通
道"对话框

05>> 打开"合并通道"对话框，在"模式"选项栏中设置合并图像的颜色模式为RGB颜色模式，如图10-64所示。颜色模式不同，进行合并的图像数量也不同，单击"确定"按钮。

06>> 弹出"合并RGB通道"对话框，分别指定合并文件所处的通道位置，如图10-65所示。

07>> 单击"确定"按钮，则选中的通道合并为指定类型的新图像，原图像则在不做任何更改的情况下关闭，合并图像会以新文档形式出现在窗口中，如图10-66所示。

08>> 合并为新图像，效果如图10-67所示。

图10-66 通道面板

图10-67 合并为新图像

10.3　混合颜色带

10.3.1　解读混合颜色带

在"图层样式"对话框中有一个高级蒙版——混合颜色带，它可以隐藏当前图层中的图像，也可以让下面层中的图像穿透当前层显示出来，或者同时隐藏当前图层和下面层中的部分图像，这是其他蒙版无法实现的。混合颜色带常用来抠火焰、烟花、闪电等深色背景中的对象。

打开一个文件，如图10-68所示，双击"图层1"，打开"图层样式"对话框。"混合颜色带"在对话框的底部，它包含一个"混合颜色带"下拉列表，"本图层"和"下一图层"两组滑块，如图10-69所示。

图10-68 打开文件

图10-69 颜色混合带

▷ 混合颜色带：单击该选项，可在下拉列表中选择控制混合效果的颜色通道。选择"灰色"，表示使用全部颜色通道控制混合效果，也可以选择一个颜色通道来控制混合，如图10-70所示。

图10-70 "混合颜色带"选择颜色通道

▷ 本图层：指当前正在处理的图层，拖拽滑块可以隐藏当前图层中的像素，显示出下面层中的图像。例如，将左侧的黑色滑块移向右侧时，当前图层中所有比该滑块所在位置暗的像素都会被隐藏，如图10-71所示；将右侧的白色滑块移向左侧时，当前图层中所有比该滑块所在位置亮的像素都会被隐藏，如图10-72所示。

图10-71 移动"本图层"黑色滑块

图10-72 移动"本图层"白色滑块

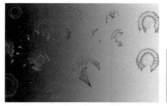

图10-73 移动"下一图层"黑色滑块

- 下一图层：指当前图层下方的图层。拖拽滑块，可以使下面图层中的像素穿透当前图层显示出来。例如，将左侧的黑色滑块移向右侧时，可以显示下面图层中较暗的像素，如图10-73所示；将右侧的白色滑块移向左侧时，则可以显示下面图层中较亮的像素，如图10-74所示。

图10-74 移动"下一图层"白色滑块

> **专家提示** 使用混合滑块只能隐藏像素，并非真正删除像素。在"图层样式"对话框中将滑块拖回起始位置，便可以将隐藏的像素显示出来。

10.3.2 边讲边练——烟花抠图

Before　　　　　After

本案例通过编辑"混合颜色带"命令，对"烟花"图像进行抠图，然后通过蒙版合成。

文件路径：源文件\第10章\10.3.2

视频文件：视频\第10章\10.3.2.MP4

01 ▶ 启用Photoshop后，执行"文件"→"打开"命令，打开"烟花"和"城市夜景"素材，如图10-75、图10-76所示。

图10-75 烟花　　　　图10-76 城市夜景

02 ▶ 使用移动工具 ✛ 将"烟花"素材拖入"城市夜景"素材文件中，生成"图层1"，如图10-77所示。

图10-77 将"烟花"拖入"城市夜景"文件中

03 ▶ 双击"图层1"，打开"图层样式"对话框。按住〈Alt〉键单击"本图层"中的黑色滑块将它分开，将右半边滑块向右拖拽，创建半透明区域，如图10-78所示。

04 ▶ 单击"确定"按钮，关闭"图层样式"对话框，烟花周围的黑色与背景图像融合，效果如图10-79所示。

图10-78 编辑"本图层"滑块　　　图10-79 图像效果

05 ▶ 按〈Ctrl+T〉快捷键显示定界框，调整烟花位置和大小，如图10-80所示。

06 ▶ 单击"图层"面板底部的"添加图层蒙版" ■ 按钮，为"图层 1"添加图层蒙版，如图10-81所示。

图10-80 调整烟花位置和大小　　图10-81 添加
图层蒙板

藏，最终效果如图10-82所示。

图10-82 完成效果

07≫ 使用画笔工具 （注：实际应为小图标），设置前景色为黑色，涂抹烟花与建筑重合的区域，将其适当模糊和隐

10.3.3　边讲边练——烟雾抠图

本案例通过编辑"混合颜色带"命令，对"烟雾"图像进行抠图。

文件路径：源文件\第10章\10.3.3

视频文件：视频\第10章\10.3.3.MP4

01≫ 启用Photoshop后，执行"文件"→"打开"命令，打开"抽烟动作"和"烟雾"素材，如图10-83、图10-84所示。

图10-83 抽烟动作　　　　图10-84 烟雾

02≫ 使用移动工具 ⊕ 将"烟雾"素材拖入"抽烟动作"素材文件中，生成"图层1"，如图10-85所示。

图10-85 将"烟雾"拖入"抽烟动作"文件中

03≫ 双击"图层1"，打开"图层样式"对话框。按住〈Alt〉键单击"本图层"中的黑色滑块将它分开，将右半边滑块向右拖拽，创建半透明

区域，如图10-86所示。

04≫ 单击"确定"按钮，关闭"图层样式"对话框，烟雾周围的黑色与背景图像融合，效果如图10-87所示。

图10-86 编辑"本图　　　图10-87 图像效果
层"滑块

05≫ 按〈Ctrl+T〉快捷键显示定界框，调整烟雾的位置和大小，效果如图10-88所示。

图10-88 完成效果

10.4 应用图像和计算

"应用图像"命令可以将一个图像的图层和通道与当前图像的图层和通道混合，该命令与混合模式的关系密切，常用来创建特殊的图像合成效果，或者用来制作选区。

10.4.1 应用图像

打开一个图像文件，执行"图像"→"应用图像"命令，可以打开"应用图像"对话框，如图10-89所示。

图10-89 "应用图像"对话框

"应用图像"对话框共分为"源"、"目标"和"混合"3个部分。"源"是指参与混合的对象，"目标"是指被混合的对象，"混合"是用来控制"源"对象与"目标"对象如何混合的。

1. 参与混合的对象

在"应用图像"对话框中的"源"选项区域中可以设置参与混合的源文件。源文件可以是图层，也可以是通道。

▶ 源：默认设置为当前的文件。在选项下拉列表中也可以选择使用其他文件来与当前图像进行混合，选择的文件必须是打开的状态，并且与当前文件具有相同尺寸和分辨率的图像。

▶ 图层：如果源文件中包含多个图层，可在该选项下拉列表中选择源图像文件的一个图层来参与混合。要使用源图像中的所有图层，可选择"合并图层"复选框。

▶ 通道：可以设置源文件中参与混合的通道。选择"反相"复选框，可将通道反相后再进行混合。

2. 被混合的对象

在执行"应用图像"命令之前必须先选择被混合的目标文件。被混合的目标文件可以是图层或者通道。

3. 设置混合模式

"混合"下拉列表中包含了多种可供选择的混合模式，如图10-90所示。通过设置混合模式才能混合通道或者图层。

图10-90 "混合"下拉列表

"应用图像"命令还包含着图层调板中没有的两个附加混合模式，即"相加"和"减去"。"相加"模式可以增加两个通道中的像素值，"减去"模式可以从目标通道中相应的像素上减去源通道中的像素值。

用户可以在"不透明度"数值框中输入不透明度值，来控制通道或者图层混合效果的强度，该值越高，混合的强度越大。

4. 设置混合范围

"应用图像"命令有两种控制混合范围的方法，可以选择"保留透明区域"复选框，将混合效果限定在图层的不透明区域的范围内，如图10-91所示。

也可以选择"蒙版"复选框，打开扩展选项面板，如图10-92所示，然后选择包含蒙版的图像和图层。选择"反相"选项，反转通道的蒙版区域和未蒙版区域。

图10-91 选择"保留透明区域"复选框

图10-92 选择"蒙版"复选框

10.4.2 边讲边练——应用图像

本练习介绍利用通道的效果和调整曲线制作暖暖秋意图片。

文件路径：源文件\第10章\10.4.2

视频文件：视频\第10章\10.4.2.MP4

01≫ 执行"文件"→"打开"命令，打开素材，如图 10-93所示。

图10-93 打开图片素材

02≫ 使用移动工具 ⊕，将素材移至同一文档中，如图10-94所示。执行"图像"→"应用图像"命令，在弹出的"应用图像"对话框中设置参数，如图10-95所示。

图10-94 添加素材　　图10-95 "应用图像"对话框

03≫ 单击 "确定"按钮，得到效果如图10-96

所示。设置其他参数（如设置"混合"为叠加，"不透明度"为80），效果如图10-97所示。

图10-96 "滤色"结果

图10-97 "叠加"效果

10.4.3 计算

　　"计算"命令的工作原理与"应用图像"命令相同，它可以混合两个来自一个或多个源图像的单个通道。通过该命令可以创建新的通道和选区，也可创建新的黑白图像。

　　打开一个图像文件，执行"图像"→"计算"命令，可以打开"计算"对话框，如图10-98所示。

　　"计算"对话框中主要选项含义如下。

▶ 源1：用来选择第一个源图像、图层和通道。

▶ 源2：用来选择与源1混合的第二个源图像、图层和通道。该文件必须是打开的，并且与"源1"的图像具有相同尺寸和分辨率的图像。

▶ 结果：在该选项下拉列表中可以选择计算的结果。选择"新建通道"选项，计算结果将应用到新的通

道中，参与混合的两个通道不会受到任何影响。选择"新建文档"选项，可得到一个新的黑白图像。选择"选区"选项，可得到一个新的选区。

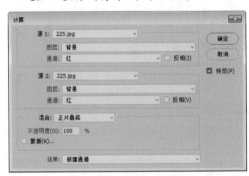

图10-98 "计算"对话框

10.4.4 边讲边练——通过计算调整照片颜色

Before

After

下面结合"计算"命令和通道,制作唯美的红色意境图片。

文件路径:源文件\第10章\10.4.4

视频文件:视频\第10章\10.4.4.MP4

01≫ 执行"文件"→"打开"命令,打开一张素材图片,如图10-99所示。

图10-99 打开素材

02≫ 执行"图像"→"计算"命令,在弹出的对话框中设置参数,获得Alpha1通道。再次执行"图像"→"计算"命令,在弹出的对话框中设置参数,获得Alpha2通道。参数如图10-100所示。

图10-100 计算参数

03≫ 单击Alpha1通道,按〈Ctrl+A〉快捷键全选,粘贴到绿色通道,效果如图10-101所示。

04≫ 单击Alpha2通道,按〈Ctrl+A〉快捷键全选,粘贴到红色通道,效果如图10-102所示。

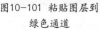

图10-101 粘贴图层到   图10-102 粘贴图层到
　　　绿色通道　　　　　　　红色通道

05≫ 单击"图层"面板下的创建新的填充或调整图层按钮 ◉ ,选择"曲线",设置参数如图10-103所示。

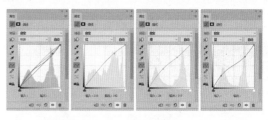
图10-103 曲线参数设置

06≫ 完成后效果如图10-104所示。

图10-104 最后效果

疑难问答 "应用图像"命令和"计算"命令有何区别?

"应用图像"命令需要先选择要被混合的目标通道,之后再打开"应用图像"对话框指定参与混合的通道。"计算"命令不会受到这种限制,打开"计算"对话框以后,可以任意指定目标通道,因此,它更灵活些。不过,如果要对同一通道进行多次的混合,使用"应用图像"命令操作更为方便,因为该命令不会产生新通道,而"计算"命令则必须来回切换通道。

10.5 实战演练——化妆品广告

下面我们为人物打造美白肌肤,制作化妆品广告,让自己成为化妆品广告模特。

○ 文件路径：源文件\第10章\10.5

○ 视频文件：视频\第10章\10.5.MP4

01≫ 执行"文件"→"打开"命令，或按〈Ctrl+O〉快捷键，打开一张背景素材，如图10-105所示。

02≫ 打开一张人物素材，选择魔棒工具 ✨ ，单击白色部分将人物抠选出来，如图10-106所示，按〈Ctrl+Shift+I〉快捷键反选删除多余背景。

图10-105 添加背景　　　　图10-106 抠选人物

03≫ 进入通道面板，按住〈Ctrl〉键的同时单击红色通道获得选区，单击通道面板下方的"将选区储存为通道"按钮 ▣ ，建立一个Alpha1通道，如图10-107所示。

04≫ 单击Alpha1通道，按〈Ctrl+A〉快捷键全选，按〈Ctrl+C〉快捷键复制，在图层面板中单击创建新图层按钮 ◻ ，按〈Ctrl+V〉快捷键粘贴，将不透明度设置为50%，按〈Ctrl+E〉快捷键合并图层，运用背景橡皮擦工具 ✹ 擦除背景多余部分，效果如图10-108所示。

图10-107 建立Alpha1通道　　图10-108 擦除多余背景

05≫ 将人物拖进背景中，按〈Ctrl+T〉快捷键进入自由变换状态，使用"编辑"→"变换"→"水平翻转"命令，调整位置和大小，如图10-109所示。

06≫ 添加"文字"和"化妆品"素材，如图10-110所示。

图10-109 添加进背景中

图10-110 添加产品和文字

07≫ 新建一个图层，选择画笔工具 ✐ ，设置大小为20像素，笔触为"柔边圆"，绘制白色光点，按〈[〉或〈]〉键，调整画笔大小，绘制不同的光点，完成后效果如图10-111所示。

图10-111 绘制星光

08≫ 选择画笔工具 🖌 ，笔触为"硬边圆"，大小40像素，绘制圆点，运用橡皮擦，选择柔边圆笔触在圆点中心涂抹绘制出空心效果，添加光点，泡泡制作完成，如图10-112所示。

09≫ 单击图层面板下的"创建新的填充或调成图层"按钮 ⊙ ，选择"曲线"，设置参数如图10-113所示。

10≫ 再次单击图层面板下的"创建新的填充或调成图层"按钮 ⊙ ，单击"可选颜色"，在弹出的对话框中设置参数，如图10-114所示。最后效果如图10-115所示。

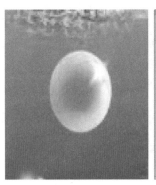

图10-112 制作泡泡

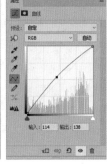

图10-113 曲线参数

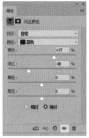

图10-114 可选颜色参数

图10-115 最后效果图

习题——调出梦幻紫色效果

Before　　　　After

本实例主要通过为照片调整色相/饱和度，并添加"纯色"调整图层等操作，为照片调出梦幻紫色效果。

文件路径：源文件\第10章\10.6

视频文件：视频\第10章\10.6.MP4

操作提示：

01≫ 打开照片素材。

02≫ 将图层复制一份，执行"色相/饱和度"命令。

03≫ 将图层复制一份，进入通道面板，将"绿"通道内的图像粘贴至"蓝"通道。

04≫ 添加图层蒙版。

05≫ 添加"纯色"调整图层。

06≫ 执行"动感模糊"命令。

07≫ 添加图层蒙版。

08≫ 绘制光点。

第11章

文字也俏皮——文字的艺术

　　文字是设计作品中不可缺少的要素之一，可以很好地起到烘托主题的作用。

　　本章介绍了创建文字的工具以及一些相关的基础操作，让读者可以根据设计的需要，随心所欲地为作品添加各种艺术文字。

11.1 文字的应用

平面设计中，文字一直是画面不可缺少的元素。文字作为传递信息的重要工具之一，不仅可以传达信息，还能起到美化版面、强化主题的作用。它经常用在广告、网页、画册等设计作品中，起到画龙点睛的作用，如图11-1和图11-2所示。

图11-1 文字在广告中的应用

图11-2 文字在网页中的应用

11.2 使用文字工具输入文字

在 Photoshop 中输入文字非常简单，文字的编辑方法也非常灵活。本节将对创建与编辑文字的相关知识进行介绍，学习如何创建和编辑点文字和段落文字。

11.2.1 文字工具

Photoshop CC2018中的文字工具包括横排文字工具 **T**、直排文字工具 **↓T**、横排文字蒙版工具 **T** 和直排文字蒙版工具 **↓T** 4种，如图11-3所示。

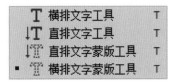

图11-3 文字工具

其中横排文字工具 **T** 和直排文字工具 **↓T** 用来创建点文字、段落文字和路径文字，横排文字蒙版工具 **T** 和直排文字蒙版工具 **↓T** 用来创建文字选区。

如图11-4所示为文字工具选项栏。在工具选项栏中可以设置字体、大小、文字颜色等。

图11-4 文字工具选项栏

11.2.2 了解"字符"面板

"字符"面板用于编辑文本字符。执行"窗口"→"字符"命令，弹出"字符"面板，如图11-5所示。通过"字符"面板，用户只能通过设置不同的参数来创建不同的文字效果。

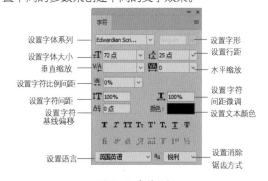

图11-5 字符面板

其中"字符"面板下面的一排T字形状按钮用来创建仿粗体、斜体等字体样式，以及为字符添加上下画线或删除线。选择文字后，单击相应的按钮即可为其添加字体样式，如图11-6所示。

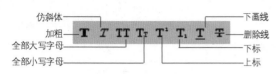

图11-6 设置字体样式

手把手 11-1 了解"字符"面板

📹 视频文件：视频\第11章\手把手11-1.MP4

01》 执行"文件"→"打开"命令，弹出"打开"对话框，选择本书配套资源中"源文件\第11章\11.2 \11.2.2.jpg文件"，如图11-7所示。

02》 选择工具箱中的横排文字工具 T.，输入文字，如图11-8所示。

图11-7 原图　　　　图11-8 输入文字

03》 "窗口"→"字符"命令，弹出"字符"面板，在面板中设置相关属性，如图11-9所示。

04》 单个选中字母，填充相应的颜色，如图11-10所示。

图11-9 参数设置　　　图11-10 添加字体样式效果

技术专题 调整字体预览大小

在文字工具选项栏和"字符"面板中选择字体时，可以看到各种字体的预览效果。Photoshop允许用户自由调整预览字体大小，方式是执行"文字"→"字体预览大小"菜单，选择一个选项即可。

11.2.3 边讲边练——创建点文字

下面通过一个小实例介绍如何使用横排文字工具输入文字，并灵活地设置创建点文字。

💿 文件路径：源文件\第11章\11.2.3

📹 视频文件：视频\第11章\11.2.3.MP4

01》 执行"文件"→"打开"命令，打开如图11-11所示的背景图片。

图11-11 打开图片

02》 设置前景色为黑色，在工具箱中选择横排文字工具 T.，在工具选项栏"设置字体"下拉列表框中选择"Viper Squadron Solid"字体。

03》 在"设置字体大小"下拉列表框中输入60，确定字体大小，此时工具选项栏如图11-12所示。

图11-12 文字工具选项栏

04》 在图像窗口单击，此时会出现一个文本光标，输入一行文字，按〈Enter〉键换行后按空格键再输入剩下的文字，单击工具选项栏中的 ✔ 按钮，或按〈Ctrl+Enter〉快捷键确定，完成文字的输入，即可得到如图11-13所示的文字。

图11-13 输入文本

> **技巧点拨** 输入文字时按空格键可空格，按〈Enter〉键可换行。单击其他工具、按下数字键盘中的〈Enter〉键或者按〈Ctrl+Enter〉快捷键可以结束文字的输入操作。

05▷ 在文字上单击并拖动选择字母"A"，在"字符"面板中更改为"Blue"字体，如图11-14所示。

06▷ 使用相同的方式更改字母"P"的字体，按〈Ctrl+Enter〉快捷键确定，效果如图11-15所示。

图11-14 更改   图11-15 更改字体效果
字体

07▷ 再次选择横排文字工具，输入文字，在工具箱中选择横排文字工具 **T**，在工具选项栏"设置字体"下拉列表框中选择"幼圆"字体，"设置字体大

小"为27，效果如图11-16所示。

08▷ 继续使用横排文字工具，在文字上单击并拖动选择文字，如图11-17所示，按住〈Alt〉键的同时，按键盘中〈→〉键可调整文字间距，调整效果如图11-18所示。

图11-16 文字   图11-17 调整文   图11-18 调整文
效果   字间距   字效果

09▷ 使用以上步骤中的方式完成其他文字的输入，最终效果如图11-19所示。

图11-19 最终效果

> **技巧点拨** 输入文字后，在文字上单击并拖动选择文字，按住〈Alt〉键的同时，按键盘中〈↑〉〈↓〉〈←〉〈→〉键可调整文字行距和文字间距。

11.2.4 字符样式面板

"字符样式"面板可以保存文字样式，并可快速应用于其他文字、线条或文本段落，从而极大地节省了时间。

手把手 11-2 字符样式面板

视频文件：视频\第11章\手把手11-2.MP4

01▷ 执行"文件"|"打开"命令，打开本书配套资源中"源文件\第11章\11.2\11.2.4.jpg"文件，运用文字工具输入文字，在选项栏中设置"字体"为"黑体"，大小为72pt，如图11-20所示。

02▷ 执行"窗口"→"字符样式"命令，打开"字符样式"面板，在"字符样式"面板单击右下角"创建新的字符样式"按钮，如图11-21所示，双击"字符样式1"，弹出"字符样式选项"对话框，设置参数如图 11-22所示。

图11-20 打开文件并输入文字   图11-21 "字符样式"面板

图 11-22 定义字符样式

03≫ 单击"确定"按钮，建立新的文字样式，在"图层"面板中选择文字图层，单击"字符样式"面板中的"清除覆盖"按钮 ↻，效果如图 11-23所示。

图 11-23 应用样式效果

04≫ 再次运用文字工具输入其他文字，设置字体为"方正粗活意简体"，大小为80pt，颜色为黑色，如图11-24所示。字符样式选项的参数设置也,有变化，如图11-25所示。

图 11-24 输入文字

图11-25 字符样式选项

05≫ 单击"字符样式"面板中的"通过合并覆盖重新定义字符样式"按钮 ✓，效果如图11-26所示。

图11-26 重新定义字符样式效果

11.2.5 段落文字

段落文本是在定界框内输入的文字，它具有自动换行、可调整文字区域大小等特点。在需要处理文字较多的文本时，可以使用段落文字来完成。

段落面板用于编辑段落文件。选择"窗口"→"段落"命令，打开段落面板，如图11-27所示。

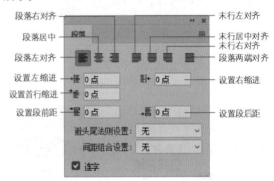

图11-27 段落面板

答疑解惑　创建文字选区

横排文字蒙版工具和直排文字蒙版工具用于创建文字选区。选择其中的一个工具，在画面单击，然后输入文字即可创建文字选区。也可以使用创建段落文字的方法，单击并拖出一个矩形定界框，在定界框内输入文字创建文字选区。文字选区可以像任何其他选区一样移动、复制、填充或描边。

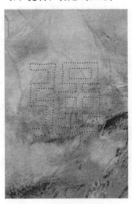

文字选区　　　　　　选区描边效果

11.2.6 边讲边练——创建段落文字

下面介绍如何创建段落文字，并设置字符的属性。

文件路径：源文件\第11章\11.2.6

视频文件：视频\第11章\11.2.6.MP4

01▷ 执行"文件"→"打开"命令，打开一张素材图片，如图11-28所示。

图11-28 打开图片

02▷ 执行"画布"→"大小"命令，在弹出的"画布"对话框中设置参数，如图11-29所示，扩展画布如图11-30所示。

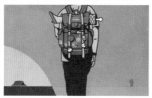

图11-29 调整画　　图11-30 扩展画布效果
布大小

03▷ 再次执行两次"画布"→"大小"命令，在弹出的"画布"对话框中设置参数，如图11-31、图11-32所示，扩展画布如图11-33所示。

图11-31 调整画布大小　　图11-32 调整画布大小

图11-33 调整效果

04▷ 选择横排文字工具 T ，在工具选项栏中设置文字的字体、字号和颜色等属性，如图11-34所示。

图11-34 工具选项栏

> **专家提示** 如果工具选项栏字体列表框中没有显示中文字体名称，可选择"编辑"→"首选项"→"文字"命令，在打开的对话框中去掉"以英文显示字体名称"复选框的勾选即可。

05▷ 在画面中绘制一个定界框，此时画面中会出现闪烁的文本输入光标，如图11-35所示。

06▷ 在定界框内输入文字，单击工具选项栏中的 ✓ 按钮，或按〈Ctrl+Enter〉快捷键确定，创建段落文本，如图11-36所示。

图11-35 绘制定界框　　图11-36 输入段落文本

07▷ 按〈Ctrl+A〉快捷键选择所有文字，执行"窗口"→"字符"命令，弹出字符控制面板，设置参数如图11-37所示，按〈Ctrl+Enter〉快捷键确认输入，效果如图11-38所示。

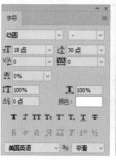

图11-37 字符面板　　图11-38 完成效果

11.2.7 边讲边练——匹配文字

下面介绍如何运用横排文字蒙版工具建立文字选区，制作图案文字。

文件路径：源文件\第11章\11.2.7

视频文件：视频\第11章\11.2.7.MP4

01》 执行"文件"→"打开"命令，打开素材图片，如图11-39所示。

图11-39 打开素材

02》 执行"文字"→"匹配字体"命令，弹出"匹配字体"对话框，并且在画面中出现一个裁剪标志，如图11-40所示。

图11-40 "匹配字体"命令

03》 拖动裁剪框的边缘框中需要匹配的文字，"匹配字体"对话框中会显示计算机中与之相似的字体和Typekit中同步的相似字体，如图11-41所示。

图11-41 选择匹配字体

04》 调整画面中的裁剪框，框住其他文字，"匹配字体"对话框中的相似字体结果也会随之更新，如图11-42所示。

图11-42 替换匹配字体

05》 在执行"匹配字体"命令时，工具选项栏切换为横排文字工具选项，在"匹配字体"对话框中选择一个字体，如图11-43所示。工具箱中的"字体"也会自动选择该字体，如图11-44所示。

图11-43 选择字体   图11-44 工具选项栏

06》 单击"确定"按钮，即可使用上一步操作中选择的字体输入文字，如图11-45所示。

图11-45 使用匹配字体

专家提示　要在"Typekit"上搜索相似字体，必须先登录Creative Cloud，登录之后便可同步和下载Typekit中的字体。

11.2.8 创建文字形状选区

使用文字蒙版工具 T 和 T，可以创建文字选区。

选择横排文字蒙版工具 T，在图像中单击鼠标，图像窗口会自动进入快速蒙版编辑状态，此时整个窗口显示为红色，输入的文字显示透明，按〈Ctrl+Enter〉快捷键即可得到文字选区，如图11-46所示。

使用文字蒙版工具时，"图层"面板并不会新建文字图层以保存文字内容，因而一旦建立文字选区之后，文字内容将再也不能编辑。所以，文字内容若以后仍需修改，最好使用文字工具创建文字，最后通过载入该文字图层选区的方法创建文字选区。

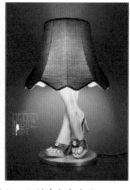

图11-46 使用文字蒙版工具创建文字选区

11.2.9 边讲边练——制作图案文字

下面介绍如何运用横排文字蒙版工具建立文字选区，制作图案文字。

文件路径：源文件\第11章\11.2.9

视频文件：视频\第11章\11.2.9.MP4

01≫ 执行"文件"→"打开"命令，分别打开如图11-47和图11-48所示的图案素材图片。

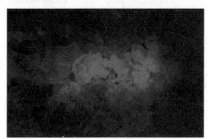

图11-47 打开背景素材

02≫ 选择横排文字蒙版工具 T，在工具选项栏中选择"Tradition"字体，设置字体大小为51pt，输入文字，按〈Ctrl+Enter〉快捷键得到文字选区，如图11-49所示。

图11-48 打开图案素材　　图11-49 文字选区

03≫ 选择移动工具 ，将图案素材中的文字选区拖移至背景图像中，按〈Ctrl+T〉快捷键适当调整大小和位置，完成效果如图11-50所示。

04≫ 双击图层，弹出"图层样式"对话框，参数设置如图11-51和图11-52所示。

05≫ 添加完毕，图层样式效果如图11-53所示。

图11-50 添加图案文字至图像中

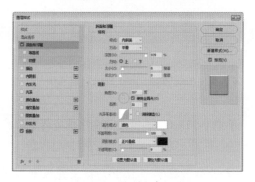

图11-51 图层样式参数值1

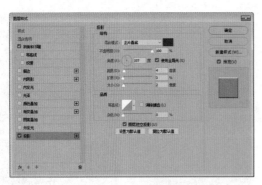

图11-52 图层样式参数值2

图11-53 图层样式效果

11.2.10 点文字与段落文字的相互转换

建立点文本和段落文本之后，选择文字图层为当前图层，执行"图层"→"文字"→"转换为段落文本"（或"转换为点文本"）命令，可以实现点文本和段落文本的相互转换。

将段落文本转换为点文本时，在每个文字行的末尾按〈Enter〉键。将点文本转换为段落文本时，必须删除段落文本中的〈Enter〉符号，使字符在文本框中重新排列。

11.2.11 水平文字与垂直文字相互转换

在创建文本后，如果想要调整文字的排列方向，可单击工具选项栏中的"更改文本方向"按钮，也可以执行"图层"→"文字"→"水平/垂直"命令来

技术专题 ▶ **文字编辑技巧**

调整文字大小：选取文字后，按住〈Shift+Ctrl+>〉快捷键，能够以2点为增量将文字调大；按下〈Shift+Ctrl+<〉快捷键，则以2点为增量将文字调小。

进行切换，如图11-54所示。

图11-54 水平文字与垂直文字相互转换

11.3 编辑文字

在 Photoshop 中，用户可以对文字进行编辑、转换等操作，让文字变得更生动，如文字变形、创建路径文字等。

11.3.1 编辑段落文字的定界框

创建段落文本后，可以根据需要调整定界框的大小，文字会自动在调整后的定界框内重新排列。通过定界框还可以旋转、缩放和斜切文字。

手把手 11-3 ▎编辑段落文字的定界框

◆ 视频文件：视频\第11章\手把手11-3.MP4

01≫ 打开本书配套资源中"源文件\第11章\11.3\11.3.1\背景.jpg"文件，运用文字工具在画面中拖动，创建段落文本框并输入文字，将鼠标放

在定界框的控制点上，鼠标光标变为 ↖↘ 形状时拖动，效果如图11-55所示。

02≫ 拖动控制点可以按需求缩放定界框，如图11-56所示。如果按住〈Shift〉键的同时拖动控制点，可以成比例地缩放定界框。

图11-55 缩放定界框　　图11-56 放大定界框

03» 将鼠标放在定界框的外侧，鼠标光标变为 ↵ 时，拖动控制点可以旋转定界框，如图11-57所示。
04» 按住〈Ctrl〉键的同时，将鼠标放在定界框中，鼠标光标变为 ▶ 时，拖动鼠标可以移动定界框，如图11-58所示。

图11-57 旋转定界框　　图11-58 移动定界框

11.3.2 文字变形

　　Photoshop文字可以进行变形操作，可以将其转换为扇形、波浪形等各种形状，从而创建富有动感效果的文字特效。
　　选择"图层"→"文字"→"文字变形"命令，或单击选项栏 ⬢ 按钮，打开如图11-59所示的"变形文字"对话框，在"样式"下拉列表中提供了15种变形样式，通过设置方向、弯曲度等参数，可制作出各种不同的文字艺术效果。

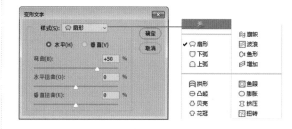

图11-59 "变形文字"对话框

专家提示 如果当前的文字使用了伪粗体格式，那么在使用文字变形时，系统会弹出一个提示对话框，提示伪粗体格式文字不能应用文字变形，单击"确定"按钮可去除伪粗体格式而应用文字变形，如图11-60所示。

图11-60 提示对话框

11.3.3 边讲边练——制作变形文字

　　本实例介绍运用"文字变形"命令和添加图层样式的操作，为照片添加变形文字。

文件路径：源文件\第11章\11.3.3
视频文件：视频\第11章\11.3.3.MP4

01» 启动Photoshop CC2018，并打开一张素材图片，如图11-61所示。
02» 选择横排文字工具 T.，设置前景色为白色，在工具选项栏找到合适的字体，在"设置字体大小"下拉列表框中输入98pt，确定字体大小。设置完成后在图像中输入文字，按〈Ctrl+Enter〉快捷键确定，完成文字的输入，如图11-62所示。

图11-61 打开素材　　图11-62 输入文字

03» 再次选择横排文字工具 T.，字体设为黑体，字体大小设为18pt，设置完成后在图像中输入文字，按〈Ctrl+Enter〉快捷键完成文字的输入，如图11-63所示。

图11-63 再次输入文字

04» 选择英文文字图层，单击右键，在弹出的快捷菜单中选择"文字变形"选项，弹出"变形文字"对话框，设置参数如图11-64所示，完成后单击"确定"按钮。

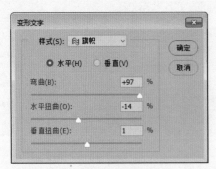

图11-64 文字变形参数值

05≫ 双击文字图层缩览图，弹出"图层样式"对话框，在左侧样式列表中选择"外发光"选项，参数设置如图11-65所示，完成后单击"确定"按钮。

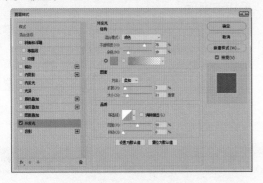

图11-65 图层样式参数值

06≫ 至此，本实例制作完成，最终效果如

图11-66所示。

图11-66 最终效果

> **专家提示** 重置变形与取消变形：使用横排文字工具和直排文字工具创建的文本，只要保持文字的可编辑性，即没有将其栅格化、转换成为路径或形状前，可以随时进行重置变形与取消变形的操作。
>
> 　　要重置变形，可选择一个文字工具，然后单击工具选项栏中的"创建文字变形"按钮 ⌐，也可执行"图层"→"文字"→"文字变形"命令，打开"变形文字"对话框，此时可以修改变形参数，或者在"样式"下拉列表中选择另一种样式。
>
> 　　要取消文字的变形，可以打开"变形文字"对话框，在"样式"下拉列表中选择"无"选项，单击"确定"按钮关闭对话框，即可取消文字的变形。

11.3.4 创建路径文字

　　路径指的是使用钢笔工具或形状工具创建的直线或曲线轮廓。创建路径后，可以使用文字工具沿着路径输入文字，使文字呈现各种不规则的排列效果，路径可以是封闭的，也可以是开放的。对于沿着路径输入的文字，同样可以选中全部或部分文字进行编辑，当改变路径形状时，路径文字也会随之发生变换。

11.3.5 边讲边练——沿路径边缘输入文字

本实例介绍使用自定形状工具绘制路径，并使用横排文字工具在路径上输入文字，为图像添加路径文字效果。

💿 文件路径：源文件\第11章\11.3.5

📹 视频文件：视频\第11章\11.3.5.MP4

01≫ 启动Photoshop CC2018，并打开一张素材图片，如图11-67所示。

02≫ 选择钢笔工具 ⌀，在图像窗口中绘制一条弯曲的路径线，如图11-68所示。

图11-67 打开素材

图11-68 绘制路径

03≫ 选择横排文字工具 T，设置前景色为黑色，在工具选项栏"设置字体"下拉列表框中选择"黑体"字体，在"设置字体大小"下拉列表框中输入12pt，确定字体大小设置，完成后将光标放置路径上方，光标会显示为 ꞏꞏꞏ 形状，单击鼠标输入文字，文字会自动沿着路径排列，按〈Ctrl+Enter〉快捷键确定，完成文字的输入，如图11-69所示。

图11-69 输入文字

04≫ 按〈Ctrl+H〉快捷键隐藏路径。至此，本实例制作完成，最终效果如图11-70所示。

图11-70 最终效果

> **专家提示** 文字路径是无法在路径面板中直接删除的，除非在图层面板中删除这个文字层。

11.3.6 边讲边练——在闭合路径内输入文字

下面通过一个小练习介绍使用钢笔工具绘制闭合路径，并使用横排文字工具将文字放置于闭合路径中，制作异形轮廓文字。

💿 文件路径：源文件\第11章\11.3.6

📀 视频文件：视频\第11章\11.3.6.MP.4

01≫ 按〈Ctrl＋O〉快捷键打开如图11-71所示素材。

02≫ 在工具箱中选择钢笔工具 ✎，然后在图像窗口中绘制路径，如图11-72所示。

03≫ 选择横排文字工具 T，移动光标至路径内，此时光标会显示为 ꞏꞏꞏ 形状，单击光标输入文字，文字即可按照路径的形状进行排列，如图11-73所示。

04≫ 按〈Ctrl+H〉快捷键隐藏路径，如图11-74所示。

图11-71 打开素材文件

图11-72 绘制路径

图11-73 输入文字　　图11-74 隐藏路径

图11-75 最终效果

05≫ 单击图层面板中的"创建图层组"按钮 □，新建一个图层组，使用相同的路径方法完成其他的路径文字输入，效果如图11-75所示。

> **专家提示**　如果对文字排列效果不满意，可以通过选择工具对路径进行修改，以调整文字排列效果。在编辑文字的过程中出现文字疏密不理想，可以按〈Ctrl+A〉快捷键全选要调整的文字，再按〈Alt〉+上下左右键进行调整。

11.3.7　将文字创建为工作路径

选择文字图层为当前图层，然后执行"图层"→"文字"→"创建工作路径"或"转换为形状"命令，可创建得到文字轮廓路径。选择"视图"→"路径"命令，在窗口中显示路径面板，即可看到转换完成的路径。

通过文字创建路径，然后使用路径调整工具进行变形，可以非常方便创建一些特殊艺术字效果，如图11-76所示。

图11-76 艺术字效果

11.3.8　将文字图层转换为普通图层

文字图层不能直接使用选框工具、绘图工具等进行编辑，也不能添加滤镜，所以必须将文字栅格化为图像。

选择文字图层为当前图层，然后执行"图层"→"栅格化"→"文字"命令，或在图层上单击右键，在弹出的快捷菜单中选择"栅格化文字"选项，可将文字图层转换为普通图层，文字转换为普通图层后，可以对其进行图像的所有操作，如图11-77所示。

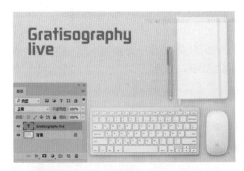

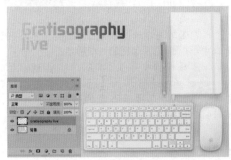

图11-77 栅格化文字并填充渐变

11.4 实战演练——制作趣味图案字

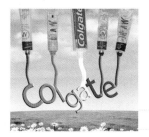

本实例介绍使用文字工具和套索工具制作不规则文字选区，并结合添加图层样式、图层蒙版等操作，制作趣味文字。

文件路径：源文件\第11章\11.4

视频文件：视频\第11章\11.4.MP4

01≫ 启用Photoshop后，执行"文件"→"打开"命令，在文件夹中找到背景素材，单击"确定"按钮，如图11-78所示。

02≫ 按〈Ctrl+O〉快捷键，打开如图11-79所示的产品素材。

图11-78 打开素材　　　　图11-79 打开素材

03≫ 单击图层面板中的"创建图层组"按钮 ⬜，新建一个图层组，如图11-80所示。

04≫ 运用横排文字工具 **T.**，在工具选项栏字体为黑体，字体大小设为228，颜色设为（#6c8fb7），在图像中编辑"c"，按〈Ctrl+T〉快捷键调整字体大小和位置，效果如图11-81所示。

图11-80 建立图层组　　　　图11-81 编辑文字

05≫ 参照上述方法，继续编辑文字"o"。完成后，按住〈Ctrl〉键的同时单击"o"图层缩览图，建立选区，选择渐变工具 ⬛，参数值设置如图11-82所示，效果如图11-83所示。

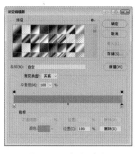 

图11-82 渐变填充　　　　图11-83 渐变图层效果

06≫ 运用相同的方法制作其他的几个字母，效果如图11-84 所示。

图11-84 文字编辑

07≫ 选择图层"c"双击缩览图，弹出"图层样式"对话框，设置如图11-85所示的参数。

图11-85 添加图层样式

08>> 单击"确定"按钮，单击缩览图上的图层样式按〈Alt〉键的同时拖动至其他字母图层上，如图11-86所示。

09>> 选择"l"图层，单击图层面板上的"添加图层蒙版"按钮 ▣ ，为图层添加图层蒙版。编辑图层蒙版，设置前景色为黑色，选择画笔工具 ✏ ，按〈[〉或〈]〉键调整合适的画笔大小，在图像边缘部分涂抹，完成后效果如图11-87所示。

图11-89 复制图层样式

12>> 复制图层样式的效果如图11-90所示。

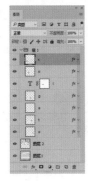 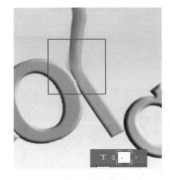

图11-86 复制图层样式　　图11-87 添加图层蒙版效果

图11-90 复制图层样式

10>> 选择模糊工具 ◌ ，对字母与牙膏相交的边缘进行模糊处理，效果如图11-88所示。

13>> 完成后的最终效果如图11-91所示。

图11-88 模糊边缘

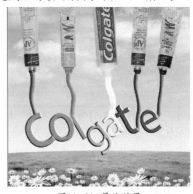

图11-91 最终效果

11>> 选择图层"c"，复制图层样式至组1上，如图11-89所示。

11.5 习题——制作立体文字

本实例制作一幅充满时尚元素的插画，练习图层蒙版、图层属性和移动工具的操作。

文件路径：源文件\第11章\11.5

视频文件：视频\第11章\11.5.MP4

操作提示：

01>> 新建一个空白文件。
02>> 添加背景素材和花纹素材。
03>> 制作立体文字。
04>> 栅格化文字图层。
05>> 对文字进行透视变形。
06>> 制作立体效果。
07>> 添加人物和波浪素材。

第12章

让Photoshop自己动手
——动作与任务自动化

　　在图像编辑时，常常会使用重复的操作步骤，而重复这些操作无疑会浪费时间和精力。针对这一问题，用户可以先将图像的处理过程运用"动作"记录下来，再执行该动作，Photoshop便可自动快速地将处理过程应用到其他图像中。

　　本章将详细介绍如何创建、编辑和应用动作，以及如何通过使用各种动作自动化命令来提高工作效率。

12.1 动作

"动作"是用于处理单个文件或一批文件的一系列命令，Photoshop 可以将执行过的操作记录成动作，然后将动作应用于其他图像中。

12.1.1 了解动作面板

动作面板可以记录、编辑、自定义和批处理动作，也可以使用动作组来管理各个动作。执行"窗口"→"动作"命令，在图像窗口中显示动作面板如图12-1所示。

- ➤ 切换项目开/关 ✔：单击名称最左侧的灰色框 ✔ 可以激活或隐藏动作，若隐藏此命令，则在播放动作时不执行。
- ➤ 切换对话开/关 ☐：若动作中的命令显示 ☐ 标记，表示在执行该命令时会弹出对话框以供用户设置参数。
- ➤ "停止播放/记录"按钮 ■：单击该按钮停止动作的播放/记录。
- ➤ "开始记录"按钮 ●：单击该按钮可开始记录动作，接下来的操作、应用的命令包括参数被录制在动作中。
- ➤ "播放选定的动作"按钮 ▶：单击该按钮可播放当前选定的动作。

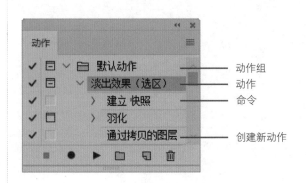

图12-1 动作面板

- ➤ "创建新组"按钮 ☐：单击该按钮创建一个新的动作序列，可以包含多个动作。
- ➤ "创建新动作"按钮 ☐：单击该按钮可创建一个新的动作。
- ➤ "删除"按钮 ☐：单击该按钮删除当前选定的动作。

12.1.2 边讲边练——应用动作

下面通过应用Photoshop提供的预设动作，快速制作仿旧照片效果。

文件路径：源文件\第12章\12.1.2

视频文件：视频\第12章\12.1.2.MP4

01》 打开一张素材图像，如图12-2所示。

图12-2 素材图像

02》 单击动作面板中右上角 ≡ 按钮，在弹出的面板快捷菜单中选择"图像效果"选项，单击载入动作面板，如图12-3所示。

03》 将"图像效果"动作组载入到面板中，如图12-4所示，选择"仿旧照片"动作，如图12-5所示。

04》 按下动作面板下方的"播放选定的动作"按钮 ▶，播放"仿旧照片"动作，得到如图12-6所示的效果。

专家提示 Photoshop可记录大多数的操作命令，但并不是所有的命令，像绘画、视图放大、缩小等操作就不能被记录。

图12-3 面板菜单　图12-4　"图像效果"动作组　图12-5　"仿旧照片"动作

图12-6 仿旧照片效果

12.1.3 修改动作的名称和参数

在动作面板中双击动作或组的名称，可以显示文本输入框，如图12-7所示，在输入框中修改它们的名称，按〈Enter〉键确认即可修改动作的名称。

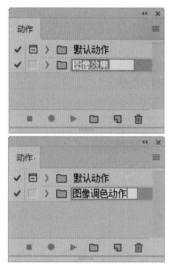

图12-7 显示文本输入框

双击动作面板中的一个命令，可以打开该命令的选项设置对话框，如图12-8所示，在该对话框中可以修改命令的参数。

12.1.4 在动作中插入命令

打开任意图像文件，选择动作面板中的命令，按面板中的"开始记录"按钮 ● ，新记录的操作将添加在该命令之后；若当前所选的是动作，则新记录的操作将被添加到动作的末尾。

12.1.5 在动作中插入菜单项目

插入菜单项目是指在动作中插入菜单中的命令，可以将一些可能无法记录的命令插入到动作中，如绘画和上色工具、工具选项、视图命令和窗口命令等。

选择动作面板中的任一命令，单击动作面板中右上角 ≣ 按钮，在弹出的快捷菜单中选择"插入菜单项目"选项，打开如图12-9所示的对话框，单击"确定"按钮即可在该命令后面插入菜单项目。

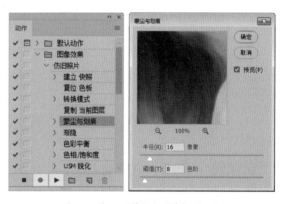

图12-8 打开"蒙尘与划痕"对话框

图12-9 "插入菜单项目"对话框

答疑解惑 **如何处理不能录制为动作的操作命令？**

在Photoshop中，使用选框、移动、多边形、套索、魔棒、裁剪、切片、魔术橡皮擦、渐变、油漆桶、文字、形状、注释、吸管和颜色取样器等工具进行的操作均可录制为动作。另外，在色板、颜色、图层、样式、历史记录和动作面板中进行的操作也可以录制为动作，对于有些不能被记录的操作，可以插入菜单项目或者停止命令。

12.1.6 边讲边练——在动作中插入停止命令

Before

After

本实例介绍如何在动作中插入停止命令，让动作播放到停止命令时自动停止，以便于在操作中编辑无法录制为动作的命令。

文件路径：源文件\第12章\12.1.6

视频文件：视频\第12章\12.1.6.MP4

01》 打开一张素材图像，如图12-10所示。

图12-10 素材图像

02》 打开动作面板，选择"四分颜色"动作中的"曲线"命令，如图12-11所示。

03》 单击动作面板中右上角 ≡ 按钮，在弹出的快捷菜单中选择"插入停止"选项，打开"记录停止"对话框，输入提示信息，选中"允许继续"复选框，如图12-12所示。

图12-11 选择   图12-12 输入提示信息
"曲线"命令

04》 单击"确定"按钮关闭对话框，便可以将停止插入到动作中，如图12-13所示。

05》 选择"色彩汇聚（色彩）"动作，单击"播放选定的动作"按钮 ▶ ，播放动作。当播放至"停止"命令时，系统会停止这一步骤，弹出"信息"提示框，如图12-14所示。

图12-13 插入   图12-14 "信息"提示框
停止命令

06》 单击"停止"按钮，可停止播放动作，图像效果如图12-15所示，对图像进行编辑，然后单击面板中"播放选定的动作"按钮 ▶ ，即可继续播放后面的命令。

07》 若单击"继续"按钮，则继续播放后面的动作，完成后图像效果如图12-16所示。

图12-15 停止播放效果   图12-16 播放全部效果

12.1.7 在动作中插入路径

插入路径是指将路径作为动作中的一部分包含在动作内。在记录动作的过程中，如果用用户绘制了路径，动作是无法记录的。在动作中选择任一命令，在图像窗口中绘制路径，单击动作面板中右上角 ≡ 按钮，在弹出的快捷菜单中选择"插入路径"选项，即

可在该命令后面插入路径。

专家提示　在动作中每记录一个路径都会替换掉前一个路径，所以如果要在一个动作中记录多个"插入路径"命令，需要在记录每个"插入路径"命令之后，都执行路径面板菜单中的"存储路径"命令。

12.1.8 重排、复制与删除动作

1. 重新排列动作中的命令

在动作面板中，将命令拖移至同一动作中或另一动作中的新位置，释放鼠标即可重新排列动作中的命令。

2. 复制动作或命令

选中动作或动作中的命令后，将其拖动该动作至面板上的"创建新动作"按钮 🖻 上，即可完成复制。或在按住〈Alt〉键的同时拖动动作或命令，也可以快速复制动作或命令。

3. 删除动作或命令

选中要删除的动作或命令，单击面板中的"删除"按钮 🗑 即可。单击动作面板中右上角 ☰ 按钮，在弹出的快捷菜单中选择"清除全部动作"选项，即可将所有的动作删除。

12.1.9 指定回放速度

单击动作面板中右上角 ☰ 按钮，在弹出的快捷菜单中选择"回放选项"命令，可以打开"回放选项"对话框，如图12-17所示。在对话框中可以设置动作的回放速度，也可以将其暂停，以便对动作进行调试。

其中各选项含义如下。

▷ 加速：默认以正常的速度播放动作。

▷ 逐步：显示每个命令产生的效果，然后再进入到下一

个命令，动作的播放速度较慢。

▷ 暂停：选中该选项后，可以在它右侧的数值框中输入时间，以指定播放动作时各个命令的间隔时间。

图12-17 "回放选项"对话框

12.1.10 载入外部动作

动作面板默认只显示"默认动作"组，如果需要使用Photoshop预设的或其他用户录制的动作组，可以选择载入动作组文件。

单击面板右上角 ☰ 按钮，在弹出的快捷菜单中选择"载入动作"命令，在弹出的对话框中选择以"atn"为扩展名的动作组文件，如图12-18所示，单击"载入"按钮，即可在动作面板中看到载入的动作组。

图12-18 "载入"对话框

12.2 自动化

任务自动化通过将任务组合到一个或多个对话框中来简化复杂的任务，可以节省工作时间，并保持操作结果的一致性。

12.2.1 批处理

"批处理"命令可以对文件夹中的文件或当前打开的多个图像文件执行同一个动作，实现图像处理的

自动化。使用批处理前，应该先将需要批处理的文件保存于同一个文件夹中或者全部打开，执行的动作也需先载入至动作面板。

12.2.2 边讲边练——批量处理图像

Before   After

本实例通过载入动作、批处理文件，将文件夹中的多个文件快速制作成反转负冲效果。

💿 文件路径：源文件\第12章\12.2.2

📀 视频文件：视频\第12章\12.2.2.MP4

01▷ 打开素材，执行"窗口"→"动作"命令，打开动作面板。单击动作面板中右上角 ≡ 按钮，在弹出的面板快捷菜单中选择"LAB － 黑白技术"选项，单击载入动作面板，如图12-19所示。

图12-19 载入动作

02▷ 执行"文件"→"自动"→"批处理"命令，弹出"批处理"对话框，在"播放"选项中选择要播放的动作，如图12-20所示。

03▷ 单击"选择"按钮，打开"浏览文件夹"对话框，在该对话框中选择需要批处理的图像所在的文件夹，如图12-21所示，单击"确定"按钮。

图12-20 选择动作　　图12-21 选择文件夹

04▷ 在"目标"下拉列表中选择"文件夹"选项，然后单击"选择"按钮，在弹出的"浏览文件夹"对话框中指定完成批处理后文件的保存位置，如图12-22所示。

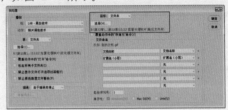

图12-22 单击"选择"按钮

05▷ 单击"确定"按钮，Photoshop使用"LAB － 黑白技术"动作对文件夹中的所有图像进行批处理操作，制作黑白效果，在批处理过程中，Photoshop会自动弹出调整"色相和饱和度"对话框，可根据需要进行调整，然后根据提示进行保存即可。处理前后效果如图12-23、图12-24所示。

> **专家提示** 在批处理过程中，若要停止操作，按〈Esc〉键即可。

图12-23 处理前的效果　　图12-24 完成效果

12.3 脚本

Photoshop 通过脚本支持外部自动化。在 Windows 中，可以使用支持 COM 自动化的脚本语言，这些语言不是跨平台的，但可以控制多个应用程序，例如 Adobe Photoshop、Adobe Illustrator 和 Microsoft Office。执行"文件"→"脚本"命令，打开"脚本"命令子菜单，如图 12-25 所示，使用这些命令可以对脚本的相关功能进行设置。

图12-25 "文件"→"脚本"子菜单

12.4 自动命令

Photoshop 中包含一系列非常实用的自动命令，通过这些命令可以快速制作全景图、合成图像、裁剪并修齐照片等。

12.4.1 图层的自动对齐和混合

"自动对齐图层"命令可以快速分析图层，并移动、旋转或变形图层以将它们自动对齐；而"自动混合图层"命令可以混合颜色和阴影以创建平滑的可编辑的图层混合效果。

手把手 12-1 | 成角的线条

视频文件：视频\第12章\手把手12-1.MP4

01▶ 打开本书配套资源中"源文件\第12章\12.4\12.4.1.jpg文件"，单击"打开"按钮，使用移动工具 ⊕ 拖至同一文档中，如图12-26所示。

图12-26 打开图像素材

02▶ 按住〈Shift〉键的同时选择所有图层，执行"编辑"→"自动对齐图层"命令，可以打开"自动对齐图层"对话框，如图12-27所示，在该对话框中可以选择对齐的方式。

03▶ 图层对齐之后，执行"编辑"→"自动混合图层"命令，可以打开"自动混合图层"对话框，如图12-28所示，在该对话框中可以选择混合方法。单击"确定"按钮，按〈Ctrl+D〉快捷键取消选区，效果如图12-29所示。

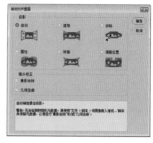

图12-27 "自动对齐图层"对话框　　图12-28 "自动混合图层"对话框

图 12-29 自动混合图层效果

04▶ 使用画笔工具 ✔，设置前景色为黑色，在图层蒙版中进行涂抹，隐藏重叠的部分，如图12-30所示。

图12-30 自动对齐图层和自动混合图层效果

12.4.2 边讲边练——多照片合成为全景图

通过Photomerge功能可以将同一个取景位置拍摄的多张照片合成到一张图像中，制作出视野开阔的全景照片。

💿 文件路径：源文件\第12章\12.4.2

📹 视频文件：视频\第12章\12.4.2.MP4

01▶ 执行"文件"→"自动"→"Photomerge"命令，打开"Photomerge"对话框，如图12-31所示。

02▶ 单击"浏览"按钮，在打开的对话框中选择如图12-32所示的3张照片。单击"确定"按钮，将照片导入到源文件列表中。

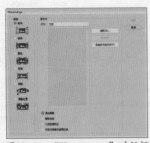

图12-31 "Photomerge"对话框

图12-32 选择照片

03≫ 在"版面"选项组中选择"自动(Auto)"选项，如图12-33所示。

04≫ 单击"确定"按钮，程序即对各照片进行分析并自动进行拼接和调整，生成如图12-34所示的全景图像。

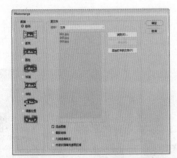

图12-33 选择"自动(Auto)"选项

图12-34 合并得到的图像效果

05≫ 此时的"图层"面板如图12-35所示，Photoshop使用蒙版对各照片进行拼接合并成一幅长幅图像。

图12-35 "图层"面板

06≫ 选择裁剪工具 ，在图像中绘制一个裁剪框，如图12-36所示，按〈Enter〉键确认，裁剪掉合并后出现的空白区域，效果如图12-37所示。

图12-36 裁剪图像

图12-37 完成效果

12.4.3 边讲边练——合成 HDR 图像

本实例通过执行"合并到HDR Pro"命令，将多张照片合并为HDR图像。

文件路径：源文件\第12章\12.4.3

视频文件：视频\第12章\12.4.3.MP4

01≫ 执行"文件"→"打开"命令,打开3张图像素材,如图12-38所示。

图12-38 打开图像

02≫ 选择"文件"→"自动"→"合并到HDR Pro"命令,打开"合并到HDR Pro"对话框,单击"添加打开的文件"按钮,将窗口中打开的3张照片添加到列表,如图12-39所示。

03≫ 单击"确定"按钮,弹出"手动设置曝光值"对话框,如图12-40所示。

图12-39 "合并到HDR Pro"对话框　　图12-40 "手动设置曝光值"对话框

04≫ 单击"确定"按钮,Photoshop将会对图像进行处理并弹出"合并到HDR Pro"对话框,并显示合并的源图像、合并结果的预览图像,如图12-41所示。

图12-41 "合并到HDR Pro"对话框

05≫ 拖拽各个选项的滑块调节参数,同时观察图像效果,如图12-42所示。再单击"曲线"选项卡,调节曲线,增强对比度,如图12-43所示。

 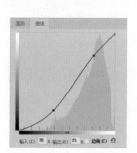

图12-42 调整参数　　图12-43 "曲线"选项卡

06≫ 单击"确定"按钮,即可将多张照片合并为HDR图像,并自动新建文件,如图12-44所示。

图12-44 合并的HDR图像

07≫ 按〈Ctrl+J〉快捷键复制图层,如图12-45所示。

08≫ 单击"创建新的填充或调整图层"按钮 ⬤,在弹出的快捷菜单中选择"照片滤镜",打开"属性"面板,在"滤镜"选项的下拉列表中选择"加温滤镜(85)",如图12-46所示。

图12-45 复制图层　　图12-46 添加"照片滤镜"

09≫ 为图像添加滤镜效果,如图12-47所示。

图12-47 图像效果

10≫ 在"图层"面板将该图层的混合模式更改为"变暗",完成将多张照片合并为HDR图像的操作,最终效果如图12-48所示。

图12-48 最终效果

疑难问答 什么样的照片可以制作HDR照片？

　　Photoshop合成HDR照片，至少需要3张不同曝光度的照片（每张照片的曝光相差一档或两档）；其次，要通过改变快门速度（而非光圈大小）进行包围式曝光，以避免照片的景深发生改变，并且最好使用三脚架。

12.5 实战演练——利用动作处理数码照片

Before　　　　　　After

本实例介绍在动作面板中录制调色动作，并将录制的动作应用到其他图像中。

文件路径：源文件\第12章\12.5

视频文件：视频\第12章\12.5.MP4

1. 录制动作

01>> 执行"文件"→"打开"命令，打开一张素材图像，如图12-49所示。

图12-49 素材图像

02>> 单击动作面板"创建新组"按钮 ▢，打开"新建组"对话框，在"名称"框中输入组的名称，如图12-50所示。

03>> 单击动作面板"创建新动作"按钮 ▭，打开"新建动作"对话框，如图12-51所示。

图12-50 "新建组"对话框　图12-51 "新建动作"对话框

04>> 单击"记录"按钮，关闭"新建动作"对话框，进入动作记录状态。此时的"开始记录"按钮 ● 呈按下状态并显示为红色，如图12-52所示。

05>> 单击"图层"面板中的"创建新图层"按钮 ▭，新建"图层1"。设置前景色为深蓝色（RGB参考值分别为6、18、50），按〈Alt+Delete〉快捷键填充颜色。

06>> 设置"图层1"的"混合模式"为"排除"，图像效果如图12-53所示。

图12-52 进入记录状态　　　图12-53 素材照片

07>> 单击"创建新的填充或调整图层"按钮 ◐，在弹出的快捷菜单中选择"可选颜色"，依次选择"红色""黄色""蓝色"和"黑色"，设置参数如图12-54所示。

图12-54 参数设置

08>> 单击"创建新的填充或调整图层"按钮 ◐，在弹出的快捷菜单中选择"曲线"，分别选择"RGB"和"蓝"通道，设置参数如图12-55所示，效果如图12-56所示。

图12-55 参数设置

图12-56 效果

专家提示 选择需要调整的颜色通道,系统默认为复合颜色通道。在调整复合通道时,各颜色通道中的相应像素会按比例自动调整以避免改变图像色彩平衡。

09≫ 单击"创建新的填充或调整图层"按钮 ,在弹出的快捷菜单中选择"色阶",分别选择"RGB"、"红"、"绿"和"蓝"通道,设置参数如图12-57所示。

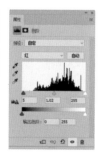

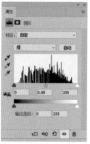

图12-57 参数设置

10≫ 单击"创建新的填充或调整图层"按钮 ,在弹出的快捷菜单中选择"通道混合器",分别选择"红"、"绿"和"蓝"通道,设置参数如图12-58所示。

技巧专题 动作播放技巧

按照顺序播放全部动作:选择一个动作,单击播放选定的动作按钮 ▶,可按照顺序播放该动作中的所有命令。

从指定的命令开始播放动作:在动作中选择一个命令,单击播放选定的动作按钮 ▶,可以播放该命令及后面的命令,它之前的命令不会播放。

播放单个命令:按住〈Ctrl〉键双击面板中的一个命令,可以单独播放该命令。

播放部分命令:在动作前面的按钮 ✓ 单击(可隐藏 ✓ 图标),这些命令便不能够播放;如果在某一动作前的按钮 ✓ 单击,则该动作中的所有命令都不能够播放;如果在一个动作组前的按钮 ✓ 单击,则该组中的所有动作和命令都不能够播放。

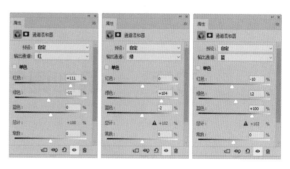

图12-58 参数设置

11≫ 至此,本实例制作完成,最终效果如图12-59所示。

12≫ 单击动作面板"停止播放/记录"按钮 ■,完成动作记录,此时动作面板如图12-60所示。

图12-59 最终效果   图12-60 动作面板

2. 播放动作

01≫ 执行"文件"→"打开"命令,打开另一张素材图像,如图12-61所示。

02>> 选择刚刚录制的动作，单击"播放选定的动作"按钮 ▶，如图12-62所示，播放动作，播放完成后效果如图12-63所示。

图12-61 打开素材照片　　图12-62 播放动作

图12-63 播放动作效果

如图12-64所示为将录制的动作应用于其他图像的效果。

图12-64 其他图像应用效果

12.6 习题——录制调色动作

Before　　　　After

本实例介绍在动作面板中录制"反转负冲效果"动作，并将录制的动作应用到其他图像中。

文件路径：源文件\第12章\12.6
视频文件：视频\第12章\12.6.MP4

操作提示：

01>> 打开照片素材。
02>> 创建新动作。
03>> 录制动作。
04>> 调色。
05>> 停止动作。
06>> 打开其他素材。
07>> 播放动作。

第13章

自己动手，将想象变为实际
——综合练习

通过前面的学习，相信读者已经掌握了Photoshop CC2018的专业知识，下面将前面学到的专业知识应用到实际操作中，并发挥自己的想象力，对数码照片进行处理，设计海报、照片模板、商品包装、创意合成和文字特效等，以制作出精美的图像作品。

13.1 数码照片处理

13.1.1 去除眼袋

Before　　　　After

本实例介绍使用"修复画笔"工具在被修饰区域的周围取样，并将样本的纹理、光照等与所修复的像素匹配，从而去除照片中人物的眼袋。

文件路径：源文件\第13章\13.1.1

视频文件：视频\第13章\13.1.1.MP4

01≫ 开人物素材照片，复制图层。
02≫ 使用修复画笔工具 ✐ ，在眼部周围进行取样。
03≫ 修复人物眼部，去除眼袋。

专家提示 在使用"修复画笔工具"对图像进行调整的过程中，最好将图像放大到合适比例，这样处理后的图像更加细腻和完整。按〈Z〉键可切换至缩放工具，按〈Ctrl+空格键〉可切换至放大工具，按〈Alt+空格键〉可切换至缩小工具，但是要配合鼠标单击才可以缩放。按〈Ctrl〉+〈+〉与或〈Ctrl〉+〈−〉快捷键分别可以放大和缩小图像。

13.1.2 打造时尚发色

Before　　　　After

本实例介绍使用"快速蒙版"工具编辑、建立选区，添加"色相/饱和度"调整图层，调整"混合模式"的操作，为照片中人物变换发色。

文件路径：源文件\第13章\13.1.2

视频文件：视频\第13章\13.1.2.MP4

01≫ 启动Photoshop，执行"文件"→"打开"命令，在"打开"对话框中选择素材照片，单击"打开"按钮，如图13-1所示。
02≫ 在"图层"面板中，将"背景"图层拖动面板下方的"创建新图层"按钮 ⬚ ，得到"图层 1"。单击工具箱中的"以快速蒙版模式编辑"按钮 ⬚ ，进入快速蒙版编辑模式，如图13-2所示选区。

03≫ 按〈D〉键恢复前景色与背景色额的默认设置，使用画笔工具 ✐ ，在图像中人物头发处进行涂抹，涂抹后的区域变为红色，如图13-3所示。
04≫ 单击"以标准模式编辑"按钮 ⬚ ，返回标准编辑模式，红色区域以外的部分生成选区，如图13-4所示。

图13-3 涂抹人物头发　　图13-4 建立人物头发选区

05≫ 执行"选择"→"反向"命令，将选区反选。再执行"选择"→"修改"→"羽化"命令，在弹出的"羽化选区"对话框中设置"羽化半径"参数为25像素，效果如图13-5所示。

图13-1 打开素材　　　图13-2 快速蒙版编辑模式

06≫ 单击图层面板中的"创建新的填充或调整图层"按钮 ◐，创建"色相/饱和度"调整图层，在属性面板中调整参数，勾选"着色"选项，如图13-6所示，更改头发的色彩。

07≫ 在图层面板中设置调整图层的"混合模式"为变亮，效果如图13-7所示。

08≫ 使用画笔工具 ✎，用黑色的画笔在调整图层的蒙版区域进行涂抹，隐藏头发之外的色彩，完成效果如图13-8所示。

图13-5 羽化后效果　　图13-6 添加"色相/饱和度"调整图层

图13-7 调整混合模式　　图13-8 画笔工具涂抹多余颜色

13.1.3 为人物添加唇彩

本实例通过使用"套索工具"和"调整图层"，为人物添加诱人唇彩。

◉ 文件路径：源文件\第13章\13.1.3

❀ 视频文件：视频\第13章\13.1.3.MP4

01≫ 打开人物素材照片，复制图层。

02≫ 使用套索工具 ◯ 绘制路径，将嘴唇区域选中。从选区减去人物的牙齿。

03≫ 羽化选区，创建"色相/饱和度""色阶"调整图层。

13.1.4 打造苗条身材

本实例通过使用"液化"命令，去除人物身上多余赘肉，打造出性感苗条身材。

◉ 文件路径：源文件\第13章\13.1.4

❀ 视频文件：视频\第13章\13.1.4.MP4

01≫ 打开人物素材照片，复制一层，并使用矩形选框工具 ▢，拉长腿部。

02≫ 在"液化"对话框中，使用前变形工具 ⚇，减少腰部赘肉。

03≫ 再使用相同的方式，减少大腿赘肉。

04≫ 运用上述相同的操作方式，继续调整小腿和手臂，完成人物瘦身。

13.1.5 磨皮美白皮肤

本实例通过使用"污点修复"工具去除面部瑕疵，使用"表面模糊"命令进行磨皮，再通过执行"调整图层"和"USM锐化"等命令，恢复嫩白肌肤。

◉ 文件路径：源文件\第13章\13.1.5

❀ 视频文件：视频\第13章\13.1.5.MP4

01≫ 执行"文件"→"打开"命令,在"打开"对话框中选择素材照片,单击"打开"按钮,打开人物素材照片,如图13-9所示。

02≫ 按〈Ctrl+J〉快捷键,将背景图层复制一层,得到"图层1"。使用污点修复画笔工具 ✍,在人物肌肤上单击,修复人物肌肤上的瑕疵,如图13-10所示。

图13-9 打开人物图像　　　图13-10 修复肌肤瑕疵

图13-11 表面模糊效果　　　图13-12 还原五官

03≫ 按〈Ctrl+J〉快捷键复制"图层1",执行"滤镜"→"模糊"→"表面模糊"命令,在弹出的对话框中设置"半径"为15像素,"阈值"为15色阶,单击"确定"按钮模糊人物肌肤,如图13-11所示。

04≫ 单击"图层"面板底部的"添加图层蒙版"按钮 ▢ 为该图层添加蒙版。使用画笔工具 ✐,设置前景色为黑色,在人物五官上涂抹,还原图像,如图13-12所示。

05≫ 单击"图层"面板底部的"创建新的填充或调整图层"按钮 ◑,创建"亮度/对比度"调整图层,在属性面板中调整参数,如图13-13所示。效果如图13-14所示。

06≫ 按〈Ctrl+Shift+Alt+E〉快捷键盖印图层,单击"滤镜"→"锐化"→"USM锐化"命令,锐化人物,参数设置如图13-15所示。最终效果如图13-16所示。

图13-13 添加"亮度/　　　图13-14 调整效果
对比度"调整图层

图13-15 "USM锐化"对话框　　　图13-16 最终效果

13.1.6　调出怀旧复古色调

Before　　　　　After

本实例介绍使用"调整图层"命令并结合使用"通道"面板和"USM锐化"命令,进行处理,调出怀旧复古色调。

💿 文件路径:源文件\第13章\13.1.6

🎦 视频文件:视频\第13章\13.1.6MP4

01≫ 打开人物照片,创建"色阶"调整图层。

02≫ 打开"通道"面板,选择"蓝"通道,填充为白色。

03≫ 添加"渐隐"填充效果。

04≫ 使用快速选择工具 ✍,选择图像暗部区域。创建"色相/饱和度""照片滤镜"和"色彩平衡"调整图层。

05≫ 盖印图层,添加"USM锐化"滤镜效果。

13.1.7　换脸

Before　　　After

本实例介绍使用"套索工具"选取人物脸部,执行"自动混合图层"命令给人物换脸。

💿 文件路径:源文件\第13章\13.1.7

🎦 视频文件:视频\第13章\13.1.7.MP4

01》执行"文件"→"打开"命令，在"打开"对话框中选择素材照片，单击"打开"按钮，打开"人物1""人物2"素材，如图13-17、图13-18所示。

02》使用移动工具 ⊕ ，将"人物2"拖至"人物1"文件中，在图层面板中降低"人物2"图层的不透明度，按〈Ctrl+T〉快捷键显示定界框，调整"人物2"的大小比例，使两个人物五官相对应，如图13-19、图13-20所示。

图13-17 人物1　　　　图13-18 人物2

图13-19 设置"不透明度"　　图13-20 调整大小和位置

03》按〈Enter〉确认变换，并在图层面板中恢复"人物2"图层的"不透明度"为100%，如图13-21所示。

04》选中"背景"图层，按〈Ctrl+J〉快捷键复制，并命名为"人物1"，单击"背景"图层缩览图前面的隐藏按钮 ◉ 将其隐藏，如图13-22所示。

图13-21 恢复"不透明度"　　图13-22 隐藏背景图层
为100%

05》使用套索工具 ◯ ，选择"人物2"五官，如图13-23所示。按〈Ctrl+J〉快捷键复制选区至新图层，如图13-24所示。

06》按住〈Ctrl〉键的同时单击"图层1"的缩览图，创建选区。执行"选择"→"修改"→"收缩"命令，在弹出的"收缩"对话框中设置"收缩量"为5像素。再单击"人物1"图层，按〈Delete〉键删除选区内的图像，如图13-25、图13-26所示。

图13-23 创建选区　　　　图13-24 复制选区

图13-25 删除选区　　图13-26 隐藏其他图层查
看效果

07》在"图层"面板中单击隐藏按钮 ◉ ，显示图层"人物1"和"图层1"，隐藏其他两个图层，并按住〈Ctrl〉键将可见图层同时选中，如图13-27所示。

08》执行"编辑"→"自动混合图层"命令，在弹出的"自动混合图层"对话框中勾选复选框，如图13-28所示。

图13-27 选中可见　　图13-28 "自动混合
图层　　　　图层"对话框

09》单击"确定"按钮，完成换脸操作，如图13-29所示。

图13-29 最终效果

13.1.8 制作梦幻头像

Before　　　　After

本实例介绍使用"阈值"命令、"色彩范围"命令并结合使用"剪切蒙版"进行处理，从而打造神秘梦幻人物头像。

文件路径：源文件\第13章\13.1.8

视频文件：视频\第13章\13.1.8.MP4

01》 打开人物素材，复制背景。

02》 使用钢笔工具 ◎.，在人物头部边缘绘制路径。

03》 将路径转换为选区，复制至新图层，创建"阈值"效果。

04》 执行 "色彩范围"命令，选取人物头像。

05》 新建文件，创建"渐变"调整图层。

06》 将"人物"拖至新建文件中，添加"斜面和浮雕"样式。

07》 打开夜空素材，拖入文件中，与"人物"图层创建剪贴蒙版。

08》 设置"混合模式"。

09》 使用横排文字工具 T.，输入文字，创建炫彩梦幻效果。

13.1.9 制作涂鸦效果

Before　　　　After

本实例介绍使用"调整图层"并结合使用"滤镜库"进行处理，制作涂鸦效果照片。

文件路径：源文件\第13章\13.1.9

视频文件：视频\第13章\13.1.9.MP4

01》 执行"文件"→"新建"命令，在"新建"对话框中设置参数，如图13-30所示。

02》 执行"文件"→"打开"命令，在"打开"对话框中选择素材照片，单击"打开"按钮，打开"墙"素材，如图13-31所示。

图13-30 新建　　图13-31 打开"墙"素材
文件

03》 使用移动工具 ✛.，将"墙"素材拖入新建文件中，单击图层面板底部的"添加新的填充或调整图层"按钮 ◉.，在快捷菜单中选择添加"色相/饱和度"调整图层，并在属性面板中设置参数，如图13-32所示。

04》 执行"文件"→"打开"命令，在"打开"对话框中选择素材照片，单击"打开"按钮，打开"涂鸦"素材，如图13-33所示。

05》 使用移动工具 ✛.，将"涂鸦"素材拖入新建文件中，单击图层面板底部的"添加图层蒙版"按钮 ◉.，添加图层蒙版，如图13-34所示。

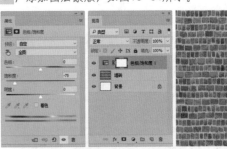

图13-32 添加"色相/饱和度"调整图层

图13-33 打开"涂鸦"素材　　图13-34 添加图层蒙板

06≫ 使用画笔工具 ，在工具选项栏中的"画笔预设选取器"面板中选择"喷溅59像素"笔刷，设置前景色为黑色，在画面中涂抹。按住〈Alt〉键单击蒙版缩览图，可显示蒙版中的图像，涂抹效果如图13-35所示。

07≫ 再次按住〈Alt〉键单击蒙版缩览图，切换至原图像，让涂鸦画融入砖墙当中，形成涂鸦墙，如图13-36所示。

08≫ 执行"文件"→"打开"命令，在"打开"对话框中选择素材照片，单击"打开"按钮，打开"人物"素材，如图13-37所示。

09≫ 使用快速选择工具 ，将人物选中，再将其拖入新建文档中，如图13-38所示。

图13-35 涂抹效果

图13-36 涂鸦墙效果

图13-37 人物素材

图13-38 将人物选区拖入新文档中

10≫ 按Ctrl+J快捷键复制人物图层，并将复制图层隐藏，如图13-39所示。

11≫ 按住〈Ctrl〉键单击"人物"图层缩览图，载入人物选区，执行"编辑"→"描边"命令，在弹出的"描边"对话框中设置"宽度"为5像素，"颜色"为黑色，为人物添加描边效果，如图13-40所示。

图13-39 隐藏复制图层

图13-40 描边效果

12≫ 执行"滤镜"→"滤镜库"→"艺术效果"→"木刻"命令，在弹出的对话框中设置参数，如图13-41所示。单击"确定"按钮关闭对话框，"木刻"滤镜效果如图13-42所示。

图13-41 "木刻"参数

图13-42 "木刻"效果

13≫ 单击图层面板底部"创建新的填充或调整图层"按钮 ，依次创建"色调分离""亮度/对比度""色相/饱和度"调整图层，在属性面板中设置参数，对图像进行处理，如图13-43所示。

图13-43 添加调整图层

14≫ 调整效果如图13-44所示。

图13-44 涂鸦效果

15≫ 选择"涂鸦"图层，按〈Ctrl+J〉快捷键复制该图层，并将该图层拖至所有图层最顶层，设置该图层的混合模式为"线性光"，如图13-45所示。

16≫ 单击工具箱中的"画笔工具" 按钮，设置前景色为黑色，在蒙版区域涂抹，显示部分人物图像，如图13-46所示。

图13-45 设置混合模式

图13-46 涂抹人物图像

17≫ 单击"人物 拷贝"图层前面的眼睛图标，显示图层，并将其拖至所有图层最顶层。选择"滤镜"→"滤镜库"→"素描"→"影印"命令,在弹出的对话框中设置如图13-47所示的参数。单击"确定"按钮关闭对话框,效果如图13-48所示。

图13-47 "影印" 　　　图13-48 "影印"效果
　　参数

18≫ 设置该人物图层的混合模式为"叠加",如图13-49、图13-50所示。

图13-49 设 　　　图13-50 "叠加"模式效果
置混合模式

19≫ 单击图层面板底部"创建新的填充或调整图层"按钮 ◉,添加"色阶"调整图层,在属性面板中设置参数,单击面板底部的"剪切到图层" 按钮,如图13-51、图13-52所示。

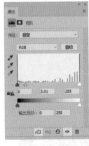 

图13-51 添加"色 　　　图13-52 调整效果
阶"调整图层

20≫ 按〈Ctrl+Shift+Alt+E〉快捷键盖印图层,在"图层"面板中选择"墙砖"图层,按〈Ctrl+A〉快捷键全选图像,〈Ctrl+C〉快捷键复制选区内的图像。选择盖印的图层,单击"图层"面板底部的"添加图层蒙版"按钮 ◻,为盖印的图层添加蒙版,如图13-53所示。

21≫ 切换至"通道"面板,单击"图层1蒙版"通道缩览图前的图标 ,使其变为 ◉,显示通道,如图13-54所示。按〈Ctrl+V〉快捷键将复制的内容粘

贴到该通道中,如图13-55所示。

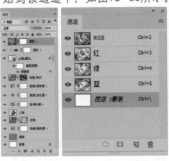 

图13-53　　　图13-54 显示通道　　图13-55 粘贴复制
盖印图层　　　　　　　　　　　　　　图像

22≫ 再次单击"图层1蒙版"通道缩览图前的眼睛图标 ◉ ,将其隐藏,如图13-56所示,退出快速蒙版状态,如图13-57所示。

图13-56 隐藏通道　　　图13-57 退出快速蒙版状态

23≫ 按〈Ctrl+D〉快捷键取消选区,双击该图层,打开"图层样式"对话框,在弹出的面板中选择"斜面与浮雕"选项并设置参数,如图13-58所示,效果如图13-59所示。

 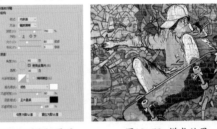

图13-58 添加图层　　　图13-59 样式效果
样式

24≫ 单击"确定"按钮,添加斜面与浮雕样式。按〈Ctrl+J〉快捷键复制该图层,如图13-60所示,增强效果如图13-61所示。

图13-60　　　　　　图13-61 增强样式效果
复制图层

25≫ 单击图层面板底部的 "添加新的填充或调整图层" 按钮 ◎，在快捷菜单中依次添加以下调整图层，并在属性面板中设置参数，如图13-62所示。

26≫ 最终完成效果如图13-63所示。

图13-62 添加调整图层(续)

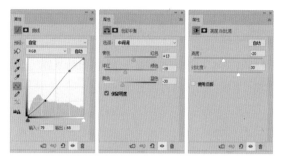

图13-62 添加调整图层

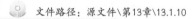

图13-63 最终效果

13.1.10 制作浪漫雪景

Before

After

本实例介绍使用 "调整图层" 并结合使用 "滤镜库" 进行处理，制作浪漫雪景效果照片。

文件路径：源文件\第13章\13.1.10

视频文件：视频\第13章\13.1.10.MP4

01≫ 打开素材文件，复制图层。

02≫ 创建 "通道混合器" 调整图层，设置该调整图层的混合模式为 "变亮"。

03≫ 创建 "可选颜色" 调整图层，调整人物的肌肤。

04≫ 使用套索工具 ◎，创建选区，创建 "色阶" "色相/饱和度" 调整图层，加深选区色调。

05≫ 复制背景图层，添加 "影印" 效果，创建线描效果。

06≫ 新建通道，添加 "点状化" 效果，生成灰色杂点。添加 "阈值" 命令，让杂点变得清晰。

07≫ 载入通道中的选区，返回彩色图像编辑状态，新建图层。在选区内填充白色，取消选区。

08≫ 添加 "动感模糊" 命令，制作出雪花飘落效果。

09≫ 将人物脸上和身上的雪花适当隐藏，盖印图层，使用 "减淡工具" ◎ 均匀人物的肤色。

13.2 创意照片设计

13.2.1 制作撕裂照片效果

Before

After

本实例介绍使用 "自由变换" 命令并结合使用 "晶格化" 滤镜进行处理，制作撕裂照片效果。

文件路径：源文件\第13章\13.2.1

视频文件：视频\第13章\13.2.1.MP4

01≫ 打开素材文件，添加"高斯模糊"效果。

02≫ 打开"照片"素材文件，拖至背景文件中，调整变形。

03≫ 创建选区，添加"晶格化"滤镜效果，剪切图层。

04≫ 新建图层，用浅灰色填充选区，再新建图层，调整位置，用深灰色填充选区。用同样的方法，制作照片另一半的厚度。

13.2.2 制作画册模板

本实例介绍使用"钢笔工具""矩形工具"结合"剪贴蒙版"和"填充"命令，制作画册模板。

文件路径：源文件\第13章\13.2.2

视频文件：视频\第13章\13.2.2.MP4

01≫ 按〈Ctrl+N〉快捷键，弹出"新建"对话框，设置参数，因为制作画册需要用于印刷，所以设置为CMYK模式，如图13-64所示。

02≫ 使用移动工具 ✛，添加参考线，如图13-65所示。

03≫ 新建图层"图层 1"和"图层 2"，使用矩形选框工具 ▭ 绘制选框，填充为（R243，G221，B221）和（R245，G232，B225），如图13-66所示。

04≫ 使用矩形工具，在工具选项栏中设置"工具模式"为形状，"填充"为白色，在画面中绘制两个矩形，右侧为"矩形 1"，左侧为"矩形 2"，如图13-67所示。

图13-64 新建文件　　图13-65 添加参考线

图13-66 新建图层并填充颜色　图13-67 绘制矩形并调整位置

05≫ 执行"文件"→"打开"命令，打开"照片1"素材文件，使用移动工具 ✛，将素材拖至背景文件中，再按〈Ctrl+T〉快捷键显示定界框，将其调整至合适的大小和位置，如图13-68所示。

图13-68 将"照片1"拖至文件中

06≫ 按〈Ctrl+Alt+G〉快捷键与"矩形 2"创建剪贴蒙版，如图13-69所示。

图13-69 创建剪贴蒙版

07≫ 使用移动工具 ✛，添加参考线，如图13-70所示。使用钢笔工具 ⌀，绘制多边形路径，如图13-71所示。

图13-70 添加参考线　　图13-71 绘制多边形路径

08≫ 新建图层"图层 4"，按〈Ctrl+Enter〉快捷键

将路径转换为选区，填充为（R23，G52，B69），按〈Ctrl+D〉快捷键取消选区，如图13-72所示。

图13-72 填充选区

09≫ 运用相同的方式，新建图层"图层 5"，拖至"图层 4"下方，绘制路径并填充为（R226，G183，B162），如图13-73所示。

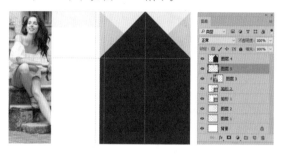

图13-73 填充新建选区

10≫ 使用矩形工具 ▢，在工具选项栏中设置"工具模式"为形状，"填充"为白色，按住〈Shift〉键的同时在画面中绘制正方形，旋转45°，并复制多层，调整位置，如图13-74所示。

11≫ 选择最右下角的正方形，并选择矩形工具 ▢，在工具选项栏中修改其"填充"为无，"描边颜色"为（R226，G183，B162），"描边大小"为10像素，如图13-75所示。

图13-74 创建正方形　　　图13-75 调整正方形

12≫ 按〈Ctrl+J〉快捷键复制该正方形，按〈Ctrl+T〉快捷键显示定界框，旋转-45°，调整大小和位置，如图13-76所示。

13≫ 执行"文件"→"打开"命令，打开"照片2"素材文件，使用移动工具 ✛，将素材拖至背景文件中，再按〈Ctrl+T〉快捷键显示定界框，将其调整合适的大小和位置，如图13-77所示。

图13-76 复制并调整正方形

14≫ 在图层面板中，将"照片 2"图层拖至相应的正方形图层上方，按〈Ctrl+Alt+G〉快捷键与正方形创建剪贴蒙版，如图13-78所示。

图13-77 打开素材文件　　　图13-78 创建剪切蒙版

15≫ 运用相同的操作方式，依次为其他6个矩形添加照片素材，并创建剪贴蒙版，如图13-79所示。

16≫ 使用横排文字工具 T，添加文字素材，调整大小和位置，最终效果如图13-80所示。

图13-79 添加素材并创建剪贴蒙版

图13-80 最终效果

13.3 海报设计

13.3.1 打散效果海报

本实例通过使用"图层蒙版""画笔工具"和"调整图层",制作一幅人像破碎消失效果的海报。

文件路径：源文件\第13章\13.3.1

视频文件：视频\第13章\13.3.1.MP4

01>> 启用Photoshop后，执行"文件"→"打开"命令，弹出"打开"对话框，打开人物素材，如图13-81所示，单击"确定"按钮。

02>> 使用快速选择工具 ，选中人物，如图13-82所示。

图13-81 打开人物素材　　　图13-82 选中人物

03>> 按〈Ctrl+J〉快捷键，将选区内容复制到新图层中，再按〈Ctrl+J〉快捷键，复制一层，如图13-83所示。

04>> 在"背景"图层上方新建一个空白图层，并填充为白色，如图13-84所示。

图13-83 复制新图层　　　图13-84 新建空白图层

05>> 选择"图层 1"，执行"滤镜"→"液化"命令，弹出"液化"对话框，单击右上角的向前变形工具 ，在对话框右侧设置参数，如图13-85所示，在预览窗口涂抹。

06>> 单击"确定"按钮，回到文件窗口，效果如图13-86所示。

07>> 选择"图层 1"，单击图层面板底部的"新建图层蒙版"按钮 ，为图层添加蒙版，同理为"图层 1 拷贝"添加图层蒙版，如图13-87所示。选中"图层 1"的蒙版缩览图，按〈Ctrl+I〉快捷键，将

蒙版反向为全黑，如图13-88所示。

图13-85 "液化"对话框

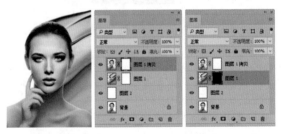

图13-86 液化　　图13-87 添加图　　图13-88 将蒙版
效果　　　　层蒙版　　　　反向

08>> 执行"编辑"→"预设"→"预设管理器"命令，在"预设管理器"对话框中单击"载入"按钮，载入光盘文件中的"碎片"笔刷，如图13-89所示。

图13-89 载入"碎片"笔刷

09>> 单击"图层 1 拷贝"的图层蒙版缩览图，对其进行编辑。设置前景色为黑色，使用画笔工具 ，在右脸边缘涂抹，绘制破碎效果，如图13-90所示。

10>> 单击"图层 1"的图层蒙版缩览图，对其进行编辑。设置前景色为白色，使用画笔工具 ，在右侧

涂抹，绘制碎片效果，如图13-91所示。

图13-90 绘制破碎效果　　图13-91 绘制破碎效果

专家提示 在使用"画笔工具"对"图层蒙版"进行涂抹的过程中，可先按下〈D〉键恢复前景色与背景色的默认设置，在涂抹时只需按〈X〉键即可切换黑色画笔和白色画笔，对图层的编辑更加方便。

11≫ 按〈Ctrl+O〉快捷键打开"裂纹"素材，如图13-92所示。

12≫ 将素材移至图层中，调整期位置和大小，如图13-93所示。在图层面板中调整裂纹图层的"不透明度"为50%，按〈Ctrl+T〉快捷键显示定界框，如图13-94所示。

图13-92 打开　　图13-93 拖至人　　图13-94 调整不透
"裂纹"素材　　物文件中　　　明度并确定位置

13≫ 在定界框内单击鼠标右键，在弹出的快捷菜单中选择"变形"命令，对裂纹图层进行变换，如图13-95所示。

14≫ 按〈Enter〉键确认变换，并在图层面板中将裂纹图层的"不透明度"恢复为100%，如图13-96所示。

图13-95 对裂纹"变形"　　图13-96 确认变形并恢复
　　　　　　　　　　不透明度

15≫ 在"图层"面板中设置裂纹图层的"混合模

式"为柔光，效果如图13-97所示。

16≫ 单击图层面板底部的"添加新的填充或调整图层"按钮，在快捷菜单中选择添加"色相/饱和度"调整图层，并在属性面板中设置参数，单击面板底部的"剪切到图层"按钮，如图13-98所示。

图13-97 设置混合模式　　图13-98 添加调整图层

17≫ 将调整效果应用于裂纹图层，不影响其他图像，如图13-99所示。

18≫ 选择裂纹图层，单击图层面板底部的"新建图层蒙版"按钮，为图层添加蒙版，设置前景色为黑色，使用画笔工具进行涂抹，让裂纹在眼睛和鼻子上过渡自然，如图13-100、图13-101所示。

19≫ 按〈Shift+Ctrl+Alt+E〉快捷键盖印所有可见图层为"图层 4"，如图13-102所示。

20≫ 选择"图层 4"，单击图层面板底部的"添加新的填充或调整图层"按钮，在快捷菜单中选择添加"曲线"调整图层，并在属性面板中设置"蓝"通道的参数，如图13-103所示。

21≫ 最终效果如图13-104所示。

图13-99 应用调整　　图13-100 涂抹　　图13-101 图
图层于"裂纹"　　　　　裂纹　　　　　层面板

图13-102 盖印　　图13-103 添加　　图13-104 最终
图层　　　　调整图层　　　　效果

13.3.2　故障风格海报

Before　　　　　After

本实例通过使用"风格化"滤镜和"矩形选框工具"，制作一幅故障风格的海报。

文件路径：源文件\第13章\13.3.2

视频文件：视频\第13章\13.3.2.MP4

01》 打开素材文件，复制背景图层，调整混合选项。
02》 使用矩形选框工具 [::]，创建选区。
03》 添加"风"滤镜效果。
04》 创建新图层，添加图层蒙版，使用渐变工具 □，绘制渐变，调整"混合模式"和"不透明度"。
05》 创建新图层，填充为白色。添加"图案叠加"样式，设置"不透明度"。
06》 使用矩形工具 □ 绘制矩形，添加"羽化"效果。
07》 使用直线工具 ／ 绘制多条直线，调整位置，填充颜色。

08》 使用横排文字工具 T，添加文字，调整大小和位置。

答疑解惑　三原色的色值分别是多少？

色光三原色RGB：红（R255，G0，B0）；绿（R0，G255，B0）；蓝（R0，G0，B255）。
色彩三原色CMYK：黄（R255，G255，B0）；青（R0，G255，B255）；品红（R255，G0，B255）；黑（R0，G0，B0）。

13.3.3　二次曝光合成类海报

Before　　　After

本实例通过使用"图层蒙版"、"画笔工具"和"文字工具"，制作一幅二次曝光风格的合成海报。

文件路径：源文件\第13章\13.3.3

视频文件：视频\第13章\13.3.3.MP4

01》 打开人物素材，使用钢笔工具 ∅，抠取人物头像，转换为灰度图像。
02》 新建文件。填充"背景"图层，将抠取的灰度头像拖至新建文件中，再置入风景素材。
03》 添加图层蒙板，使用画笔工具 ／，涂抹人物五官。复制图层，设置"混合模式"。

04》 添加"色相/饱和度"调整图层。
05》 使用矩形工具 □，绘制矩形。添加图层蒙版，使用画笔工具 ／ 进行涂抹。
06》 使用文字工具 T，在画面中增添文字完善海报效果。

13.3.4　炫彩海报

本实例通过使用"多边形工具"、"矩形工具"、"渐变工具"和"文字工具"，制作一幅炫彩海报。

文件路径：源文件\第13章\13.3.4

视频文件：视频\第13章\13.3.4.MP4

01》 新建文件。将"背景"素材拖至新建文件中。
02》 创建新图层，填充为黑色。

03》 使用多边形工具 ◯，绘制三角形。调整位置，设置"不透明度"。

04≫ 打开"图案""纹理"素材，拖至新建文件中，设置"混合模式"。

05≫ 使用矩形工具 □ 绘制矩形，设置渐变填充，调整位置以及"不透明度"。

06≫ 打开"光"素材，将其拖至新建文件中，复制多层，调整大小和位置，设置"混合模式"。

07≫ 使用横排文字工具 **T.**，输入文字，调整位置。

08≫ 添加"色阶"调整图层。

13.4 创意合成

13.4.1 垂钓者

本实例通过使用"图层蒙版"、"画笔工具"和"文字工具"，制作一幅环保海报。

文件路径：源文件\第13章\13.4.1

视频文件：视频\第13章\13.4.1.MP4

01≫ 打开素材文件，添加蒙版，使用"渐变工具" □，创建黑白渐变。

02≫ 添加"高斯模糊"效果。创建"色相/饱和度""色阶"调整图层。

03≫ 打开"木船""水面""蓝天"等素材文件，拖至该文档中，调整图像。

04≫ 创建"色彩平衡""色相/饱和度"和"渐变映射"调整图层。

05≫ 添加图层蒙版。

专家提示 单击"背景"图层后面的 🔒 按钮可将"背景"图层转换为普通图层，选择一个图层后执行"图层"→"新建"→"背景图层"命令，即可将其转换为"背景"图层。

13.4.2 合成电影特效人物

Before   After

本实例通过使用"渐变填充"、"图层混合模式"和"调整图层"，合成电影人物特效。

文件路径：源文件\第13章\13.4.2

视频文件：视频\第13章\13.4.2.MP4

01≫ 新建一个空白文件，设置参数，设置"背景内容"为黑色，如图13-105所示。

02≫ 单击"图层"面板底部的"创建新的填充或调整图层" ◐ 按钮，选择"渐变…"和"色相平衡"命令，并在属性面板设置参数，如图13-106、图13-107示。

03≫ 调整效果，如图13-108所示。

图13-105 新建文件

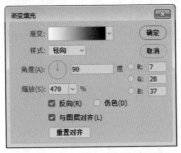

图13-106 "渐变…"调整参数

图13-107 "色相平衡"调整参数

图13-108 调整效果

04≫ 按〈Ctrl+O〉快捷键打开人物素材，使用快速选择工具 选中人物，如图13-109所示。按〈Ctrl+C〉快捷键复制选区，切换到新建文件中，按〈Ctrl+V〉快捷键粘贴人像为"图层 1"，如图13-110所示。

图13-109 打开"人物"素材

图13-110 将人物选区复制至新文件

05≫ 按〈Ctrl+O〉快捷键打开美瞳素材，调整大小和位置，如图13-111所示。

06≫ 新建图层，在"图层"面板中，按住〈Ctrl〉键单击"人物"图层缩览图，载入选区，在新图层中填充选区颜色为（R86，G161，B185），如图13-112所示。

图13-111 拖入"美瞳"素材

图13-112 填充人物选区

07≫ 单击"图层"面板底部的"创建新图层"按钮，为图层添加蒙版，在"图层"面板中设置"混合模式"为颜色，如图13-113所示。

08≫ 使用画笔工具 ，设置前景色为黑色，涂抹眼睛区域，显示眼睛部位，如图13-114所示。

图13-113 设置"混合模式" 图13-114 涂抹人物眼睛区域

09≫ 单击"图层"面板底部的"创建新的填充或调整图层" 按钮，依次选择 "曲线"，"黑白"和"色彩平衡"命令，并在属性面板设置参数，如图13-115所示。

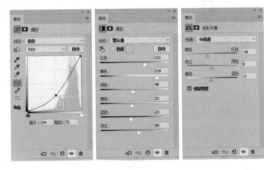

图13-115 添加调整图层

10≫ 调整效果，如图13-116所示。

图13-116 调整效果

11≫ 按〈Ctrl+O〉快捷键打开脸纹素材，调整大小和位置，如图13-117所示。

图13-117 拖入"脸纹"素材

12≫ 单击图层面板底部的"创建新图层"按钮 ，为图层添加蒙版，使用画笔工具 ，设置前景色为黑色，涂抹脸部之外的区域，在图层面板中设置"混合模式"为颜色，如图13-118所示。

图13-118 调整脸纹图像

13≫ 按〈Ctrl+O〉快捷键打开耳朵素材，调整大小和位置，如图13-119所示。

图13-119 拖入"耳朵"素材

14≫ 单击图层面板底部的"创建新图层"按钮 ，为图层添加蒙版，使用画笔工具 ，设置前景色为黑色，涂抹脸部之外的区域，在图层面板中设置"混合模式"为颜色，如图13-120所示。

图13-120 调整素材图层

15≫ 新建图层，使用画笔工具 ，设置前景色为白色，在脸上添加星光，调整图层"不透明度"，如图13-121所示。

16≫ 新建图层，使用画笔工具 ，设置前景色为黑色，在头顶处绘制效果如图13-122所示。

17≫ 单击图层面板底部的"创建新的填充或调整图层"  按钮，选择"色彩平衡"命令，并在属性面板设置参数，如图13-123所示。

图13-121 添加星光

图13-122 涂抹头顶区域

图13-123 "色彩平衡"命令

18≫ 最终效果，如图13-124所示。

图13-124 最终效果

13.4.3 拉小提琴的小女孩

Before　　　　After

本实例通过使用"图层蒙版""画笔工具""钢笔工具"，制作一幅小女孩在花田拉小提琴的景象。

文件路径：源文件\第13章\13.4.3

视频文件：视频\第13章\13.4.3.MP4

01≫ 新建文件，打开素材，拖入新建文档中。

02≫ 添加图层蒙版，使用画笔工具 进行涂抹。

03≫ 创建新图层，使用画笔工具 绘制图像，设置"混合模式"。

04≫ 打开"女孩"素材，拖入新文档中，使用钢笔工具 选取图像，将选区载入蒙版中。

05≫ 创建新图层，使用画笔工具 绘制阴影。

13.5 包装设计

13.5.1 制作塑料包装

本实例通过使用钢笔工具绘制出图形，使包装层次分明，再将Logo和食品图片融入画面中，使产品要传达的信息更简明，制作出蛋黄酥塑料包装设计。

文件路径：源文件\第13章\13.5.1

视频文件：视频\第13章\13.5.1.MP4

01》 启用Photoshop后，执行"文件"→"新建"命令，弹出"新建"对话框，设置参数如图13-125所示，单击"确定"按钮，新建一个空白文件。

02》 新建"图层1"，运用钢笔工具 ✍，绘制路径如图13-126所示。

图13-125 "新建"对话框

图13-126 绘制路径

03》 设置前景色为（R 42，G8，B15），按〈Ctrl+Enter〉快捷键将路径转换为选区，再按〈Alt+Delete〉键填充颜色，按〈Ctrl+D〉快捷键取消选区，如图13-127所示。

04》 执行"文件"→"打开"命令，打开"产品"素材文件，运用移动工具 ✛ 将素材拖至文件中，调整至合适的大小和位置，如图13-128所示，图层面板自动生成"图层2"。

图13-127 填充颜色

图13-128 拖入"产品"素材

05》 将"图层2"放置在"图层1"的上方，按〈Alt+Ctrl+G〉快捷键创建剪贴蒙版，如图13-129、图13-130所示。

图13-129 创建剪贴蒙版

图13-130 图像效果

06》 单击图层面板底部的"添加图层蒙版"按钮 ▣，为"图层2"添加蒙版，设置前景色为黑色，使用画笔工具 ✎，在工具选项栏选择柔边圆画笔，调整画笔的大小和不透明度，在蒙版中涂抹，使其融合，如图13-131所示。

图13-131 添加并编辑图层蒙版

07》 使用矩形工具 ▭，在工具选项栏中设置"工具选项"为"形状"，设置填充色为白色，在画面中绘制矩形，如图13-132所示。

08》 将绘制的矩形复制几层，并调整到合适的位置，如图13-133所示。

图13-132 绘制矩形　　　图13-133 复制矩形

09》按〈Shift〉键选择所有矩形图层，将其合并为"矩形"图层，并栅格化图层，如图13-134所示。

10》按住〈Ctrl〉键单击"图层 1"的图层缩览图，载入选区，按〈Ctrl+Shift+I〉快捷键反选，选择"矩形"图层，按〈Delete〉键删除选区内的图像，如图13-135所示。

图13-134 合并形状　　　图13-135 删除选区外的图像

11》按〈Ctrl+O〉快捷键打开文字素材文件，使用移动工具，将素材拖至文件中，调整大小和位置，如图13-136所示。

12》使用魔棒工具，在"蛋"字上单击，将其选中并调整大小及位置，如图13-137所示。

图13-136 拖入文字图像　　图13-137 调整"蛋"字
　　　　　　　　　　　　　　大小及位置

13》设置前景色为白色，使用横排文字工具，设置字体为"全真中隶书"，字体大小为24pt，输入文字，如图13-138所示。

14》继续使用横排文字工具，设置字体为"Source Sans Variable"，字体大小为20pt，输入两排文字，可在属性面板中调整"直线宽度"，变换文字线条粗细，如图13-139所示。

15》按〈Ctrl+O〉快捷键打开印章素材文件，使用移动工具，将素材拖至文件中，调整大小和位置，如图13-140所示。

16》设置前景色为白色，使用直排文字工具，设置字体为"方正小篆体"，字体大小为14pt，输入文字，如图13-141所示。

图13-138 输入文字　　　图13-139 输入文字并调整粗细

图13-140 绘制图形　　　图13-141 填充渐变效果

17》使用钢笔工具，在选项栏中选择"路径"绘制路径，如图13-142所示。

18》按〈Ctrl+Enter〉快捷键，转换路径为选区，新建图层，填充选区颜色为白色，按〈Ctrl+D〉快捷键取消选区，如图13-143所示。

图13-142 绘制路径　　　图13-143 转换路径为
　　　　　　　　　　　　　　选区并填充

19》执行"滤镜"→"模糊"→"高斯模糊"命令，弹出"高斯模糊"对话框，设置参数如图13-144所示。

20》单击"确定"按钮，退出"高斯模糊"对话框，最终效果如图13-145所示。

图13-144 "高斯模糊"对　　图13-145 最终效果
　　　话框

13.5.2 制作手提袋

本实例制作一个手提袋，主要分为两个步骤：制作平面效果和制作立体效果，练习渐变工具、文字工具、图层蒙版的操作。

文件路径：源文件\第13章\13.5.2

视频文件：视频\第13章\13.5.2.MP4

1. 制作平面效果

01≫ 打开photoshop，执行"文件"→"新建"命令，弹出"新建"对话框，设置参数如图13-146所示。单击"确定"按钮，关闭对话框，新建一个图像文件。

02≫ 执行"视图"→"新建参考线"命令，添加参考线，效果如图13-147所示。

图13-146 "新建"对话框

图13-147 添加参考线

03≫ 新建一个图层，得到"图层1"，选择矩形选框工具 绘制一个矩形选区，并填充颜色为白色，如图13-148所示。

04≫ 新建一个图层，得到"图层2"，继续运用矩形选框工具 绘制一个矩形选区，并填充颜色为（R125，G195，B232），如图13-149所示。

图13-148 绘制手提袋正面　　图13-149 绘制手提袋侧面

05≫ 按〈Ctrl+O〉快捷键打开素材文件，使用移动工具 ，将花纹素材拖至文件中，生成"图层3"，调整位置，在图层面板中将其拖至"图层2"下方，与"图层1"创建剪贴蒙版，如图13-150所示。

06≫ 双击"图层3"弹出"图层样式"对话框，添加"颜色叠加"样式，如图13-151、图13-152所示。

图13-150 拖入"花纹"素材并创建剪贴蒙版

图13-151 "颜色叠加"样式参数　图13-152 "颜色叠加"样式效果

07≫ 按〈Ctrl+J〉快捷键复制"图层2"，得到"图层 2 拷贝"，按〈Ctrl+T〉快捷键显示定界框，移动复制图层的位置并调整大小，如图13-153所示。

08≫ 选择椭圆工具 ，在工具选项栏中设置"填充"和"描边颜色"均为白色，"描边大小"为3像素，在画面中绘大小为280像素×280像素的圆形，使用移动工具 调整位置，如图13-154所示。

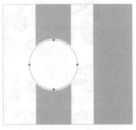

图13-153 调整复制图层　　图13-154 绘制椭圆

09≫ 选择直线工具 ，在工具选项栏中设置"填充"为（R 125，G195，B232），"描边"为无，在画面中绘制大小为400像素×5像素的直线。在图层面板中单击右键，在弹出的快捷菜单中将其转换为"智能对象"，如图13-155所示。

10≫ 执行"滤镜"→"扭曲"→"波浪"命令，在弹出的"波浪"对话框中设置参数，如图13-156所示。

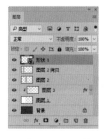
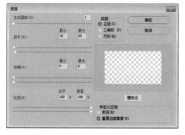

图13-155 绘制直线形状　　图13-156 "波浪"对话框

11≫ 单击"确定"按钮完成波浪线的制作，按〈Ctrl+J〉快捷键复制3层，并使用移动工具调整位置，如图13-157所示。

12≫ 按住〈Shift〉键，在图层面板中同时选择4个波浪线图层，按〈Ctrl+E〉快捷键将它们合并成一个图层，命名为"波浪"，如图13-158所示。

图13-157 波浪线效果　　图13-158 "波浪"图层

13≫ 在图层面板中选择"波浪"图层，单击鼠标右键，在弹出的快捷菜单中选择"创建剪贴蒙版"命令，创建与"椭圆 1"图层的剪贴蒙版，如图13-159所示。

图13-159 创建剪贴蒙版

14≫ 在图层面板中，按住〈Ctrl〉键的同时单击"椭圆 1"图层的缩览图，生成选区。在"波浪"图层上方新建"图层4"，填充选区为（R 125，G195，B232），如图13-160所示。

15≫ 按〈Ctrl+D〉快捷键取消选择，使用矩形选框工具，在"图层 4"上方绘制选区，按〈Delete〉键删除选框内的内容，如图13-161所示。

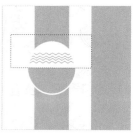

图13-160 填充选区　　图13-161 删除选区

16≫ 执行"文件"→"打开"命令，打开milk素材。使用移动工具，将素材拖至文件中，如图13-162所示。

17≫ 设置前景色为白色，选择横排文字工具，在工具选项栏中设置"字体"为"Symbol"，"字体大小"为12pt，输入文字，按〈Ctrl+Enter〉快捷键确认输入，使用移动工具调整位置，如图13-163所示。

图13-162 拖入素材　　图13-163 添加文字

18≫ 继续使用横排文字工具，在工具选项栏中设置"字体"为"日本邵和体"，"字体大小"为11pt，输入文字，按〈Ctrl+Enter〉快捷键确认输入，使用移动工具调整位置，如图13-164所示。

19≫ 设置"字体"为"微软雅黑"，"字体大小"为4pt，输入文字，如图13-165所示。

图13-164 添加文字　　图13-165 添加文字

20≫ 继续使用横排文字工具，在工具选项栏中设置"字体"为"汉仪润圆"，"字体大小"为7pt，输入文字，按〈Ctrl+Enter〉快捷键确认输入，使用移动工具调整位置，如图13-166所示。

21≫ 使用直排文字工具，设置"字体"为"微软雅黑"，"字体大小"为4pt，输入文字。

按〈Ctrl+O〉快捷键打开二维码素材，使用移动工具 ⊕ 将其插入文件中，调整位置如图13-167所示。

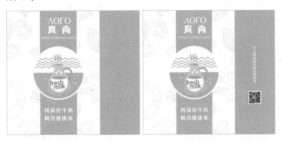

图13-166 添加文字 图13-167 添加二维码

22>> 按〈Ctrl+Shift+Alt+E〉快捷键盖印所有可见图层，使用移动工具 ⊕，将图层向右水平移动，再次按〈Ctrl+Shift+Alt+E〉快捷键盖印所有可见图层，完成平面效果的制作，如图13-168所示。

图13-168 盖印所有图层完成制作

2. 制作立体效果

01>> 执行"文件"→"新建"命令，弹出"新建"对话框，设置参数，如图13-169所示。单击"确定"按钮关闭对话框，新建一个图像文件。

02>> 选择渐变工具 ■，在工具选项栏中单击渐变条 ▣，打开"渐变编辑器"对话框，设置渐变参数，按"径向渐变"按钮 ◉，移动光标至图像窗口中间位置，然后拖动鼠标至图像窗口边缘，填充渐变效果如图13-170所示。

图13-169 "新 图13-170 填充渐变
建"对话框

03>> 切换至平面效果文件，选取矩形选框工具 ▢ 绘制一个矩形选框，按〈Ctrl+C〉快捷键复制，如图13-171所示。

图13-171 创建选区复制正面图形

04>> 切换立体效果文件，按〈Ctrl+V〉快捷键粘贴并调整大小及位置，如图13-172所示。

05>> 按〈Ctrl+T〉组合键，单击右键，在弹出的快捷菜单中选择"斜切"选项，调整效果如图13-173所示。

图13-172 粘贴正面图形 图13-173 斜切

06>> 切换平面效果文件，选取矩形选框工具 ▢ 绘制一个矩形选框，按〈Ctrl+C〉快捷键复制，如图13-174所示。

07>> 切换立体效果文件，按〈Ctrl+V〉快捷键粘贴，并调整大小及位置，如图13-175所示。

图13-174 复制侧面图形 图13-175 粘贴侧面

08>> 按〈Ctrl+T〉组合键，单击鼠标右键，在弹出的快捷菜单中选择"斜切"选项，调整封面效果如图13-176所示。

09>> 选择画笔工具 ✐，设置"画笔大小"为18px，设置前景色为（R42，G95，B122）。使用弯度钢笔工具 ⌗，设置"工具模式"为路径，在手提袋上绘制提手路径，如图13-177所示。

图13-176 斜切 图13-177 绘制提手

10≫ 新建图层"提手"，在路径上单击鼠标右键，在弹出的快捷菜单中选择"描边路径"命令，弹出"描边路径"对话框，设置如图13-178所示。单击"确定"按钮，完成描边，效果如图13-179所示。

图13-178 描边路径　　　　图13-179 描边效果

11≫ 按〈Ctrl+J〉快捷键复制"提手"图层，按〈Ctrl+T〉快捷键显示定界框，调整大小及位置。在"图层"面板中设置混合模式为"正片叠底"，不透明度为35%。效果如图13-180所示。

12≫ 使用画笔工具 在提手两端绘制接口，在图层面板中将"提手 拷贝"图层拖至"提手"图层下方，效果如图13-181所示。

图13-180 制作提手阴影　　　　图13-181 绘制提手接口

13≫ 使用多边形套索工具 绘制选区，如图13-182所示。

14≫ 新建一个图层，选择渐变工具 ，按〈D〉键，恢复前景色和背景色的默认设置，在选区内绘制渐变，如图13-183所示。

图13-182 绘制选区　　　　图13-183 填充渐变

15≫ 按〈Ctrl+D〉快捷键取消选区，在图层面板中设置混合模式为"正片叠底"，不透明度为35%，如图13-184所示。

16≫ 运用相同的操作方式制作另一边的阴影，绘制选区，设置混合模式为"叠加"，不透明度为25%，如图13-185所示。

17≫ 参照前面同样的操作方法，将手提袋正面图形复制一份至立体效果文件中，按〈Ctrl+T〉快捷键，进入自由变换状态，单击鼠标右键，在弹出的快捷菜单中选择"垂直翻转"选项，然后选择"斜切"选项，效果如图13-186所示。

18≫ 制作倒影效果。单击图层面板上的"添加图层蒙版"按钮 ，为图层添加图层蒙版，选择渐变工具 ，按〈D〉键，恢复前景色和背景色的默认设置，在蒙版中填充渐变，如图13-187所示。

图13-184 调整渐变图层　　　　图13-185 制作另一边阴影

图13-186 复制正面图形　　　　图13-187 在蒙版中填充渐变

19≫ 图像效果如图13-188所示。参照上述同样的操作方法，制作手提袋侧面的倒影。

20≫ 按住〈Shift〉快捷键，选择除"背景"图层外的所有图层，按〈Ctrl+J〉快捷键显示定界框，调整手提袋的大小和位置，如图13-189所示。

图13-188 正面倒影效果　　　　图13-189 最终效果

13.6 广告设计

13.6.1 公益广告

本实例练习"快速选择工具"抠图、"图层蒙版""画笔工具""调整图层"等命令的操作，制作一幅保护野生动物的公益广告。

文件路径：源文件\第13章\13.6.1

视频文件：视频\第13章\13.6.1.MP4

01》启用Photoshop后，执行"文件"→"新建"命令，弹出"新建"对话框，设置参数如图13-190所示，单击"确定"按钮，新建一个空白文件。

02》按〈Ctrl+O〉快捷键打开"乌云"素材，使用移动工具 ，将图片素材拖至新建文件中，按〈Ctrl+T〉快捷键显示定界框，在定界框内单击鼠标右键，选择"垂直翻转"命令，调整大小、位置，如图13-191所示，图层面板自动生成"图层1"。

图13-190 "新建"对话框　　图13-191 拖入"乌云"素材

03》单击图层面板底部的"添加图层样式"按钮 ，为"图层 1"添加图层蒙版，使用画笔工具 ，设置前景色为黑色，在蒙版中涂抹图像底部，使其虚化，如图13-192所示。

图13-192 虚化图像底部

04》单击图层面板底部的"创建新的填充或调整图层"按钮 ，添加"色相/饱和度"和"亮度/对比度"调整图层，在属性面板设置参数，单击面板底部的"剪切到图层" 按钮，如图13-193所示。

05》调整效果如图13-194所示。

06》按〈Ctrl+O〉快捷键打开"地面"素材，使用移动工具 ，将图片素材拖至新建文件中，调整大小和位置，如图13-195所示。

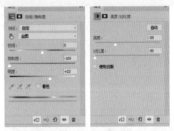

图13-193 添加调整图层

图13-194 调整效果　　图13-195 拖入"地面"素材

07》单击图层面板底部的"添加图层样式"按钮 ，为"图层 2"添加图层蒙版，使用画笔工具 ，设置前景色为黑色，在蒙版中涂抹图像上半部，使乌云透出，如图13-196所示。

图13-196 添加并调整图层蒙版

08》单击"图层"面板底部的"创建新的填充或调整图层" 按钮 ，添加"色相/饱和度"调整图层，在属性面板设置参数，单击面板底部的"剪切到图层"按钮 ，如图13-197所示。

图13-197 添加调整图层

09≫ 单击图层面板底部的"创建新图层"按钮 🖼，新建"图层3"，使用画笔工具 🖊，选择柔边圆画笔，设置前景色为黑色，在画面中间区域绘制一条阴影，并将图层"不透明度"设置为66%，如图13-198所示。

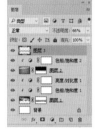

图13-198 绘制阴影

10≫ 按〈Ctrl+O〉快捷键打开"鹿"素材，使用快速选择工具 🖌 将鹿本身选中，如图13-199所示。

图13-199 创建选区

11≫ 按〈Ctrl+C〉快捷键复制选区，切换至新建文件中，按〈Ctrl+V〉快捷键粘贴选区，自动生成"图层 4"，调整大小和位置，如图13-200所示。

图13-200 复制选区至文件中

12≫ 按〈Ctrl+J〉快捷键复制"图层 4"，对复制图层执行"滤镜"→"锐化"→"USN锐化"命令，设置参数如图13-201所示。按〈Ctrl+Alt+G〉快捷键创建剪贴蒙版，效果如图13-202所示。

图13-201
"USM锐化"
对话框

图13-202 图像效果

13≫ 单击图层面板底部的"创建新的填充或调整图层"按钮 ⬤，添加"色相/饱和度"调整图层，在属性面板设置参数，单击面板底部的"剪切到图层"按钮 🔲，效果如图13-203所示。

图13-203 添加调整图层

14≫ 在"图层4"下方新建图层，使用画笔工具 🖊，选择柔边圆画笔，设置前景色为黑色，在鹿脚下方绘制投影，调整图层不透明度，效果如图13-204所示。

15≫ 按〈Ctrl+O〉快捷键打开"房子"素材，使用多边形套索工具 🔺 选中房子，生成选区，如图13-205所示。

图13-204 绘制投影　　　　图13-205 选中房子

16≫ 按〈Ctrl+C〉快捷键复制选区，切换至新建文件中，按〈Ctrl+V〉快捷键粘贴选区，自动生成"图层 5"，调整大小和位置，如图13-206所示。

图13-206 粘贴选区

17≫ 单击图层面板底部的"添加图层样式"按钮 🔲，为"图层 5"添加图层蒙板，使用画笔工具 🖊，设置前景色为黑色，在蒙版中涂抹，使房子与鹿身融合，如图13-207所示。

18≫ 单击图层面板底部的"创建新的填充或调整图层"按钮 ⬤，添加"色相/饱和度"调整图层，在属性面板设置参数，单击面板底部的"剪切到图层"按钮 🔲，如图13-208所示。

图13-207 融合房子与鹿身

图13-209 添加文字

20≫ 使用直线工具 ／，在工具选项栏中设置"工具模式"为形状，在画面中绘制直线，调整位置，最终效果如图13-210所示。

图13-208 添加调整图层

图13-210 最终效果

19≫ 设置前景色为白色，使用横排文字工具 T，设置"字体"为Algerian和Berlin Sans FB，"字体大小"为12 pt和8 pt，输入文字，调整位置，如图13-209所示。

13.6.2 运动品牌广告

本实例练习"图层蒙版"、"文字工具"和"调整图层"的操作，制作一幅运动品牌的广告。

 文件路径：源文件\第13章\13.6.2

视频文件：视频\第13章\13.6.2.MP4

01≫ 打开素材文件，创建"色相/饱和度""色彩平衡"调整图层。

02≫ 新建图层组，使用直线工具 ／绘制直线，调整位置。

03≫ 使用自定形状工具 绘制三角形，添加几何元素。

04≫ 将"形状"素材拖入图像中，使用直排文字工具 IT 输入文字。

05≫ 添加"投影"样式。

06≫ 创建"色相/饱和度"和"色阶"调整图层。

13.7 文字特效

13.7.1 立体剪纸文字

本实例通过使用"文字工具""椭圆工具"结合"图层样式""颜色填充"等命令的操作，制作立体剪纸风格的文字效果。

文件路径：源文件\第13章\13.7.1

视频文件：视频\第13章\13.7.1.MP4

01≫ 启用Photoshop后，执行"文件"→"新建"命令，弹出"新建"对话框，设置参数如图13-211所示，单击"确定"按钮，新建一个空白文件。

02≫ 执行"编辑"→"填充"命令，将背景填充为（R238，G255，B255），如图13-212所示。

图13-211 新建文件　　图13-212 填充背景

03≫ 使用横排文字工具 T，分别输入文字"青"和"春"，在选项栏中设置字体为"汉仪晓波折纸体简"，字体大小为360点，填充黑色，如图13-213所示，创建分组，如图13-214所示。

图13-213 输入文字　　图13-214 创建分组

04≫ 按〈Ctrl+J〉快捷键复制"青"图层，在复制图层上单击鼠标右键，选择"栅格化文字"命令，将文字栅格化。单击"青"文字图层缩览图前的眼睛图标 👁，将其隐藏，如图13-215所示。

05≫ 选中"栅格化文字图层"，按〈Ctrl+T〉快捷键显示定界框，在定界框内单击鼠标右键，选择"透视"命令，调整透视效果如图13-216所示。

图13-215 栅格化复制图层　　图13-216 "透视"效果

06≫ 双击栅格化后的文字图层，在弹出的"图层样式"对话框中依次添加"斜面和浮雕"和"颜色叠加"，如图13-217、图13-218所示。

图13-217 "斜面和浮雕"参数　　图13-218 "颜色叠加"参数

07≫ 单击"确定"按钮，添加样式，效果如图13-219所示。

08≫ 按〈Ctrl+J〉快捷键复制图层，按〈Ctrl+T〉快捷键显示定界框，按键盘中〈→〉键移动复制图层，按〈Shift〉键确认变换，再连续按〈Ctrl+Shift+Alt+T〉快捷键多次应用变换，绘制厚度，如图13-220所示。

09≫ 对图层进行编组，将最顶层的复制图层单独创建为"组 2"，如图13-221所示。

图13-219 样式效果　　图13-220 多次应用变换　　图13-221 创建新组

10≫ 双击"青 拷贝"图层，弹出"图层样式"对话框，在原有样式上添加"投影"选项，参数设置如图13-222所示，效果如图13-223所示。

图13-222 "投影"参数　　图13-223 "投影"效果

11≫ 双击"组 2"中的"青 拷贝 17"图层，在弹出的"图层样式"对话框中修改"颜色叠加"样式参数，效果如图13-224、图13-225所示

12≫ 运用"组 1"中绘制厚度的方式，绘制第二层厚度，如图13-226所示。

13≫ 双击最顶层的"青 拷贝 34"图层，弹出"图层样式"对话框，在原有样式上添加"内阴影"选项，参数设置，如图13-227所示。

图13-224 "颜色叠加"
参数

图13-225 "颜色叠加"
效果

图13-233 "斜面和
浮雕"参数

图13-234 绘制厚度

19≫ 单击图层面板底部的"创建新图层"按钮▣，新建图层为"图层 2"，使用画笔工具✏，设置前景色为黑色，选择柔边圆画笔，绘制文字上的阴影，如图13-235所示。

20≫ 在图层面板中将"图层 2"的"混合模式"设置为正片叠底，如图13-236所示。

图13-226 制作厚度

图13-227 "内阴影"
参数

14≫ 单击"确定"按钮，效果，如图13-228所示。

15≫ 在图层面板中，创建新组，在新组内创建新图层，如图13-229所示。

图13-228 "内阴影"效果

图13-229 创建新组和
新图层

16≫ 选择"组 2"中最顶层的"青 拷贝 34"图层，按住〈Ctrl〉键单击图层缩览图，载入选区，如图13-230所示。选择上一步中的新建图层，再执行"编辑"→"描边"命令，在"描边"对话框中设置参数，如图13-231所示，效果如图13-232所示。

图13-235 绘制
阴影

图13-236 更改"混合模式"

21≫ 运用相同的方式，制作"春"字效果，调整位置如图13-237所示。

图13-237 完成文字制作

22≫ 使用椭圆工具◯，在工具选项栏中选择"工具模式"为"形状"，设置"填充"为无，"描边颜色"为（R51，G185，B214），"描边大小"为30像素，绘制大小为2200像素×2200像素的正圆，再绘制"描边大小"为15像素，大小为2050像素×2050像素的同心圆，将图层拖至"背景"图层上方，置于文字下方，如图13-238所示。

23≫ 按〈Ctrl〉键选择两个同心圆图层，单击鼠标右键将它们转换为"智能对象"，单击图层面板底部的"添加图层蒙版"按钮▢，为智能对象添加图层蒙版，如图13-239所示。

24≫ 使用画笔工具✏，设置前景色为黑色，在蒙版中涂抹被文字遮挡住的区域，并将圆环折断，如图13-240所示。

图13-230 载
入选区

图13-231 "描
边"参数

图13-232 "描
边"效果

17≫ 双击"图层 1"，在弹出的"图层样式"对话框中依次添加"斜面和浮雕"样式，如图13-233所示。

18≫ 运用之前的方式，绘制厚度，图像效果如图13-234所示。

图13-238 绘制同心圆

图13-239 添加图层蒙版

图13-240 编辑图层蒙版

图13-241 添加素材

25≫ 按〈Ctrl+O〉快捷键打开素材文件，使用移动工具 ⊕，将其拖至文件中，调整大小和位置，如图13-241所示。

26≫ 双击该图层，在弹出的"图层样式"对话框中添加"投影"样式，效果如图13-242所示。

27≫ 单击"确定"按钮，添加样式，最终效果如图13-243所示。

图13-242 "投影"参数

图13-243 最终效果

13.7.2 特效质感文字

本实例练习了"渐变工具""文字工具""图层样式"等操作，制作圣诞文字的特效质感效果。

 文件路径：源文件\第13章\13.7.2

 视频文件：视频\第13章\13.7.2.MP4

01≫ 打开背景素材，创建"色彩平衡"调整图层。

02≫ 新建图层，使用渐变工具 ■，创建渐变。设置"混合模式"和"不透明度"。

03≫ 添加图层蒙版。使用画笔工具 ✎ 涂抹。

04≫ 打开"圣诞边框"和"雪花边框"等素材文件，将其拖至文件中，调整大小、位置和图层顺序。

05≫ 使用横排文字工具 T，输入文字。

06≫ 添加"斜面和浮雕"、"描边"和"内阴影"样式效果。

07≫ 扩展文字选区，创建新图层，填充选区，添加"斜面和浮雕"、"外发光"和"投影"的样式。

08≫ 添加"高斯模糊"效果。

13.8 淘宝装修

13.8.1 店招设计

本实例练习了"矩形工具"、"图层样式"、"圆角矩形工具"和"文字工具"的操作，制作简约的几何风格店招。

 文件路径：源文件\第13章\13.8.1

 视频文件：视频\第13章\13.8.1.MP4

01▶▶ 启用Photoshop后，执行"文件"→"新建"命令，弹出"新建"对话框，设置参数如图13-244所示。

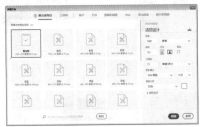

图13-244 "新建"对话框

02▶▶ 填充背景为（R252，G237，B242），如图13-245所示。

图13-245 填充背景

03▶▶ 使用矩形工具 □，在工具选项栏中选择"工具模式"为"形状"，设置"填充"为无，"描边颜色"为（R241，G220，B246），"描边大小"为65像素，绘制大小为800像素×800像素的矩形。

04▶▶ 双击矩形图层，在弹出的"图层样式"对话框中添加"斜面和浮雕"样式，调整矩形位置，如图13-246、图13-247所示。

图13-246 "斜面   图13-247 "斜面与浮雕"效果
与浮雕"参数

05▶▶ 继续使用矩形工具 □，绘制大小为310像素×124像素的矩形，设置填充颜色为（R238，G70，B145），调整位置，如图13-248所示。在图层面板中更改该矩形图层的"不透明度"为40%，如图13-249所示。

图13-248 绘制矩形并调整位置   图13-249 设置"不
透明度"

06▶▶ 双击该图层，在弹出的"图层样式"对话框中添加"斜面和浮雕"样式，如图13-250所示。

图13-250 "斜面与浮雕"参数及效果

07▶▶ 按〈Ctrl+J〉快捷键复制矩形图层及其图层样式，在矩形工具的工具选项栏中修改填充颜色为（R247，G189，B214），在图层面板中更改复制矩形图层的"不透明度"为58%，调整位置，如图13-251所示。

图13-251 复制矩形

08▶▶ 运用相同的方式，在店招的左端绘制矩形，如图13-252所示。

图13-252 绘制矩形

09▶▶ 继续使用矩形工具 □，按住〈Shift〉键绘制两个大小为25像素×25像素的正方形，分别设置填充颜色为（R249，G197，B219）和（R219，G219，B243），按〈Ctrl+J〉复制两个正方形图层，调整位置，如图13-253所示。

图13-253 绘制矩形并调整位置

10▶▶ 单击图层面板底部的"创建新组"按钮 □，创建"菜单栏"组，使用矩形工具 □，绘制大小为1920像素×32像素的矩形，设置填充颜色为（R238，G144，B175），对齐背景底部，如图13-254所示。

图13-254 绘制状态栏矩形

11▶▶ 使用直线工具 ∕，绘制长度为15像素的白色短直线。使用移动工具 ✛，分别选中图层，将它们移动到合适位置，如图13-255所示。

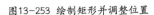

图13-255 绘制间隔线

12▶▶ 设置前景色为白色，使用横排文字工具 T，分别输入导航栏文字，在工具选项栏中设置"字体"为"微软雅黑"，"字体大小"为14pt。使用移动工具 ✛，分别选中图层，将它们移动到合适位置，如图13-256所示。

图13-256 输入导航栏文字

13》 使用横排文字工具 **T**，输入Logo文字，在工具选项栏中设置"字体"为"微软雅黑"，"字体大小"为36pt，"文字颜色"为（R254,G4,B68），使用移动工具 ✛，调整位置如图13-257所示。

14》 使用直线工具 ╱ 绘制长度为70像素的灰色直线。再使用横排文字工具 **T** 输入店铺名称和广告语，在工具选项栏中设置"字体"为"微软雅黑"，"字体大小"分别为35pt和14pt，"文字颜色"为（R227,G71,B123）。使用移动工具 ✛，调整位置如图13-258所示。

图13-257 添加Logo　　图13-258 添加文字并调整位置
文字

15》 使用圆角矩形工具 ◻，在工具选项栏中设置"填充"为无，"描边颜色"为（R227,G71,B123），"描边大小"为1像素，在画面中单击，在弹出的"创建圆角矩形"对话框中设置参数，如图13-259所示。

16》 使用自定形状工具 ✿，在工具选项栏中设置同上相同的参数，选择放大镜形状，在画面中绘制形状。使用移动工具 ✛，调整位置如图13-260所示。

17》 使用椭圆工具 ◯，在工具选项栏中设置与上相同的参数，在画面中单击，绘制大小为80像素×80像素的正圆形。

18》 使用横排文字工具 **T**，分别输入"收"和"藏"字，依次设置参数如图13-261、图13-262所示。

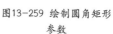

图13-259 绘制圆角矩形　　图13-260 绘制形状
参数

图13-261 "藏"　　图13-262 "收"

19》 依次使用横排文字工具 **T** 和直排文字工具 **IT**，在工具选项栏中更改"文字大小"为8pt，输入文字并调整位置，如图13-263、图13-264所示。

20》 在图层面板中选择"藏"字图层，按〈Ctrl+J〉快捷键复制图层，将其拖至原图层下方，在工具选项栏中修改"字体颜色"为白色，使用移动工具 ✛，按〈↓〉键，稍微调整文字位置。

图13-263 输入文字并调整　　图13-264 复制文字并调
位置　　　　　　　整参数

21》 完成店招设计与制作，最终效果如图13-265所示。

图13-265 最终效果

13.8.2 新品上市海报设计

本实例练习"渐变工具""椭圆工具""文字工具"和"图层样式"的操作，制作新品上市海报图。

💿 文件路径：源文件\第13章\13.8.2
📀 视频文件：视频\第13章\13.8.2.MP4

01》 新建文件，绘制渐变。

02》 打开"底纹"素材，拖入文件中并调整位置，设置"不透明度"。

03》 使用椭圆工具 ◯，绘制圆形。添加"渐变叠加"和"投影"样式。

04》 使用横排文字工具 **T** 输入文字，添加"投影"样式。

05》 使用直线工具 ╱ 绘制直线，调整位置。

06》 使用圆角矩形工具 ◻ 绘制圆角矩形，调整位置。添加"渐变叠加"和"投影"图层样式。

13.8.3 主图设计

本实例练习"钢笔工具"、"图层样式"和"圆角矩形工具"的操作，制作零食大礼包主图。

文件路径：源文件\第13章\13.8.3

视频文件：视频\第13章\13.8.3.MP4

01》 新建文件。使用矩形工具 □ 绘制矩形，调整位置。

02》 复制多个矩形，应用变换，铺满画面。

03》 新建图层，使用钢笔工具 ⌀ 绘制路径，填充为白色。

04》 收缩选区，填充渐变，添加"描边"样式。

05》 新建图层，使用画笔工具 ✐ 绘制图案。

06》 打开"商品"素材，移至背景图层上。

07》 使用横排文字工具 T 输入文字，添加"描边"样式。

08》 使用圆角矩形工具 ◻ 绘制圆角矩形。

09》 添加文字和小装饰，完成主图的制作。

13.9 UI 设计

13.9.1 扁平化图标设计

本实例练习"椭圆工具""图层样式""自由变换"等命令的操作，制作扁平化的天气图标。

文件路径：源文件\第13章\13.9.1

视频文件：视频\第13章\13.9.1.MP4

01》 启用Photoshop后，执行"文件"→"新建"命令，弹出"新建"对话框，如图13-266所示，单击"确定"按钮，新建文件。

02》 使用渐变工具 ▭，在背景图层上绘制线性渐变，如图13-267所示。

03》 使用椭圆工具 ◯，在工具选项栏中设置"工

具模式"为"形状"，"填充"为黑色，"描边"为无，在画面单击，绘制大小为550像素×57像素的椭圆，如图13-268所示。

04》 在弹出的属性面板中单击蒙版按钮 ◻，设置"羽化"为38像素，调整位置如图13-269所示。

图13-266 新建文件

图13-267 绘制线性渐变

图13-268 绘制形状

图13-269 羽化形状

05》 在"图层"面板底部单击"添加图层蒙版"按钮 ◻，在"椭圆 1"图层上添加蒙版，使用画笔工具 ✐，设置前景色为黑色，在蒙版中涂抹，遮盖上半部，如图13-270所示。

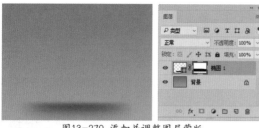

图13-270 添加并调整图层蒙版

06≫ 使用圆角矩形工具 ⬜，使用绘制椭圆时相同的设置，在画面单击，在弹出的对话框中设置参数，如图13-271所示，绘制圆角矩形并调整位置如图13-272所示。

图13-271 "绘制圆角
矩形"参数　　　图13-272 绘制圆角矩形

07≫ 双击该图层，在弹出的"图层样式"对话框中添加"渐变叠加"样式，如图13-273、图13-274所示。

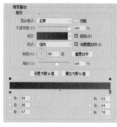

图13-273 "渐变叠
加"参数　　　图13-274 "渐变叠加"效果

08≫ 使用椭圆工具 ⬭，在画面中绘制5个黑色正圆形，调整它们的位置，组合成云朵的形状，如图13-275所示。

09≫ 在"图层"面板中设置5个椭圆图层的"不透明度"为15%，如图13-276所示。

图13-275 绘制云朵　　　图13-276 调整"不透明度"

10≫ 合并5个椭圆图层，命名为"云朵"，并复制合并图层两次，将复制图层的"不透明度"设置为100%，如图13-277所示。

11≫ 选择"云朵"图层，使用移动工具 ✛，将其垂直往下拉，制作云朵阴影，如图13-278所示。

图13-277 复制图层　　　图13-278 制作云朵阴影

12≫ 双击"云朵 拷贝"图层，在弹出的"图层样式"对话框中添加样式，如图13-279、图13-280所示。

图13-279 "斜面和浮雕"　　　图13-280 "渐变叠
参数　　　加"参数

13≫ 单击"确定"按钮，添加样式，如图13-281所示。选择"云朵 拷贝2"，选择椭圆工具 ⬭，在工具选项栏中更改"填充"为（R97，G101，B112），按〈Ctrl+T〉快捷键显示定界框，等比例适当缩放，显示下面图层的立体边缘，如图13-282所示。

图13-281 图层样式效果　　　图13-282 制作立体效果

14≫ 运用相同的方式，使用椭圆工具 ⬭绘制另一层云朵，在工具选项栏中设置"填充"为（R131，G135，B145），调整大小和位置如图13-283所示。

15≫ 在图层面板中同时选中5个椭圆图层，并将其合并，命名为"云朵 2"，如图13-284所示。

图13-283 绘制上层云朵　　　图13-284 合并形状

16≫ 双击"云朵 2"图层，在弹出的"图层样式"对话框中添加样式，如图13-285所示。运用"云朵1"阴影的制作方式，制作"云朵 2"的阴影，如图13-286所示。

图13-285 "斜面和浮雕"参数　　　图13-286 制作阴影

17≫ 使用钢笔工具 ∅.绘制"闪电"路径，如图13-287所示。

18≫ 在"云朵 2"图层上方新建图层，填充路径为（R253，G202，B22），如图13-288所示。

图13-287 绘制闪电路径　　　图13-288 填充闪电路径

19≫ 运用步骤3、4中的方式，使用椭圆工具 ○.制

作"闪电"的光影，填充为（R253，G147，B22），如图13-289所示。

20≫ 使用椭圆工具 ○.绘制白色小椭圆，对其进行变形，制作"雨滴"形状，如图13-290所示。

图13-289 制作闪电光影　　　图13-290 绘制雨滴

21≫ 按〈Enter〉键确认变形，添加图层样式，设置参数如图13-291所示。

22≫ 单击"确认"按钮，添加图层样式。按〈Ctrl+J〉快捷键复制多层"雨滴"，调整大小及位置，完成图标的制作，最终效果如图13-292所示。

图13-291 "投影"参数　　　图13-292 最终效果

13.9.2 立体图标设计

本实例练习"圆角矩形工具""圆形工具""图层样式"等命令的操作，制作立体图标效果。

文件路径：源文件\第13章\13.9.2

视频文件：视频\第13章\13.9.2MP4

01≫ 新建文件，复制图层，添加图层样式。

02≫ 新建图层，绘制亮光，降低"不透明度"，压缩图像。

03≫ 使用圆角矩形工具 ○.绘制形状。

04≫ 使用矩形工具 □.绘制矩形，添加"渐变叠加"样式。

05≫ 创建剪贴蒙版。

06≫ 转换成智能对象，添加"马赛克"效果。

07≫ 复制图层，添加"照亮边缘"效果。设置"混合模式"和"不透明度"。

08≫ 使用椭圆工具 ○.绘制圆形，调整位置，添加图层样式。

09≫ 使用横排文字工具 T.输入字母，添加图层样式。

10≫ 盖印可见图层，制作投影。

13.9.3 写实图标设计

本实例练习"圆角矩形工具""圆形工具""图层样式""自由变换"等命令的操作，制作写实的时钟图标。

文件路径：源文件\第13章\13.9.3

视频文件：视频\第13章\13.9.3.MP4

01≫ 启用Photoshop后，执行"文件"→"新建"命令，弹出"新建"对话框，如图13-293所示，设置"背景内容"为（R230，G219，B201），单击"确定"按钮，新建文件。

02≫ 使用圆角矩形工具 ，在工具选项栏中设置"工具模式"为"形状"，"填充"为（R248，G239，B224），"描边"为无，在画面中单击，在弹出的对话框中设置参数，如图13-294所示。单击"确定"按钮，调整位置如图13-295所示。

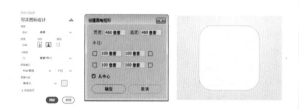

图13-293 "新 图13-294 "创建圆 图13-295 调整"圆角建"对话框　　　角矩形"参数　　　矩形"位置

03≫ 按〈Ctrl+J〉快捷键复制"圆角矩形"图层，命名为"阴影"，在工具选项栏中修改"填充"为黑色。在"图层"面板中将其拖至"圆角矩形"图层下方，并设置"混合模式"为"正片叠底"，"不透明度"为25%，调整其位置，如图13-296所示。

图13-296 复制图层并调整位置

04≫ 在"投影"图层上单击鼠标右键，将其转换为"智能对象"，执行"滤镜"→"模糊"→"动感模糊"命令，在弹出的"动感模糊"对话框中设置参数并确认，如图13-297所示。完成投影的制作。

05≫ 双击"圆角矩形"图层，在弹出的"图层样式"对话框中设置参数，如图13-298所示。

图13-297 动感模糊效果

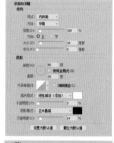

图13-298 添加图层样式

06≫ 使用椭圆工具 ，在工具选项栏中设置"工具模式"为"形状"，"填充"为（R230，G222，B208），"描边"为无，按住〈Shift〉键在画面中绘制大小为300px×300px的正圆形，调整位置，如图13-299所示。

图13-299 绘制圆形

07▷ 双击"椭圆 1"图层，在弹出的"图层样式"对话框中设置参数，如图13-300所示。

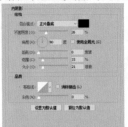

图13-300 添加图层样式

08▷ 使用椭圆工具 ◯，按住〈Shift〉键在画面中绘制大小为210像素×210像素的正圆形，调整位置，如图13-301所示。

图13-301 绘制圆形

09▷ 双击"椭圆 2"图层，在弹出的"图层样式"对话框中设置参数，如图13-302所示。

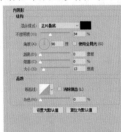

图13-302 添加图层样式

10▷ 运用相同的方式绘制大小为149像素×149像素的正圆形，调整位置并添加图层样式，如图13-303所示。

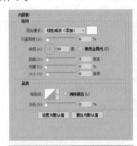

图13-303 添加图层样式

11▷ 使用矩形工具 ▢，在工具选项栏中设置"工具模式"为"形状"，"填充"为（R232，G74，B88），"描边"为无，在画面中单击，绘制大小为180像素×8像素的矩形，按〈Ctrl+T〉快捷键显示定界框，单击鼠标右键选择"透视"命令，调整为指针形状，调整位置，如图13-304所示。

12▷ 选择该图层命名为"秒针"，再双击"秒针"图层，在弹出的"图层样式"对话框中设置参数，如图13-305所示。

图13-304 绘制"指针"　　　　图13-305 "投影"参数

13▷ 使用矩形工具 ▢，在工具选项栏中更改"填充"为白色，在画面中单击，绘制大小为180像素×20像素的矩形并命名为"高光"，调整位置，使其遮挡住红色指针的一半，如图13-306所示。

图13-306 绘制矩形

14▷ 在图层面板中更改"高光"图层的"不透明度"为15%，在图层上单击右键选择"创建剪贴蒙版"命令，创建与"秒针"图层的剪贴蒙版，如图13-307所示。

图13-307 绘制指针高光

15》 运用相同的方式绘制"分针"和"时针"，使用移动工具 ⊕ 调整位置，并对图层进行编组管理，如图13-308所示。

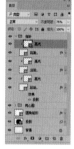

图13-308 绘制分针和时针

16》 使用椭圆工具 ○ ，在工具选项栏中设置"工具模式"为"形状"，"填充"为白色，"描边"为无，按住〈Shift〉键在画面中绘制大小为36像素×36像素的正圆形，调整位置，添加图层样式，如图13-309所示。

图13-309 绘制圆形并添加图层蒙版

17》 继续使用椭圆工具 ○ ，按住〈Shift〉键在画面中绘制大小为19像素×19像素的正圆形，调整位置，添加图层样式，如图13-310所示。

18》 使用移动工具 ⊕ 调整位置，如图13-311所示。

19》 使用横排文字工具 T ，在工具选项栏中设

置"字体"为WinSoft Pro，"字体大小"为48，"字体颜色"为（R201，G193，B176），输入数字，按〈Ctrl+Enter〉快捷键确认。添加图层样式如图13-312所示。

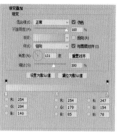

图13-310 绘制圆形并添加图层蒙版

图13-311 调整位置

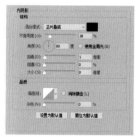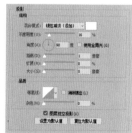

图13-312 添加图层样式

20》 运用相同的方式，使用横排文字工具 T 继续输入其他数字，使用移动工具 ⊕ 调整位置，最终效果如图13-313所示。

图13-313 最终效果

13.9.4 控件按钮

本实例练习"圆角矩形工具""矩形选框工具工具""套索工具""图层样式"等命令的操作，制作控件按钮。

文件路径：源文件\第13章\13.9.4

视频文件：视频\第13章\13.9.4.MP4

01≫ 新建文件，打开"皮革纹理"素材，拖至新建文件中，调整大小和位置。

02≫ 添加"纯色…"调整图层，填充颜色，更改"混合模式"。

03≫ 使用椭圆选框工具○绘制选区。设置"羽化"，更改"混合模式"和"不透明度"。

04≫ 使用 "圆角矩形工具" ○绘制形状，添加"斜面与浮雕""颜色叠加"及"外发光"样式效果。

05≫ 使用"直接选择工具" ▷编辑锚点，添加图层样式。

06≫ 新建图层。使用套索工具 ○创建选区，填充线性渐变。

07≫ 打开"木纹"素材并添加到文档中，添加蒙版，设置"混合模式"。

08≫ 使用横排文字工具 T输入文字，添加"渐变叠加"及"投影"样式。

附录

附录A Photoshop CC2018的快捷键索引

为了方便用户查阅和使用Photoshop 快捷键进行图像操作，现将常用的工具、面板和命令快捷键列表如下。

1. 工具快捷键

快捷键	工 具	快捷键	工 具
A	直接选择工具	N	3D环绕工具
B	画笔工具	O	减淡/加深/海绵工具
C	裁切工具	P	钢笔工具
D	转换前/背景色为默认颜色	Q	进入快速蒙版状态
E	橡皮擦工具	R	旋转视图工具
F	满屏显示切换	S	图章工具
G	渐变/油漆桶工具	T	文字工具
H	抓手工具	U	形状工具
I	吸管工具	V	移动工具
J	修复工具	W	魔棒工具
K	3D旋转工具	X	交换前/背景色
L	套索工具	Y	历史记录画笔工具
M	选框工具	Z	缩放工具

2. 面板显示常用快捷键

快捷键	工 具
F1	打开帮助
F2	剪切
F3	复制
F4	粘贴
F5	隐藏/显示画笔面板
F6	隐藏/显示颜色面板
F7	隐藏/显示图层面板
F8	隐藏/显示信息面板
F9	隐藏/显示动作面板
Tab	显示/隐藏所有面板
Shift + Tab	显示/隐藏工具箱外的面板

3. 选择和移动时所使用的快捷键

快捷键	功 能
任一选择工具 + 空格键 + 拖动	选择时移动选择区域的位置
任一选择工具 + Shift + 拖动	在当前选区添加选区
任一选择工具 + Alt + 拖动	从当前选区减去选区
任一选择工具 + Shift + Alt + 拖动	交叉当前选区
Shift + 拖动	限制选择为方形或圆形
Alt + 拖动	以某一点为中心开始绘制选区
Ctrl	临时切换至移动工具
Alt + 单击	从套索工具临时切换至多边形套索工具
Alt + 拖动	从磁性套索工具临时切换至套索工具
Alt + 拖动	从磁性套索工具临时切换至多边形套索工具

快捷键	功 能
Alt + 单击	从多边形套索工具临时切换至套索工具
+ Alt + 拖动选区	移动复制选区图像
任一选择工具 + ←、→、↑、↓	每次移动选区1个像素
Ctrl + ←、→、↑、↓	每次移动图层1个像素
Shift + 拖动参考线	将参考线紧贴至标尺刻度
Alt + 拖动参考线	将参考线更改为水平或垂直

4. 编辑路径时所使用的快捷键

快捷键	功 能
+ Shift + 单击	选择多个锚点
+ Alt + 单击	选择整个路径
+ Alt + Ctrl + 拖动	复制路径
Ctrl + Alt + Shift + T	重复变换复制路径
Ctrl	从任一钢笔工具切换至
Alt	从 切换至
Alt + Ctrl	指针在锚点或方向点上时从 切换至
任一钢笔工具 + Ctrl + Enter	将路径转换为选区

5. 菜单命令快捷键

菜单	快捷键	功 能
文件菜单	Ctrl + N	打开"新建"对话框，新建一个图像文件
	Ctrl + O	打开"打开"对话框，打开一个或多个图像文件
	Ctrl + Alt + Shift + O	打开"打开为"对话框，以指定格式打开图像
	Ctrl + Alt + O	打开Bridge
	Ctrl + W或Alt + F4	关闭当前图像文件
	Ctrl + Alt + W	关闭全部
	Ctrl + Shift + W	关闭并转移到Bridge
	Ctrl + S	保存当前图像文件
	Ctrl + Shift + O	打开Bridge浏览图像
	Ctrl + Shift + S	打开"另存为"对话框保存图像
	Ctrl + Alt + Shift + S	将图像保存为网页
	Ctrl + Shift + P	打开"页面设置"对话框
	Ctrl + P	打开"打印"对话框，预览和设置打印参数
	Ctrl + Alt + Shift + P	打印复制
	F12	恢复图像到最近保存的状态
	Alt + F4或Ctrl + Q	退出Photoshop程序

菜单	快捷键	功能
编辑菜单	Ctrl + K	打开"首选项"对话框，设置Photoshop的操作环境
	Ctrl + Z	还原和重做上一次的编辑操作
	Ctrl + Shift + Z	还原前一次操作
	Ctrl + Alt + Z	重做后一次操作
	Ctrl + Shift + F	渐隐
	Ctrl + X	剪切图像
	Ctrl + C	复制图像
	Ctrl + Shift + C	合并复制所有图层中的图像内容
	Ctrl + V或F4	粘贴图像
	Ctrl + Shift + V	粘贴图像到选择区域
	Delete	清除选取范围内的图像
	Shift+F5	打开"填充"对话框
	Alt + Delete	用前景色填充图像或选取范围
	Ctrl + Delete	用背景色填充图像或选取范围
	Ctrl + T	自由变换图像
	Ctrl + Shift + T	再次变换
图像	Ctrl + L	打开"色阶"对话框调整图像色调
	Ctrl + Shift + L	执行"自动色调"命令
	Ctrl + Alt + Shift + L	执行"自动对比度"命令
	Ctrl + Shift + B	执行"自动颜色"命令
菜单	Ctrl + M	打开"曲线"对话框，调整图像的色彩和色调
	Ctrl + B	打开"色彩平衡"对话框，调整图像的色彩平衡
	Ctrl + U	打开"色相/饱和度"对话框，调整图像的色相、饱和度和亮度
	Ctrl + Shift + U	执行"去色"命令，去除图像的色彩
	Ctrl+Alt+Shift+B	打开"黑白"调整对话框
	Ctrl + I	执行"反相"命令，将图像颜色反相
	Ctrl+Alt+I	打开"图像大小"对话框
	Ctrl+Alt+C	打开"画布大小"对话框
图层菜单	Ctrl + Shift + N	打开"新建图层"对话框，建立新的图层
	Ctrl + J	将当前图层选取范围内的内容复制到新建的图层，若当前无选区，则复制当前图层
	Ctrl + Shift + J	将当前图层选取范围内的内容剪切到新建的图层
	Ctrl + G	新建图层组
	Ctrl + Shift +G	取消图层编组
	Ctrl+Alt+G	创建/释放剪切蒙版
	Ctrl + Shift +]	将当前图层移动到最顶层
	Ctrl +]	将当前图层上移一层
	Ctrl + [	将当前图层下移一层
	Ctrl + Shift + [	将当前图层移动到最底层
	Ctrl + E	将当前图层与下一图层合并（或合并链接图层）
	Ctrl + Shift + E	合并所有可见图层

菜单	快捷键	功能
选择菜单	Ctrl + A	全选整个图像
	Ctrl + Alt + A	全选所有图层
	Ctrl + D	取消选择
	Ctrl + Alt + R	打开"调整边缘"对话框
	Ctrl + Shift + D	重复上一次范围选取
	Ctrl + Shift + I或 Shift+F7	反转当前选取范围
	Shift+F6	打开"羽化"对话框，羽化选取范围
视图菜单	Ctrl + Y	校样图像颜色
	Ctrl + Shift + Y	色域警告，在图像窗口中以灰色显示不能印刷的颜色
	Ctrl + +	放大图像显示
	Ctrl + −	缩小图像显示
	Ctrl + 0	满画布显示图像
	Ctrl + Alt + 0或 Ctrl +1	以实际像素显示图像
	Ctrl + H	显示/隐藏选区蚂蚁线、参考线、路径、网格和切片
	Ctrl + Shift + H	显示/隐藏路径
	Ctrl + R	显示/隐藏标尺
	Ctrl +;	显示/隐藏参考线
	Ctrl + '	显示/隐藏网格
	Ctrl + Alt + ;	锁定参考线
滤镜菜单	Ctrl+Alt+F	执行上一次滤镜
	Alt+Shifl+Ctrl+A	白适应广角
	Shift+Ctrl+A	Camera Raw滤镜
	Shift+Ctrl+R	镜头校正
	Shift+Ctrl+X	液化
	Alt+Ctrl+V	消失点

6. 图像窗口查看快捷键

快捷键	作用
双击工具箱🖐工具或按Ctrl + 0 键	满画布显示图像
Ctrl ＋＋	放大视图显示
Ctrl ＋－	缩小视图显示
Ctrl ＋ Alt ＋ 0	实际像素显示
任意工具 ＋ Space键	切换至抓手工具（🖐），拖拽鼠标可移动图像窗口中的图像
Ctrl ＋ Tab	切换至下一幅图像
Ctrl ＋ Shift ＋ Tab	切换至上一幅图像
Page Down	图像窗口向下滚动一屏
Page Up	图像窗口向上滚动一屏

快 捷 键	作 用
Shift + Page Down	图像窗口向下滚动10像素
Shift + Page Up	图像窗口向上滚动10像素
Home	移动图像窗口至左上角
End	移动图像窗口至右下角

7. 图层面板常用快捷键

Ctrl + Shift +N	新建图层
Alt + Ctrl + G	创建/释放剪贴蒙版
Ctrl + E	合并图层
Shift + Ctrl + E	合并可见图层
Alt + [或]	选择下一个或上一个图层
Shift + Alt +]	激活底部或顶部图层
设置图层的不透明度	快速输入数字键，例如5=50%，16=16%

8. 画笔面板常用快捷键

快 捷 键	作 用
Alt + 单击画笔	删除画笔
[ ]	加大或减少画笔尺寸
Shift + [ ]	加大或减少画笔硬度
〈 〉	循环选择画笔

9. 文字编辑快捷键

快 捷 键	作 用
T + Ctrl + Shift + L	将段落左对齐
T + Ctrl + Shift + C	将段落居中
T + Ctrl + Shift + R	将段落右对齐
Ctrl + A	选择所有字符
Shift + 单击	选择插入光标至鼠标单击处之间的所有字符
Ctrl + Shift + 〈 〉	将所选文字字号减少/增加2点
Ctrl + Alt + Shift + 〈 〉	将所选文字字号减少/增加10点
Alt + ← →	减少/增加当前插入光标位置的字符间距

10. 绘图快捷键

快 捷 键	作 用
任一绘图工具 + Alt	临时切换至吸管工具
Shift + 吸管	切换至取样工具
取样 + Alt + 单击	删除取样点
吸管 + Alt + 单击	选择颜色至背景色
Alt + Backspace（Del）键	填充前景色
Ctrl + Backspace（Del）键	填充背景色
/	打开/关闭"保留透明区域"选项，相当于图层面板按钮
绘画工具 + Shift + 单击	连接点与直线
橡皮擦 + Alt + 拖移光标	抹到历史记录

附录B　本书实战速查表

附录C 神奇的滤镜
——滤镜的综合运用（此内容见下载资源包）